网络安全项目实战

WANGLUO ANQUAN XIANGMU SHIZHAN

主　编　李　敏　赵宇枫
副主编　胡方霞　罗惠琼
主　审　张　毅

重庆大学出版社

内容简介

本书分为四大部分，选择目前最主流的网络安全厂商的典型设备防火墙、IPS、VPN、UTM为演练对象，共设计了24个教学项目。每个项目通过任务分解，图文并茂地按步骤详解了其应用配置和使用。另外，在防火墙、IPS、VPN设备后选择了同时具有三者功能的UTM设备进行演练，既是顺应当前网络设备集成化的发展趋势，也是对前续项目的综合、强化演练。全书采用真实场景，与实际工作环境一致，既便于学生的职业技能培养，也便于学生岗位能力的塑造。

图书在版编目(CIP)数据

网络安全项目实战/李敏，赵宇枫主编. —重庆：重庆大学出版社，2013.7(2021.3重印)

ISBN 978-7-5624-7440-1

Ⅰ.①网… Ⅱ.①李…②赵… Ⅲ.①计算机网络—安全技术 Ⅳ.①TP393.08

中国版本图书馆CIP数据核字(2013)第127550号

网络安全项目实战

主　编　李　敏　赵宇枫
副主编　胡方霞　罗惠琼
主　审　张　毅
策划编辑：彭　宁　何　梅
责任编辑：文　鹏　　版式设计：彭　宁　何　梅
责任校对：贾　梅　　责任印制：张　策

*

重庆大学出版社出版发行
出版人：饶帮华
社址：重庆市沙坪坝区大学城西路21号
邮编：401331
电话：(023)88617190　88617185(中小学)
传真：(023)88617186　88617166
网址：http://www.cqup.com.cn
邮箱：fxk@cqup.com.cn（营销中心）
全国新华书店经销
POD：重庆新生代彩印技术有限公司

*

开本：787mm×1092mm　1/16　印张：12.75　字数：318千
2013年7月第1版　2021年3月第3次印刷
ISBN 978-7-5624-7440-1　定价：38.00元

前言

高等职业教育是针对职业岗位的实际需要而设置的职业岗位定向的教育。其教学体系的重中之重，就是对于职业技能的培养。本书就是这样一本针对学生技能培养的关于网络安全的教材。它选用了当前主流的网络安全厂商 H3C 的相应设备，按照“项目引导”“任务驱动”的指导思想编写，将网络安全设备的应用配置分解成不同的项目和任务，用图例展现。

本书的主要特色是搭建真实项目环境，进行真实项目演练。全书分为四大部分 24 个项目，每个项目分别演练了 FW、IPS、VPN、UTM 等网络安全设备的不同功能配置。本书层次清晰，递进合理。第四部分 UTM 由于是新型的网络安全设备，具有前三种设备的安全防护功能，因此可以看作是对前三种设备的综合强化演练。本书可以作为高职高专、成人高校网络相关专业“网络安全”课程的主要教材，在有前续课程概要地学习完主机安全和网络安全的基本原理后，本书针对相应网络设备进行项目演练和实训，深化学生技能培养。当然，在没有前续课程的前提下，也可以在本书每部分的基础知识提要和重点知识整理的框架下，用本书展开理论与实践一体化教学。同时，本书亦可以作为本科院校网络相关专业的技能实训教材和网络安全从业人员的工具参考书。

对于高职学生，本课程建议安排 80 学时进行理论与实践一体化学习。当然，由于网络设备更新换代较快，也可以在此基础上安排一定的辅助学时深化网络安全理论知识和新技术的学习。

序号	内　容	学时	辅助学时
1	防火墙（FW）	8	8
2	入侵防御系统（IPS）	8	8
3	虚拟专用网（VPN）	16	16
4	统一威胁管理（UTM）	48	24
合计		80	56

本书由李敏、赵宇枫担任主编，胡方霞、罗惠琼担任副主编，同时邀请两位企业高级工程师孙波和廖嘉林参与了编写。每个项目均为编者们亲自参与设计，同时也参考了大量的设备使用说明文档和相关资料。

本书由重庆大学张毅教授主审。

由于编者水平有限，时间仓促，书中不妥之处在所难免，恳请广大读者批评指正。

编　者

2013 年 3 月

目录

第1部分　防火墙(FW)

第2部分　入侵防御系统(IPS)

第 3 部分　虚拟专用网(VPN)

第 4 部分　统一威胁管理(UTM)

第 1 部分 防火墙(FW)

概　述

[基本知识提要]

• 什么是防火墙?

防火墙,又称 FW(Fire Wall),是一个由软件和硬件设备组合而成、在内部网和外部网之间、专用网与公共网之间的界面上构造的保护屏障。它是一种获取安全性方法的形象说法,是一种计算机硬件和软件的结合。

• 防火墙主要分类

①包过滤防火墙:根据一组规则允许一些数据包通过,同时阻塞其他数据包,规则可以根据网络层协议(如 IP)信息或者传输层(如 TCP/UDP 头部)信息制定。

②应用代理防火墙:作为应用层代理服务器存在于信任与非信任网络之间,在应用层协议层面上提供高安全级别的保护。

③状态检测防火墙:比包过滤防火墙具有更高的智能和安全性。防火墙根据访问策略在数据流会话成功建立后记录状态信息并实时更新,所有后续数据报文都要与状态表信息相匹配,否则报文将被阻断。

现代防火墙基本为上述 3 种类型的综合体。

• 防火墙应该具有的安全特性

①网络隔离及访问控制;

②攻击防范;

③网络地址转换;

④应用层状态检测;

⑤内容过滤;

⑥安全管理。

[重点知识整理]

• **网络隔离及访问控制**

网络隔离及访问控制原理如图 1.1 所示。

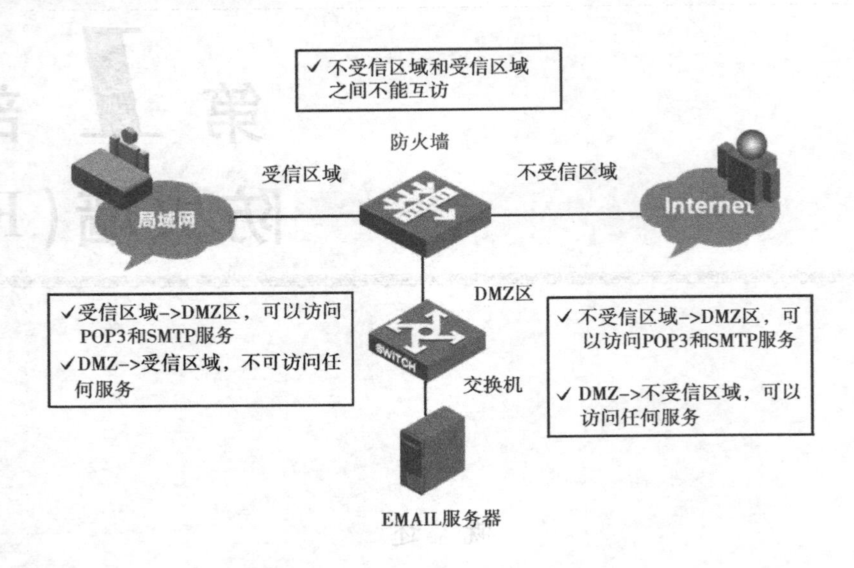

图 1.1　网络隔离及访问控制

• **攻击防范**

攻击防范原理如图 1.2 所示，防火墙在保证业务访问的同时阻止恶意攻击流量进入内部网络。

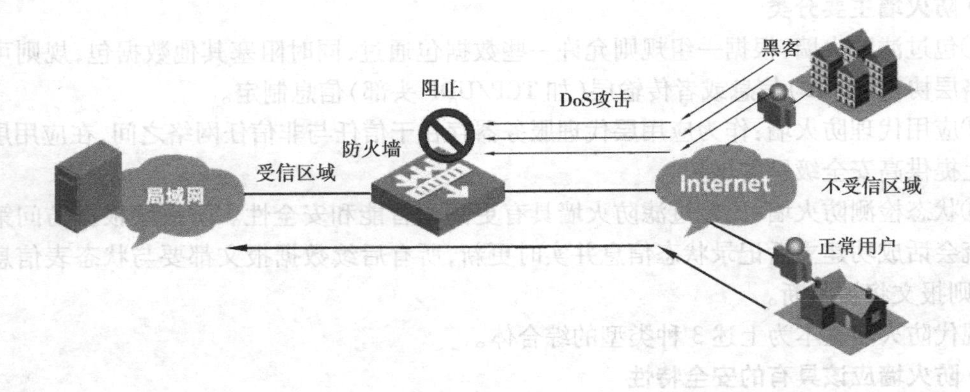

图 1.2　攻击防范原理

• **网络地址转换(NAT)**

网络地址转换原理如图 1.3 所示。网络地址转换有效解决了全球 IPv4 地址短缺的问题，并且对外隐藏了内部网络结构与设备，提供了一定的安全保障。

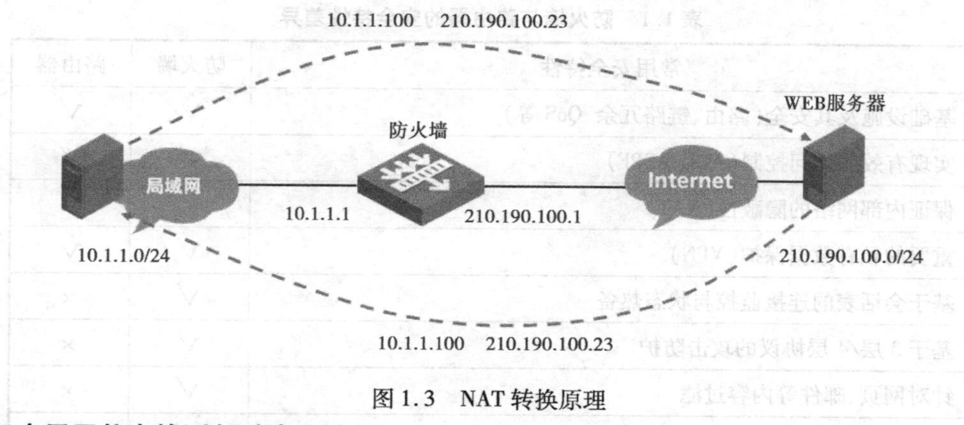

图1.3　NAT转换原理

- **应用层状态检测包过滤(ASPF)**

与传统静态包过滤检测机制相比,ASPF可以实时监测通信过程中交互的报文并动态建立数据包过滤机制,解决了简单包过滤防火墙无法处理动态协商通信端口协议和控制单向访问的问题,如图1.4所示。

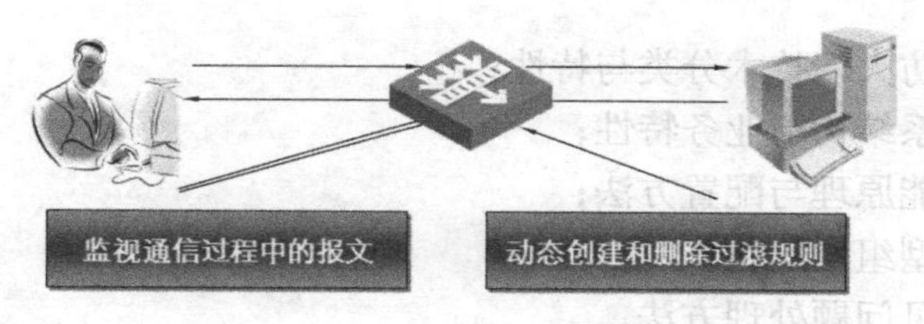

图1.4　ASPF原理

- **内容过滤**

内容过滤功能可实现对访问与工作无关、非法网站等的阻止与审计,如图1.5所示。

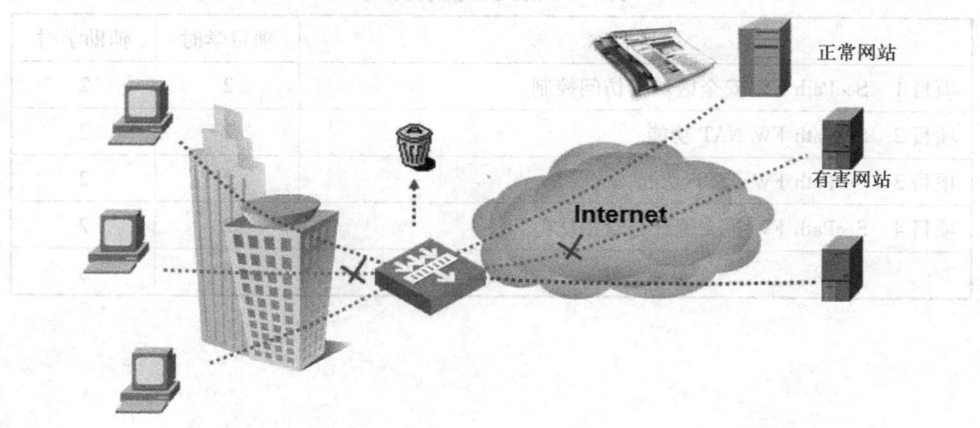

图1.5　内容过滤示意图

- **防火墙与路由器**

防火墙与路由器的安全特性差异见表1.1。

表1.1　防火墙与路由器的安全特性差异

常用安全特性	防火墙	路由器
基础设施及其安全(路由、链路冗余、QoS等)	√	√
实现有效的访问控制(ACL、ASPF)	√	√
保证内部网络的隐蔽性(NAT)	√	√
重要的私有数据保护(VPN)	√	√
基于会话表的连接监控与状态热备	√	×
基于3层/4层协议的攻击防护	√	×
针对网页、邮件等内容过滤	√	×
与IDS设备联动	√	×
安全日志信息(NAT日志、ASPF策略日志、流日志、攻击防范日志)	√	×

[学习目标]

①了解防火墙及防火墙技术分类与特性;
②了解防火墙体系结构与业务特性;
③掌握防火墙功能原理与配置方法;
④掌握防火墙典型组网应用;
⑤掌握防火墙常见问题处理方法。

[学时分配]

防火墙学时分配如表1.2所示。

表1.2　防火墙学时分配表

项目名称	项目学时	辅助学时
项目1　SecPath FW安全区域与访问控制	2	2
项目2　SecPath FW NAT功能	2	2
项目3　SecPath FW ASPF功能	2	2
项目4　SecPath FW报文统计与攻击防范	2	2
合　计	8	8

项目 1

SecPath FW 安全区域与访问控制

[项目内容与目标]

- 掌握防火墙安全区域基本原理及配置方法;
- 掌握防火墙 ACL 相关命令及配置方法;
- 掌握防火墙包过滤技术基本原理及配置方法。

[项目组网图]

项目组网如图 1.6 所示:两台 PC 机模拟客户端,地址分别为 10.0.0.101 和 10.0.0.102,通过 S3600 交换机做二层转发;网关配置在防火墙 F100A 的 Eth0/0 口,地址为 10.0.0.1;服务器连接在防火墙 F100A 的 Eth1/0 口,防火墙接口地址为 172.31.0.1,服务器地址为 172.31.0.100。

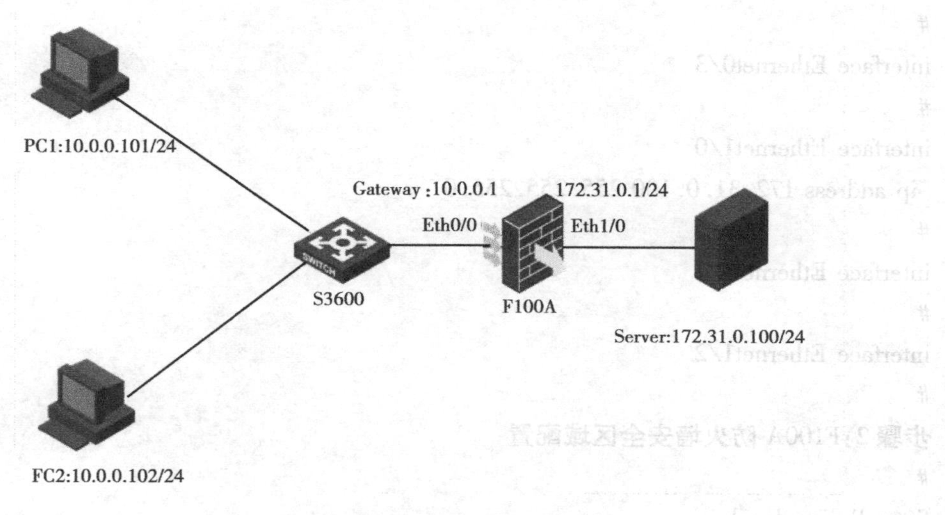

图 1.6　项目组网

[背景需求]

本项目背景是:通过 SecPath 防火墙对访问服务器的客户端进行控制,允许 PC1 访问服务器提供的服务,禁止 PC2 对服务器进行访问。

［所需设备和器材］

本项目所需之主要设备器材如表 1.3 所示。

表 1.3　所需设备和器材

名称和型号	版　本	数　量	描　述
F100A	CMW R1662P14	1	
S3600	CMW R1702P28	1	
服务器	—	1	可以用普通 PC 模拟
PC	Windows XP SP3	2	
第 5 类 UTP 以太网连接线	—	4	

［任务实施］

任务 1　防火墙接口及安全区域基本配置

步骤 1：F100A 防火墙接口地址配置

```
#
interface Ethernet0/0
 ip address 10.0.0.1 255.255.255.0
#
interface Ethernet0/1
#
interface Ethernet0/2
#
interface Ethernet0/3
#
interface Ethernet1/0
 ip address 172.31.0.100 255.255.255.0
#
interface Ethernet1/1
#
interface Ethernet1/2
#
```

步骤 2：F100A 防火墙安全区域配置

```
#
firewall zone local
 set priority 100
#
firewall zone trust
 add interface Ethernet0/0
 set priority 85
```

```
#
firewall zone untrust
 add interface Ethernet1/0
 set priority 5
#
firewall zone DMZ
 set priority 50
#
```

步骤3:F100A防火墙缺省包过滤策略配置

```
#
 firewall packet-filter enable
 firewall packet-filter default permit
#
```

步骤4:S3600交换机配置

在本项目中,S3600作二层交换机,使用交换机默认的VLAN1即可满足PC间、PC与防火墙间的二层通信。以PC1、PC2、防火墙与S3600交换机的1、2、3号端口相连为例:

```
#
vlan 1
#
interface Ethernet1/0/1
#
interface Ethernet1/0/2
#
interface Ethernet1/0/3
#
```

步骤5:PC及服务器地址及网关配置

请参考组网图1.6配置PC及服务器IP地址,具体配置过程略。配置示例如图1.7所示。

步骤6:验证PC与服务器之间是否可以正常通信

可通过ping命令、HTTP访问、FTP访问等操作验证两台PC与服务器间是否可以正常通信,验证过程略。

任务2　防火墙访问控制策略配置

以本项目任务1的配置结果为基础,在防火墙F100A上增加包过滤策略。

步骤1:配置ACL

```
#
acl number 2001
 rule 5 permit source 10.0.0.101 0
 rule 10 deny source 10.0.0.102 0
#
```

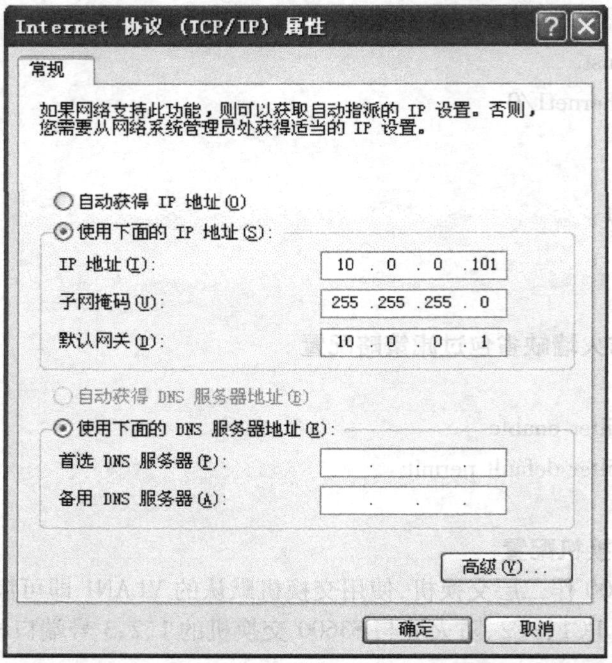

Internet 协议 (TCP/IP) 属性

常规

如果网络支持此功能，则可以获取自动指派的 IP 设置。否则，您需要从网络系统管理员处获得适当的 IP 设置。

自动获得 IP 地址(O)

使用下面的 IP 地址(S):

IP 地址(I): 10 . 0 . 0 .101

子网掩码(U): 255 .255 .255 . 0

默认网关(D): 10 . 0 . 0 . 1

自动获得 DNS 服务器地址(B)

使用下面的 DNS 服务器地址(E):

首选 DNS 服务器(P):

备用 DNS 服务器(A):

高级(V)...

确定　取消

图 1.7　TCP/IP 属性配置

步骤 2:在防火墙接口配置包过滤策略

```
#
interface Ethernet0/0
 ip address 10.0.0.1 255.255.255.0
 firewall packet-filter 2001 inbound
#
```

步骤 3:验证设备配置结果是否满足需求

可通过 ping 命令、HTTP 访问、FTP 访问等操作验证 PC1 仍然可以正常访问服务,PC2 无法访问。

项目 2

SecPath FW NAT 功能

[项目内容与目标]

- 掌握防火墙 NAT 功能基本原理；
- 掌握防火墙 NAT Outbound、NAT Static、NAT Server 配置方法。

[项目组网图]

项目组网如图 1.8 所示：两台 PC 机模拟公司内网用户，地址分别为 10.0.0.101 和 10.0.0.102，通过 S3600 交换机做二层转发；网关配置在防火墙 F100A 的 Eth0/0 口，地址为 10.0.0.1；利用一台服务器模拟外网，连接在防火墙 F100A 的 Eth1/0 口，防火墙接口地址为 172.31.0.1，服务器地址为172.31.0.100。

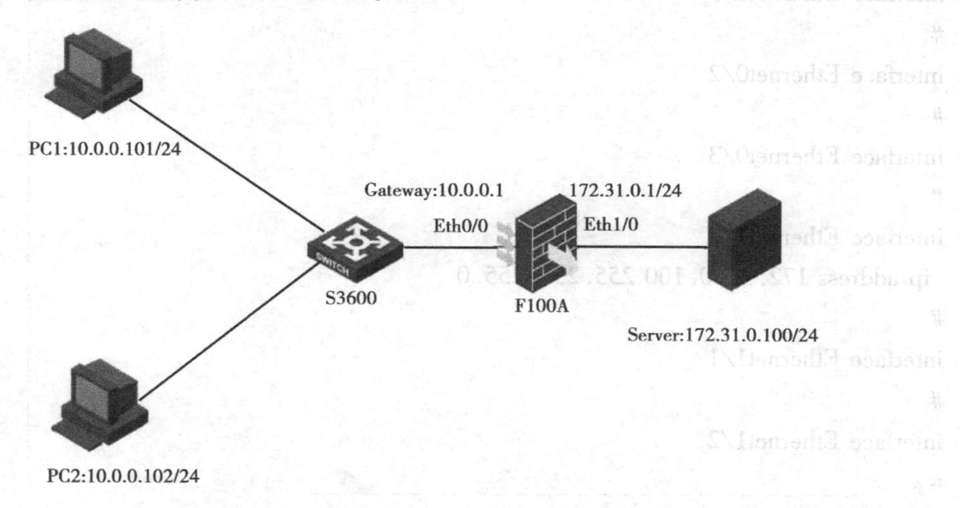

图 1.8　项目组网

[背景需求]

通过 SecPath 防火墙进行网络地址转换，实现当内网用户主动访问外网时，将源地址转换为地址池中的某个地址，以达到共享网络地址资源、对外屏蔽内部网络的目的；实现外网用户直接通过外部地址访问内网服务；实现一对一静态映射，使得某台内网主机固定使用某外网地址，并实现双向访问。

[所需设备和器材]

本项目所需之主要设备器材如表1.4所示。

表1.4 所需设备和器材

名称和型号	版本	数量	描述
F100A	CMW R1662P14	1	
S3600	CMW R1702P28	1	
服务器	—	1	可以用普通PC模拟
PC	Windows XP SP3	2	
第5类UTP以太网连接线	—	4	

[任务实施]

任务1 防火墙接口及安全区域基本配置

步骤1:F100A防火墙接口地址配置

```
#
interface Ethernet0/0
 ip address 10.0.0.1 255.255.255.0
#
interface Ethernet0/1
#
interface Ethernet0/2
#
interface Ethernet0/3
#
interface Ethernet1/0
 ip address 172.31.0.100 255.255.255.0
#
interface Ethernet1/1
#
interface Ethernet1/2
#
```

步骤2:F100A防火墙安全区域配置

```
#
firewall zone local
 set priority 100
#
firewall zone trust
 add interface Ethernet0/0
```

```
 set priority 85
#
firewall zone untrust
 add interface Ethernet1/0
 set priority 5
#
firewall zone DMZ
 set priority 50
#
```

步骤3:F100A 防火墙缺省包过滤策略配置

```
#
 firewall packet-filter enable
 firewall packet-filter default permit
#
```

步骤4:S3600 交换机配置

在本项目中,S3600 作二层交换机,使用交换机默认的 VLAN1 即可满足 PC 间、PC 与防火墙间的二层通信。以 PC1、PC2、防火墙与 S3600 交换机的 1、2、3 号端口相连为例:

```
#
vlan 1
#
interface Ethernet1/0/1
#
interface Ethernet1/0/2
#
interface Ethernet1/0/3
#
```

步骤5:PC 及服务器地址及网关配置

请参考组网图 1.8 配置 PC 及服务器 IP 地址,具体配置过程略。配置示例如图 1.9 所示。

步骤6:验证 PC 与服务器之间是否可以正常通信

可通过 ping 命令、HTTP 访问、FTP 访问等操作验证两台 PC 与服务器间是正可以正常通信,验证过程略。

任务2　防火墙网络地址转换 NAT Outbound 策略配置

以本项目任务 1 的配置结果为基础,在防火墙 F100A 上增加 NAT Outbound 策略。

步骤1:配置 ACL,用于控制进行网络地址转换的内网主机范围

```
#
acl number 2001
 rule 5 permit source 10.0.0.0 0.0.0.255
#
```

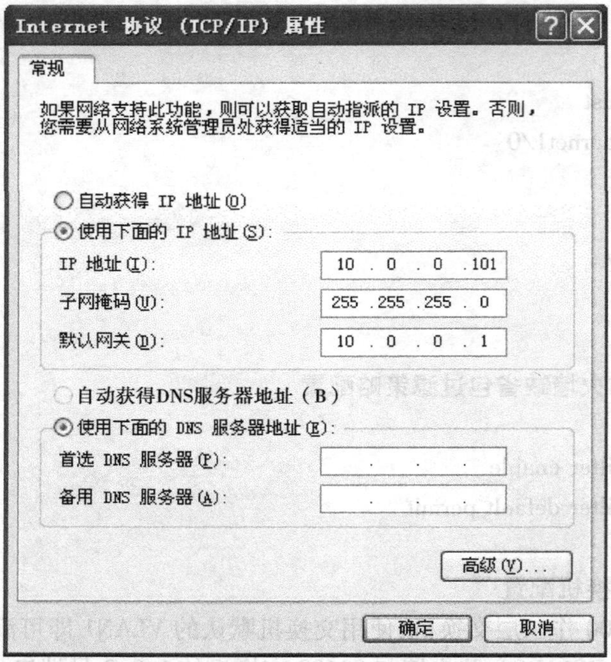

图 1.9　TCP/IP 属性配置

步骤 2:配置外网地址池

```
#
 nat address-group 1 172.16.0.11 172.16.0.20
#
```

步骤 3:配置防火墙外网接口进行网络地址转换

```
#
interface Ethernet1/0
 ip address 172.31.0.100 255.255.255.0
 nat outbound 2001 address-group 1
#
```

步骤 4:验证配置防火墙外网接口进行网络地址转换

可通过 ping 命令、HTTP 访问、FTP 访问等操作验证两台 PC 与服务器间是否可以正常通信,服务器收到的访问请求可通过日志记录核实源地址是不是地址池中的地址,具体验证过程略。

任务 3　防火墙网络地址转换 NAT Server 策略配置

以本项目任务 1 的配置结果为基础,在防火墙 F100A 上增加 NAT Server 策略。

步骤 1:配置防火墙外网接口 NAT Server 地址转换

```
#
interface Ethernet1/0
 ip address 172.31.0.100 255.255.255.0
```

```
 nat server protocol icmp global 172.16.0.21 inside 10.0.0.101
 nat server protocol tcp global 172.16.0.21 www inside 10.0.0.102 www
#
```

步骤2:验证配置防火墙外网接口进行网络地址转换

可通过ping命令、HTTP访问、FTP访问等操作验证外网服务器是否可以通过配置的外网映射地址访问内网PC。具体验证过程略。

任务4　防火墙网络地址转换NAT Static策略配置

以本项目任务1的配置结果为基础,在防火墙F100A上增加NAT Static策略。

步骤1:配置全局内外网地址一对一映射关系

```
#
nat static inside ip 10.0.0.101 global ip 172.16.0.101
#
```

步骤2:配置防火墙外网接口进行一对一静态地址转换

```
#
interface Ethernet1/0
 ip address 172.31.0.100 255.255.255.0
 nat outbound static
#
```

步骤3:验证配置防火墙外网接口进行网络地址转换

可通过ping命令、HTTP访问、FTP访问等操作验证PC1和服务器之间是否可以正常通信。PC1访问服务器时,目的地址为服务器IP地址;服务器访问PC1时,目的地址为防火墙外网口映射的地址。具体验证过程略。

项目 3

SecPath FW ASPF 功能

[项目内容与目标]

- 掌握防火墙 ASPF 功能基本原理;
- 掌握防火墙 ASPF 功能配置方法。

[项目组网图]

项目组网如图 1.10 所示:两台 PC 机模拟内网用户,地址分别为 10.0.0.101 和 10.0.0.102;通过 S3600 交换机做二层转发,网关配置在防火墙 F100A 的 Eth0/0 口,地址为 10.0.0.1;利用一台服务器模拟外网,连接在防火墙 F100A 的 Eth1/0 口,防火墙接口地址为 172.31.0.1,服务器地址为 172.31.0.100;PC1 和 Server 提供 HTTP 服务。

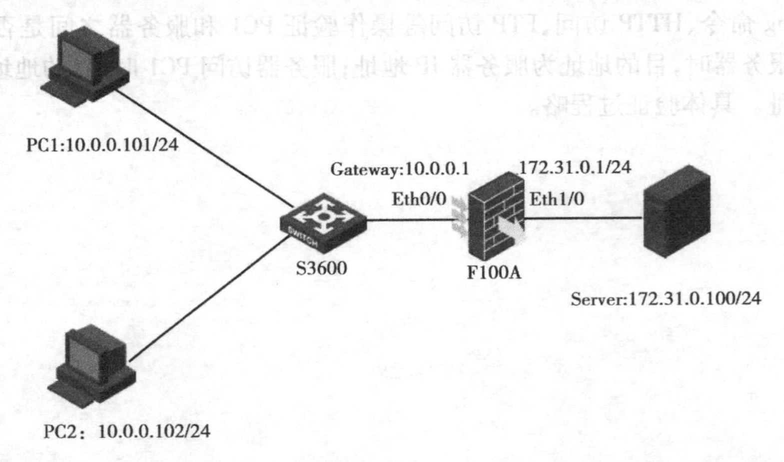

图 1.10 项目组网

[背景需求]

客户希望通过防火墙实现单向访问功能,即内网用户可以访问外网服务器的 HTTP 服务。反之,外网用户不能主动访问内网服务器的 HTTP 服务,从而实现对内网用户的保护。

[所需设备和器材]

本项目所需之主要设备和器材如表 1.5 所示。

表1.5　所需设备和器材

名称和型号	版　本	数　量	描　述
F100A	CMW R1662P14	1	
S3600	CMW R1702P28	1	
服务器	—	1	可以用普通PC模拟
PC	Windows XP SP3	2	
第5类UTP以太网连接线	—	4	

［任务实施］

任务1　防火墙接口及安全区域基本配置

步骤1:F100A防火墙接口地址配置

```
#
interface Ethernet0/0
 ip address 10.0.0.1 255.255.255.0
#
interface Ethernet0/1
#
interface Ethernet0/2
#
interface Ethernet0/3
#
interface Ethernet1/0
 ip address 172.31.0.100 255.255.255.0
#
interface Ethernet1/1
#
interface Ethernet1/2
#
```

步骤2:F100A防火墙安全区域配置

```
#
firewall zone local
 set priority100
#
firewall zone trust
 add interface Ethernet0/0
 set priority 85
#
```

```
firewall zone untrust
 add interface Ethernet1/0
 set priority 5
#
firewall zone DMZ
 set priority 50
#
```

步骤3:F100A防火墙缺省包过滤策略配置

```
#
 firewall packet-filter enable
 firewall packet-filter default permit
#
```

步骤4:S3600交换机配置

在本项目中,S3600作二层交换机,使用交换机默认的VLAN1即可满足PC间以及PC与防火墙间的二层通信。以PC1、PC2、防火墙与S3600交换机的1、2、3号端口相连为例:

```
#
vlan 1
#
interface Ethernet1/0/1
#
interface Ethernet1/0/2
#
interface Ethernet1/0/3
#
```

步骤5:PC及服务器地址及网关配置

请参考组网图1.10配置PC及服务器IP地址,具体配置过程略。配置示例如图1.11所示。

步骤6:验证PC与服务器之间是否可以正常通信

可通过ping命令、HTTP访问、FTP访问等操作验证两台PC与服务器间是正可以正常通信,验证过程略。

任务2 防火墙ASPF策略配置

以本项目任务1的配置结果为基础,在防火墙F100A上增加ASPF策略。

步骤1:配置ACL和包过滤策略,用于禁止外网用户主动向内网发起访问连接

```
#
acl number 3001
 rule 5 deny tcp
 rule 10 deny udp
 rule 15 permit ip
```

图 1.11　TCP/IP 属性配置

```
#
interface Ethernet1/0
 ip address 172.31.0.100 255.255.255.0
 firewall packet-filter 3001 inbound
#
```

步骤 2:配置 ASPF 策略

```
#
aspf-policy 1
 detect http
 detect tcp
#
```

步骤 3:在外网接口应用 ASPF 策略

```
#
interface Ethernet1/0
 ip address 172.31.0.100 255.255.255.0
 firewall packet-filter 3001 inbound
 firewall aspf 1 outbound
#
```

步骤 4:验证配置组网需求

通过测试,PC2 可以访问 Server 提供的 HTTP 服务,但 Server 无法访问 PC1 提供的 HTTP 服务,单向访问控制策略部署成功。具体验证过程略。

项目 4

SecPath FW 报文统计与攻击防范

[项目内容与目标]

- 掌握防火墙报文统计功能配置方法;
- 掌握防火墙攻击防范功能配置方法。

[项目组网图]

项目组网如图 1.12 所示:两台 PC 机模拟内网用户,地址分别为 10.0.0.101 和 10.0.0.102;通过 S3600 交换机做二层转发,网关配置在防火墙 F100A 的 Eth0/0 口,地址为 10.0.0.1;利用一台服务器模拟外网,连接在防火墙 F100A 的 Eth1/0 口,防火墙接口地址为 172.31.0.1,服务器地址为 172.31.0.100。

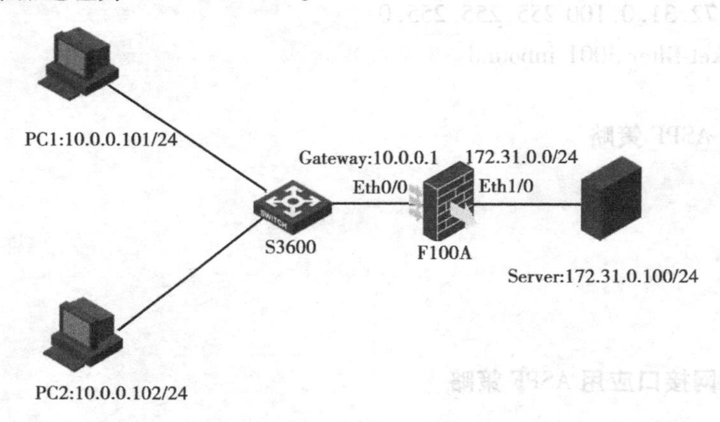

图 1.12 项目组网

[背景需求]

客户希望通过防火墙实现攻击防范功能,而部分攻击防范功能需要依赖于报文统计功能提供的统计数据作为判断是否存在攻击行为的条件。

[所需设备和器材]

本项目所需的主要设备和器材如表 1.6 所示。

表1.6　所需设备和器材

名称和型号	版　本	数　量	描　述
F100A	CMW R1662P14	1	
S3600	CMW R1702P28	1	
服务器	—	1	可以用普通PC模拟
PC	Windows XP SP3	2	
第5类UTP以太网连接线	—	4	

[任务实施]

任务1　防火墙接口及安全区域基本配置

步骤1:F100A防火墙接口地址配置

```
#
interface Ethernet0/0
 ip address 10.0.0.1 255.255.255.0
#
interface Ethernet0/1
#
interface Ethernet0/2
#
interface Ethernet0/3
#
interface Ethernet1/0
 ip address 172.31.0.100 255.255.255.0
#
interface Ethernet1/1
#
interface Ethernet1/2
#
```

步骤2:F100A防火墙安全区域配置

```
#
firewall zone local
 set priority 100
#
firewall zone trust
 add interface Ethernet0/0
 set priority 85
#
```

```
firewall zone untrust
 add interface Ethernet1/0
 set priority 5
#
firewall zone DMZ
 set priority 50
#
```

步骤 3:F100A 防火墙缺省包过滤策略配置

```
#
 firewall packet-filter enable
 firewall packet-filter default permit
#
```

步骤 4:S3600 交换机配置

在本项目中,S3600 作二层交换机,使用交换机默认的 VLAN1 即可满足 PC 间以及 PC 与防火墙间的二层通信。以 PC1、PC2、防火墙与 S3600 交换机的 1、2、3 号端口相连为例:

```
#
vlan 1
#
interface Ethernet1/0/1
#
interface Ethernet1/0/2
#
interface Ethernet1/0/3
#
```

步骤 5:PC 及服务器地址及网关配置

请参考组网图 1.12 配置 PC 及服务器 IP 地址,具体配置过程略。配置示例如图 1.13 所示。

步骤 6:验证 PC 与服务器之间是否可以正常通信

可通过 ping 命令、HTTP 访问、FTP 访问等操作验证两台 PC 与服务器间是否可以正常通信,验证过程略。

任务 2　防火墙报文统计功能配置

步骤 1:配置防火墙系统统计功能

```
#
 firewall statistic system enable
#
```

步骤 2:配置域统计功能

```
#
firewall zone trust
```

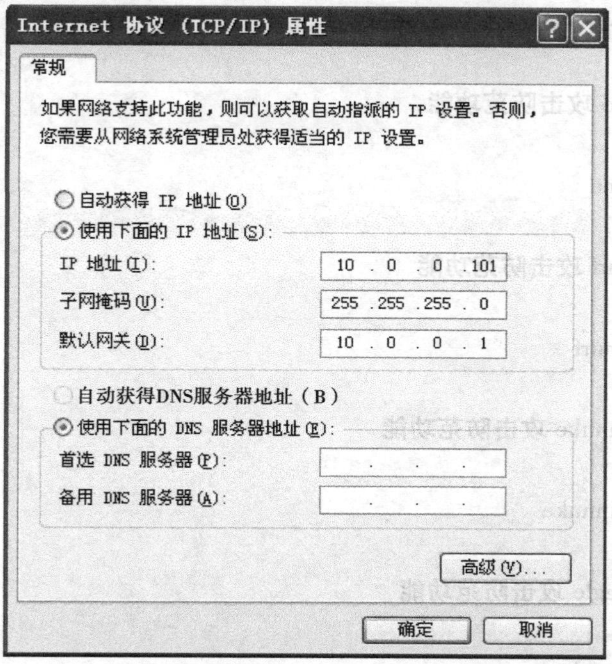

图1.13　TCP/IP属性配置

```
  add interface Ethernet0/0
  set priority 85
  statistic enable zone inzone
  statistic enable zone outzone
#
```

步骤3:配置IP统计功能

```
#
firewall zone trust
  add interface Ethernet0/0
  set priority 85
  statistic enable ip inzone
  statistic enable ip outzone
#
```

任务3　防火墙攻击防范功能配置

步骤1:配置ARP Flood攻击防范功能

```
#
  firewall defend arp-flood
#
```

步骤2:配置IP欺骗攻击防范功能

```
#
```

firewall defend ip-spoofing

#

步骤3:配置 Land 攻击防范功能

#

firewall defend land

#

步骤4:配置 Smurf 攻击防范功能

#

firewall defend smurf

#

步骤5:配置 Winnuke 攻击防范功能

#

firewall defend winnuke

#

步骤6:配置 Fraggle 攻击防范功能

#

firewall defend fraggle

#

步骤7:配置 Frag Flood 攻击防范功能

#

firewall defend frag-flood

#

步骤8:配置 Ping of Death 攻击防范功能

#

firewall defend ping-of-death

#

步骤9:配置 TearDrop 攻击防范功能

#

firewall defend teardrop

#

步骤10:配置 SYN Flood 攻击防范功能

#

firewall defend syn-flood enable

#

firewall defeng syn-flood ip 10.0.0.102 max-rate 500 tcp-proxy

firewall defeng syn-flood zone trust max-rate 2000 tcp-proxy

#

步骤11:配置 ICMP Flood 攻击防范功能

#

```
firewall defend icmp-flood enable
#
firewall defeng icmp-flood ip 10.0.0.102 max-rate 500
firewall defeng icmp-flood zone trust max-rate 2000
#
```

步骤12:配置UDP Flood攻击防范功能

```
#
firewall defend udp-flood enable
#
firewall defeng udp-flood ip 10.0.0.102 max-rate 500
firewall defeng udp-flood zone trust max-rate 2000
#
```

步骤13:验证配置组网需求

通过工具软件发起攻击测试,防火墙可以根据实现配置进行攻击防范。

具体验证过程略。

第2部分 入侵防御系统(IPS)

概　述

[基本知识提要]

● 什么是 IPS?

入侵预防系统(IPS: Intrusion Prevention System)是电脑网络安全设施,是对防病毒软件(Antivirus Programs)和防火墙(Packet Filter, Application Gateway)的补充。它是一部能够监视网络或网络设备的网络资料传输行为的计算机网络安全设备,能够即时中断、调整或隔离一些不正常或具有伤害性的网络资料传输行为。

● 为什么需要 IPS?

应用 IPS 的目的在于及时识别攻击程序或有害代码及其克隆和变种,采取预防措施,先期阻止入侵,防患于未然,使其危害性充分降低,如图 2.1 所示。

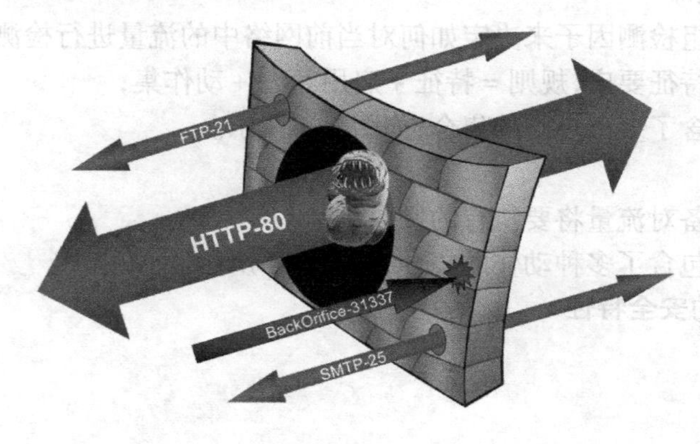

图 2.1　IPS 作用示例图

- **IPS 的深度检测**

IPS 检测涉及 OSI 网络模型的多个层次,其保护范围如图 2.2 所示。

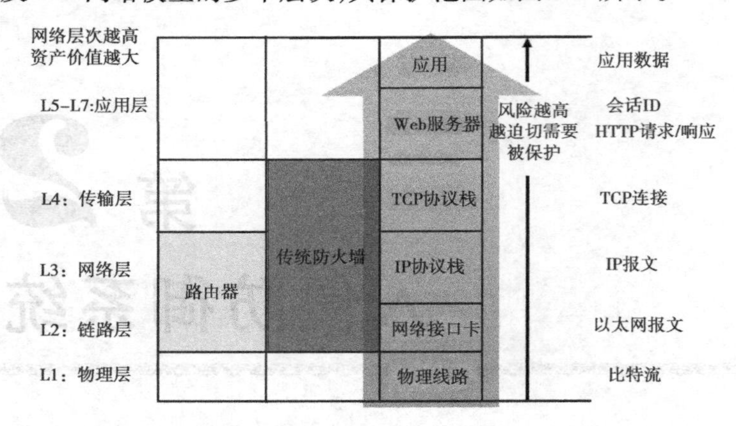

图 2.2　IPS 可保护网络的多个层次

- **安全区域和段**

①安全区域是一个物理/网络上的概念(特定的物理端口 + VLAN ID);
②段可以看作连接两个安全区域的一个透明网桥;
③策略被应用在段上,如图 2.3 所示。

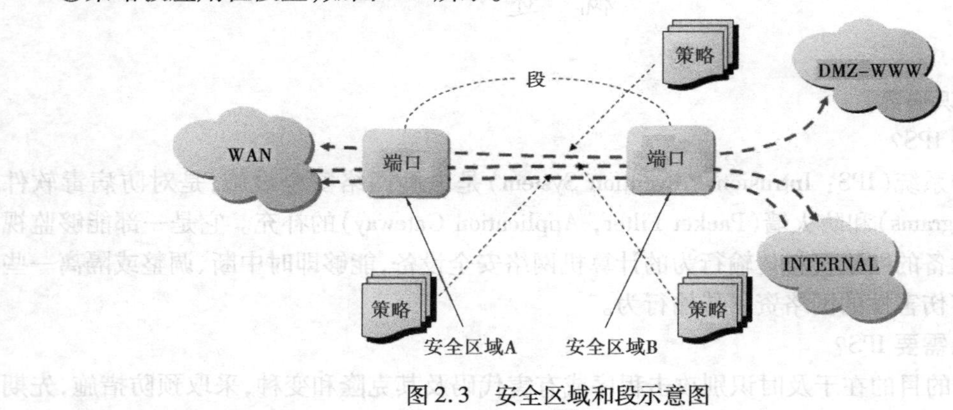

图 2.3　安全区域和段示意图

- **特征、规则和策略**

①特征定义了一组检测因子来决定如何对当前网络中的流量进行检测;
②规则的范畴比特征要广,规则 = 特征 + 启用状态 + 动作集;
③策略是一个包含了多条规则的集合,如图 2.4 所示。

- **动作和动作集**

①动作定义了设备对流量将要执行的操作;
②动作集是一个包含了多种动作的集合,如图 2.5 所示。

- **IPS 应该具有的安全特性**

①病毒防范;
②攻击防范;
③带宽管理;
④URL 过滤。

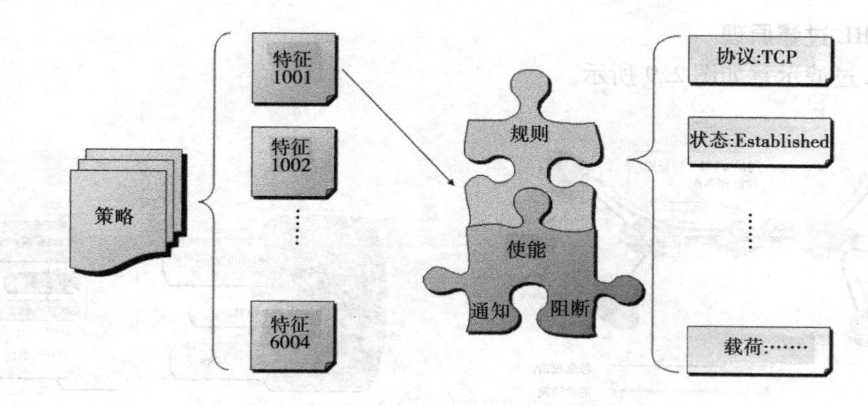

图 2.4　特征、规则和策略示意图

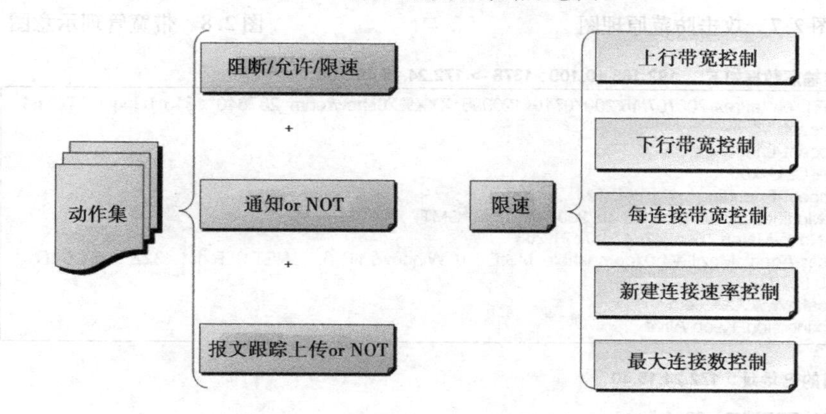

图 2.5　动作和动作集内容示意图

[重点知识整理]

- **IPS 病毒防范原理**

IPS 病毒防范原理如图 2.6 所示,病毒相关的特征和病毒防护功能的区别如下:

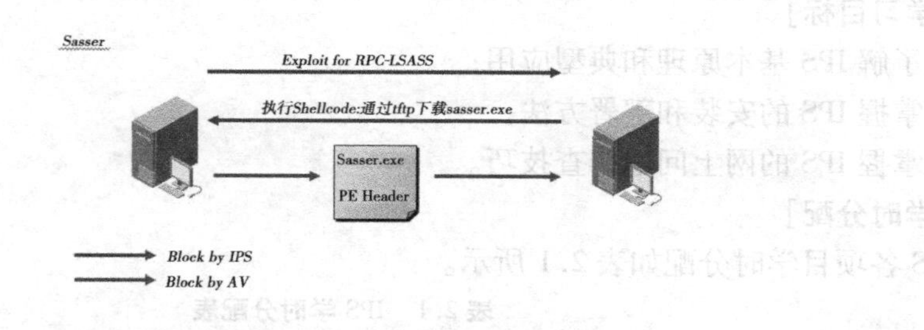

图 2.6　病毒防范原理图

①IPS 中病毒、蠕虫相关的特征只检测病毒、蠕虫间的通信等特征。

②AV 特征库则检测传输层中数据的特定内容(如文件 PE 头,特定的二进制代码)。

- **IPS 攻击防范原理**

IPS 攻击防范原理如图 2.7 所示。

- **IPS 带宽管理**

IPS 带宽管理示意如图 2.8 所示。

- **IPS URL 过滤原理**

IPS URL 过滤示意如图 2.9 所示。

user
与IPS内部“特征库”特征相匹配
Web Server
internet
局域网
Mail Server
Attack
user
恶意攻击
正常访问

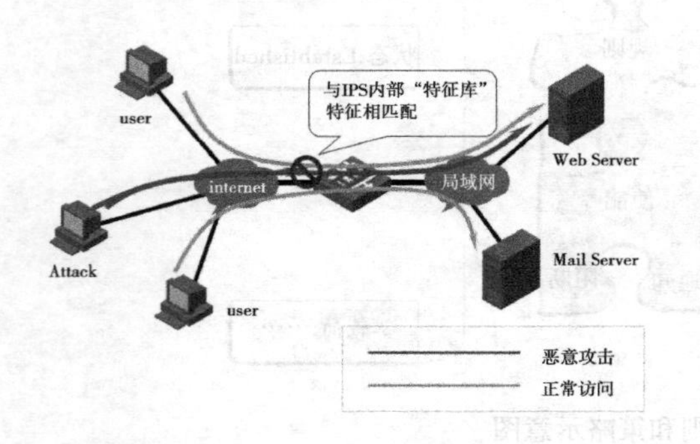

图 2.7　攻击防范原理图

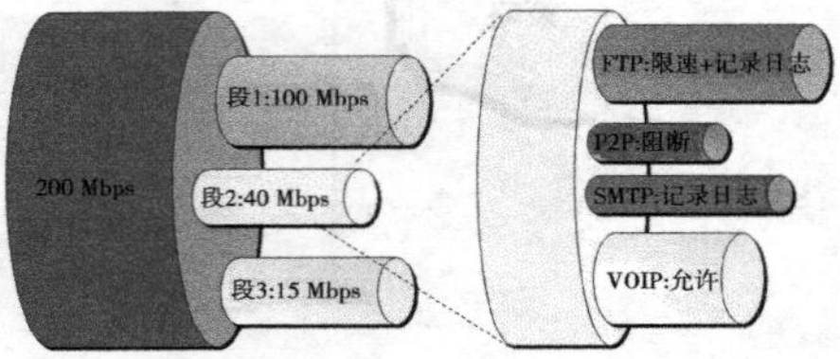

200 Mbps
段1:100 Mbps
段2:40 Mbps
段3:15 Mbps
FTP:限速+记录日志
P2P:阻断
SMTP:记录日志
VOIP:允许

图 2.8　带宽管理示意图

传输层数据如下： 192.168.10.100 : 1378 -> 172.24.15.40 : 80

```
GET /portal/res/200707/16/20070716_120096_XXX%20showroom_207640_1515_0.jpg HTTP/1.1
Accept: */*
Accept-Language: zh-cn
UA-CPU: x86
Accept-Encoding: gzip, deflate
If-Modified-Since: Mon, 16 Jul 2007 07:48:58 GMT
If-None-Match: "6ea942c47dc7c71:263"
User-Agent: Mozilla/4.0 (compatible; MSIE 7.0; Windows NT 5.1; .NET CLR 1.1.4322; .NET CLR
2.0.50727)
Host: www.XXX.com
Connection: Keep-Alive
```

目的IP 地址： 172.24.15.40

目的TCP端口： 80（www）

域名（Host）： www.XXX.com

URI： /portal/res/200707/16/20070716_120096_XXX%20showroom_207640_1515_0.jpg

图 2.9　URL 过滤示意图

[学习目标]

1. 了解 IPS 基本原理和典型应用；
2. 掌握 IPS 的安装和部署方法；
3. 掌握 IPS 的网上问题排查技巧。

[学时分配]

IPS 各项目学时分配如表 2.1 所示。

表 2.1　IPS 学时分配表

项目名称	项目学时	辅助学时
项目 5 SecPath IPS 病毒防护	2	2
项目 6 SecPath IPS 攻击防护	2	2
项目 7 SecPath IPS 带宽管理	2	2
项目 8 SecPath IPS URL 过滤	2	2
合计	8	8

项目 5
SecPath IPS 病毒防护

[项目内容与目标]

- 掌握 IPS 病毒防护功能的配置方法。

[项目组网图]

项目组网如图 2.10 所示:IPS 设备在线(Inline)部署到公司内网的出口链路上;Internet 的流量经过路由器的汇聚后到达公司内网,AV 模块对网络中的 worm、后门木马等病毒流量进行检测、阻断,经过 AV 模块处理之后的合法报文再经过交换机进入公司的内网。

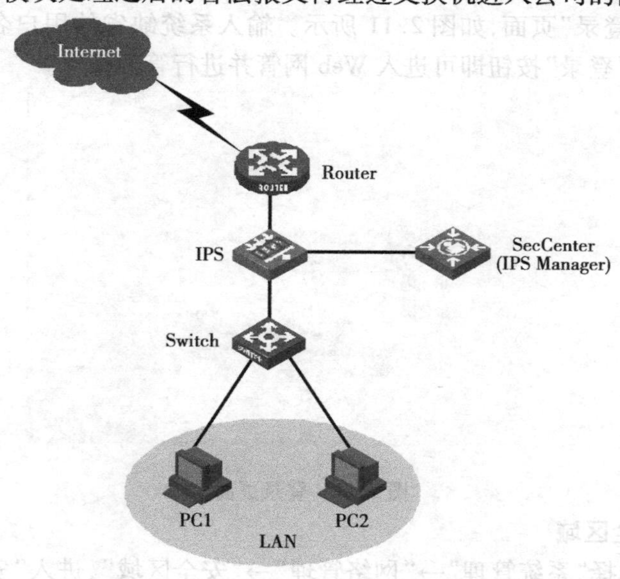

图 2.10　项目组网

[背景需求]

随着网络的普及和全球化,病毒的种类越来越多样,网络病毒的入侵出现也越来越频繁。IPS 设备通常部署为 Inline 的工作模式,能够识别、阻断公司或运营商的外网病毒对内网用户的入侵行为,及时阻止各种病毒的感染。在数据传输的路径中,任何数据流都必须经过 IPS 设备的检测,一旦发现网络中有 worm、后门、木马、网络钓鱼等病毒流量,AV 模块会立即发出警报:上报 AV 日志,并根据需要对病毒流量进行阻断等动作。

[**所需设备和器材**]

本项目所需之主要设备和器材如表 2.2 所示。

表 2.2　所需设备和器材

名称和型号	版　本	数　量	描　述
T1000	IMW110-E1221P05	1	
PC	Windows XP SP3	1	
第 5 类 UTP 以太网连接线	—	2	

[**任务实施**]

任务 1　IPS 病毒防护策略配置

步骤 1:登录 IPS Web 管理页面

①用交叉以太网线将 PC 的网口和 IPS 设备的管理口相连。为 PC 的网口配置 IP 地址,保证其能与 IPS 设备的管理口互通。设备管理地址默认为 192.168.1.1/24,因此可以配置 PC 的 IP 地址为 192.168.1.0/24(除 192.168.1.1),例如:192.168.1.2。

②在 PC 上启动 IE 浏览器(建议使用 Microsoft Internet Explorer 6.0 SP2 及以上版本),在地址栏中输入“https://192.168.1.1”(缺省情况下,HTTPS 服务处于启动状态)后按回车键,即可进入“Web 网管登录”页面,如图 2.11 所示。输入系统缺省的用户名“admin”、密码“admin”和验证码,单击“登录”按钮即可进入 Web 网管并进行管理操作。

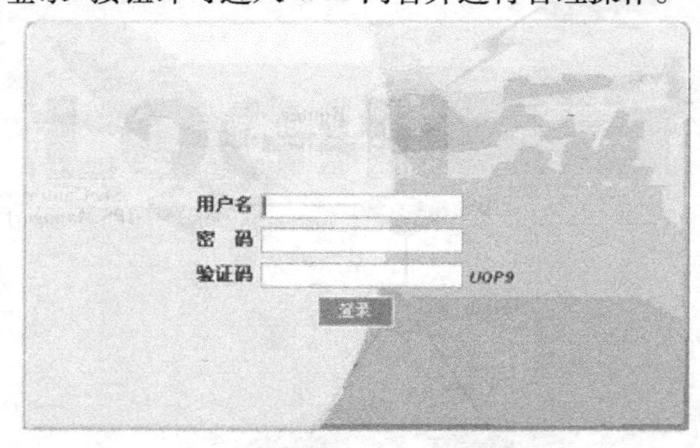

图 2.11　登录页面

步骤 2:创建安全区域

①在导航栏中选择“系统管理”→“网络管理”→“安全区域”,进入“安全区域显示”页面,如图 2.12 所示。

□	名称	接口列表	所属段	操作

反向选择

创建安全区域　　删除

图 2.12　“安全区域显示”页面

②单击“创建安全区域”按钮,进入“创建安全区域”配置页面,如图 2.13 所示。

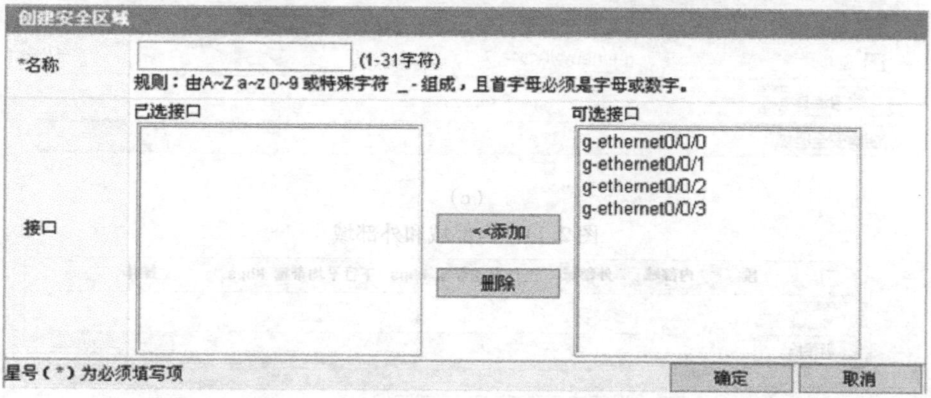

图 2.13　“创建安全区域”页面

③分别将“g-ethernet0/0/0”加入内部域 in,“g-ethernet0/0/1”加入外部域 out,如图 2.14 所示。

步骤 3:新建段

①在导航栏中选择“系统管理”→“网络管理”→“段”配置,进入“段”的显示页面,如图 2.15所示。

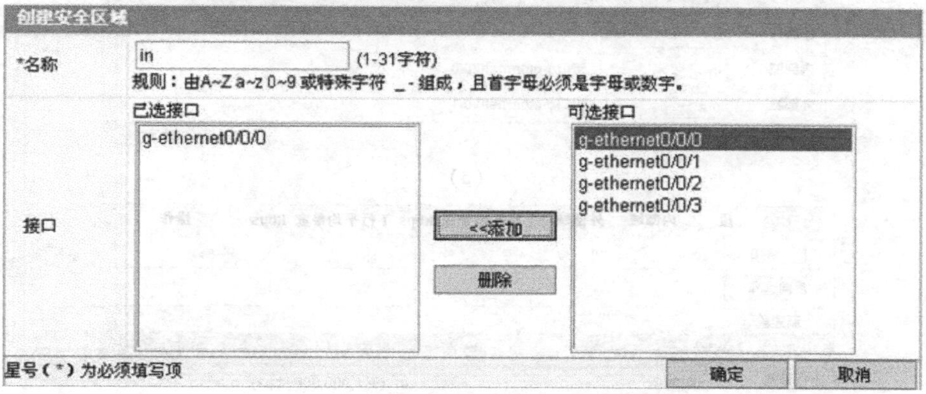

(a)

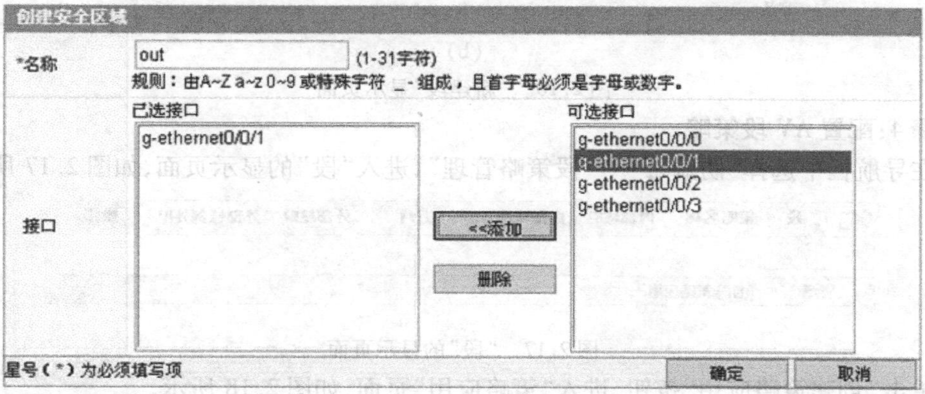

(b)

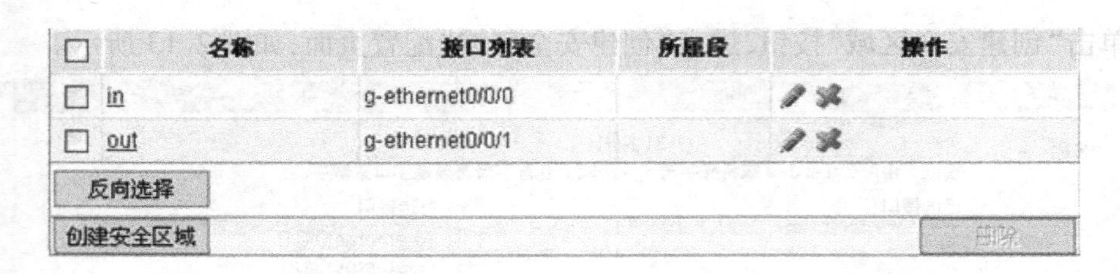

(c)

图 2.14　内部域和外部域

段	内部域	外部域	上行平均带宽 kbps	下行平均带宽 kbps	操作

反向选择

新建段　删除

段带宽限制设置

上行带宽　限制　kbps　(8- 1,000,000 kbps)

下行带宽　限制　kbps　(8- 1,000,000 kbps)

激活　确定

图 2.15　“段”的显示页面

②单击“新建段”按钮，进入“新建段”配置页面，创建一个段(这里为段 0)，将内网和外网链路连通，后面再在此链路上配置 AV 段策略，如图 2.16 所示。

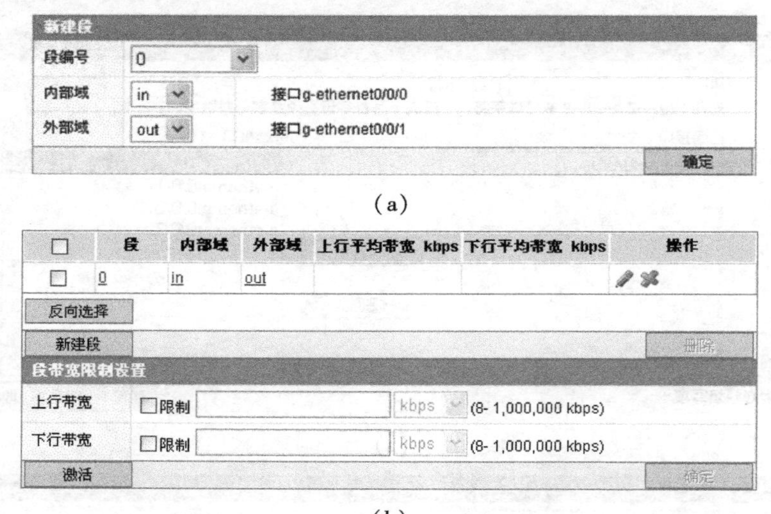

(a)

(b)

图 2.16　“新建段”显示页面

步骤 4:配置 AV 段策略

①在导航栏中选择“防病毒”→“段策略管理”，进入“段”的显示页面，如图 2.17 所示。

图 2.17　“段”的显示页面

②单击“创建策略应用”按钮，进入“策略应用”页面，如图 2.18 所示。

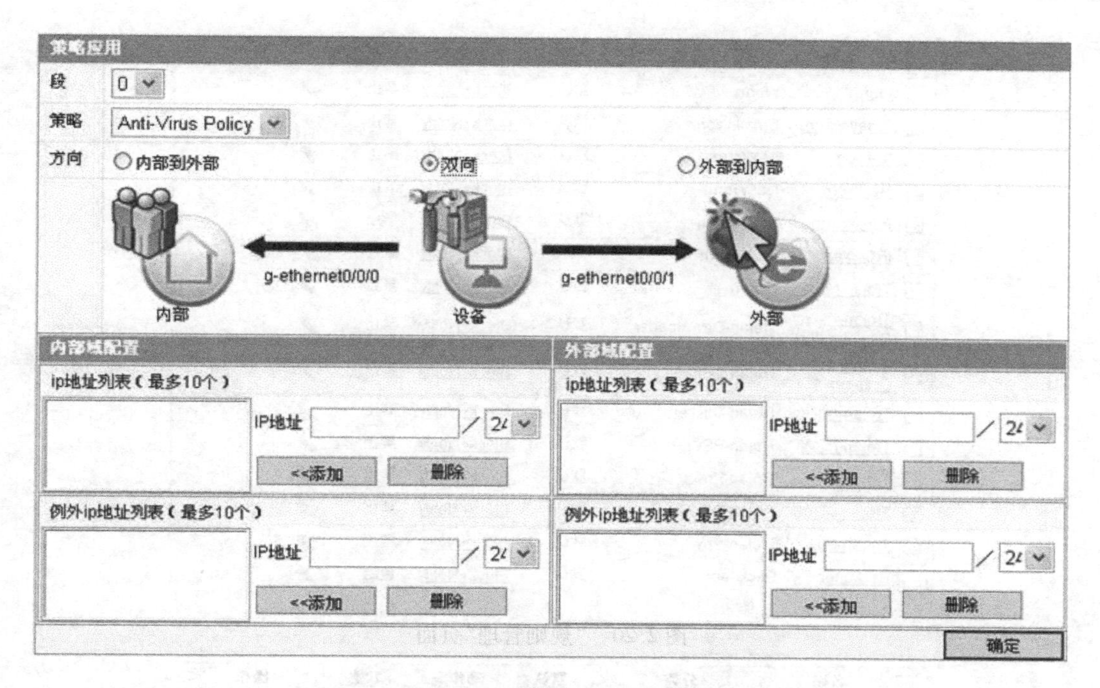

图2.18　“策略应用”页面

③选择缺省的AV策略:Anti-Virus Policy,方向选择“双向”,单击“确定”按钮,页面跳转至“AV段策略管理”页面,表明AV段策略创建成功,如图2.19所示。

☐	段	策略名称	内部域IP	内部域例外IP	方向	外部域IP	外部域例外IP	操作
☐	0	Anti-Virus...			双向			

反向选择

激活　创建策略应用　删除

图2.19　“AV段策略管理”页面

步骤5:修改AV相应规则

单击图2.19的策略名称链接,进入到AV策略的“规则管理”页面,能看到几十条规则,如图2.20所示。

每一条规则对应一种类型的病毒报文。由于开启所有的规则对系统性能消耗较大,因此,缺省情况下某些规则是禁止的,可以根据需要使用某些规则来对某些类型的病毒报文进行检测、阻断。

例如,想对Email-Worm类型和Backdoor类型的病毒进行检测、阻断,可单击图2.20中Email-Worm和Backdoor前面的复选框,选中页面下方的单选框“修改本页选中规则”,单击“使能规则”按钮,得到如图2.21所示页面。

如图2.22所示,规则修改成功,即将Email-Worm和Backdoor规则使能。

也可以将所有规则使能:选中页面下方的单选框“修改搜索出的所有规则”,单击“使能规则”按钮即可。

步骤6:激活配置

单击上页的“激活”按钮将上述配置激活,如图2.23所示。

☐	名称	分类	默认	动作集	状态	操作
☐	Worm	Worm	默认	Block+Notify	禁止	
☐	Email-Worm	Email-Worm	默认	Block+Notify	禁止	
☐	IM-Worm	IM-Worm	默认	Block+Notify	禁止	
☐	Net-Worm	Net-Worm	默认	Block+Notify	禁止	
☐	P2P-Worm	P2P-Worm	默认	Block+Notify	禁止	
☐	IRC-Worm	IRC-Worm	默认	Block+Notify	禁止	
☐	Trojan	Trojan	默认	Block+Notify	禁止	
☐	Trojan-Downloader	Trojan-Downloader	默认	Block+Notify	禁止	
☐	Trojan-Dropper	Trojan-Dropper	默认	Block+Notify	禁止	
☐	Trojan-Clicker	Trojan-Clicker	默认	Block+Notify	禁止	
☐	Trojan-PSW	Trojan-PSW	默认	Block+Notify	禁止	
☐	Trojan-Proxy	Trojan-Proxy	默认	Block+Notify	禁止	
☐	Trojan-DDoS	Trojan-DDoS	默认	Block+Notify	禁止	
☐	Trojan-Spy	Trojan-Spy	默认	Block+Notify	禁止	
☐	Backdoor	Backdoor	默认	Block+Notify	使能	

图 2.20 “规则管理”页面

☐	名称	分类	默认	动作集	状态	操作
☐	Worm	Worm	默认	Block+Notify	禁止	
☑	Email-Worm	Email-Worm	默认	Block+Notify	禁止	
☐	IM-Worm	IM-Worm	默认	Block+Notify	禁止	
☐	Net-Worm	Net-Worm	默认	Block+Notify	禁止	
☐	P2P-Worm	P2P-Worm	默认	Block+Notify	禁止	
☐	IRC-Worm	IRC-Worm	默认	Block+Notify	禁止	
☐	Trojan	Trojan	默认	Block+Notify	禁止	
☐	Trojan-Downloader	Trojan-Downloader	默认	Block+Notify	禁止	
☐	Trojan-Dropper	Trojan-Dropper	默认	Block+Notify	禁止	
☐	Trojan-Clicker	Trojan-Clicker	默认	Block+Notify	禁止	
☐	Trojan-PSW	Trojan-PSW	默认	Block+Notify	禁止	
☐	Trojan-Proxy	Trojan-Proxy	默认	Block+Notify	禁止	
☐	Trojan-DDoS	Trojan-DDoS	默认	Block+Notify	禁止	
☐	Trojan-Spy	Trojan-Spy	默认	Block+Notify	禁止	
☑	Backdoor	Backdoor	默认	Block+Notify	使能	

图 2.21 显示页面

步骤 7:保存配置

完成以上操作后,为了保证 IPS 设备重启后配置不丢失,需要对上述配置进行配置保存操作。在导航栏中进入选择“系统管理”→“设备管理”→“配置维护”,在“保存当前配置”页签中单击“保存”按钮并确认,如图 2.24 所示。

任务 2 验证结果

当外网流向内网的流量有 Email-Worm 和 Backdoor 类型的病毒时,IPS 设备会对其进行阻断并上报病毒日志。选择“日志管理”→“病毒日志”→“最近日志”可以查询到如图 2.25 所示

☐	名称	分类	默认	动作集	状态	操作
☐	Worm	Worm	默认	Block+Notify	禁止	
☐	Email-Worm	Email-Worm	已修改	Block+Notify	使能	
☐	IM-Worm	IM-Worm	默认	Block+Notify	禁止	
☐	Net-Worm	Net-Worm	默认	Block+Notify	禁止	
☐	P2P-Worm	P2P-Worm	默认	Block+Notify	禁止	
☐	IRC-Worm	IRC-Worm	默认	Block+Notify	禁止	
☐	Trojan	Trojan	默认	Block+Notify	禁止	
☐	Trojan-Downloader	Trojan-Downloader	默认	Block+Notify	禁止	
☐	Trojan-Dropper	Trojan-Dropper	默认	Block+Notify	禁止	
☐	Trojan-Clicker	Trojan-Clicker	默认	Block+Notify	禁止	
☐	Trojan-PSW	Trojan-PSW	默认	Block+Notify	禁止	
☐	Trojan-Proxy	Trojan-Proxy	默认	Block+Notify	禁止	
☐	Trojan-DDoS	Trojan-DDoS	默认	Block+Notify	禁止	
☐	Trojan-Spy	Trojan-Spy	默认	Block+Notify	禁止	
☐	Backdoor	Backdoor	已修改	Block+Notify	使能	

图 2.22　显示页面

图 2.23　激活页面

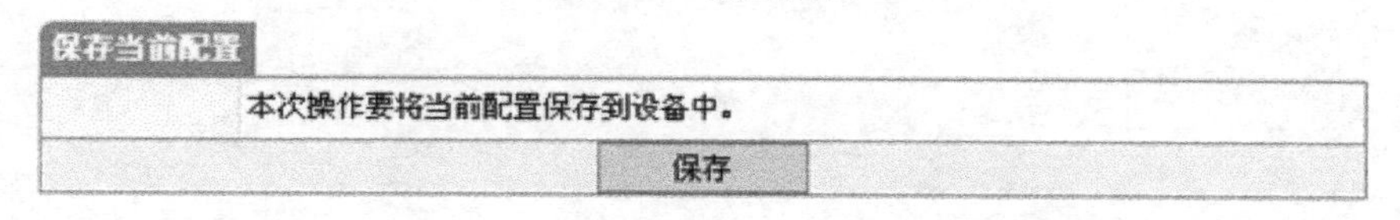

图 2.24　配置页面

☐自动刷新：每隔 30 秒　手动刷新

⊙阻断日志　○告警日志

	时间戳	病毒名称	病毒类型	段	方向	源IP	目的IP	源端口	目的端口	协议类型	应用协议	计数	Packet Trace
1	2010-01-06 01:03:15	Backdoor.Win32.Kuang	Backdoor	0	从外到里	22.0.0.22	22.0.0.11	8080	1390	TCP	HTTP (TCP)	1	
2	2010-01-08 01:03:08	Email-Worm.BAT.Alcobut.a	Email-Worm	0	从外到里	22.0.0.22	22.0.0.11	8080	1381	TCP	HTTP (TCP)	1	

导出到CSV

图 2.25　显示页面

信息。

选择"报表"→"病毒报表"→"病毒报表",可以看到一段时间内的网络中的病毒信息。选择查询的报表类型、病毒名称、病毒类型、动作类型、指定时间、段,单击"查询"按钮,操作页面如图 2.26 所示,即可查看到一段时间内的病毒信息,如图 2.27 所示。

病毒报表

报表类型 ⊙病毒事件报表 ○病毒源报表 ○病毒目的报表

病毒名称 (0-64字符 注：中文占三个字符)

病毒类型 全部 *段 0

*动作类型 ☑告警 ☑阻断

指定日期范围 ○最后一小时 ○最后一天 ○最后一周 ⊙指定时间

开始时间 2010-01-05 09:00 结束时间 2010-01-06 09:00

查询

图 2.26　操作页面

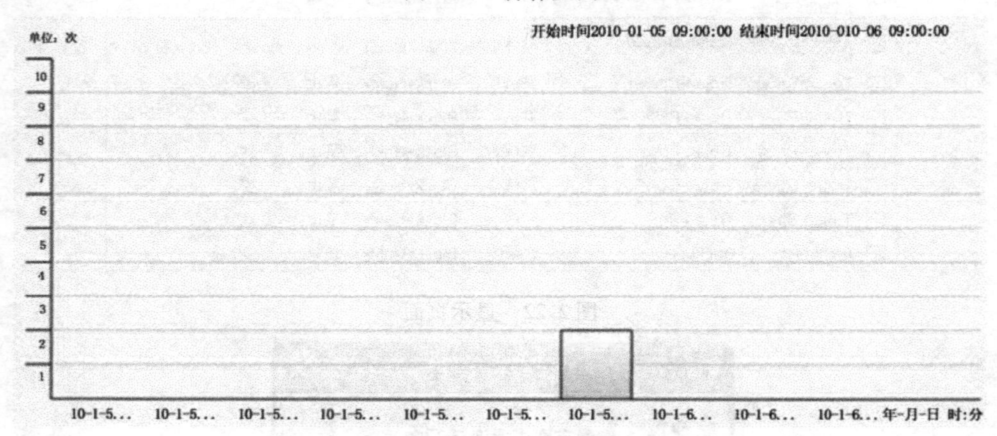

图 2.27　显示页面

项目6

SecPath IPS 攻击防护

[项目内容与目标]

- 掌握 IPS 攻击防护功能的配置方法。

[项目组网图]

项目组网如图 2.28 所示：IPS 设备在线（Inline）部署到公司内网的出口链路上；Internet 的流量经过路由器的汇聚后到达公司内网，然后经过 IPS 设备的攻击防护模块，对网络中的蠕虫、后门木马等攻击流量进行检测、阻断；经过 IPS 设备处理之后的合法报文再经过交换机进入公司的内网。

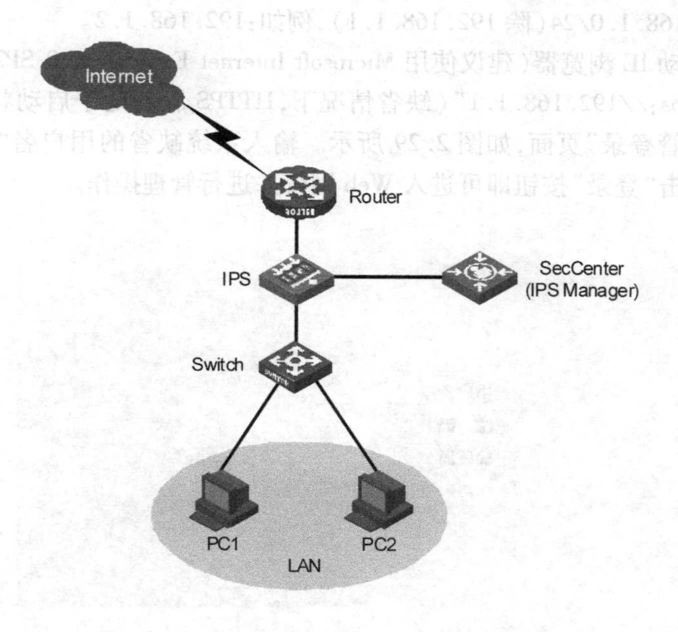

图 2.28　项目组网

[背景需求]

随着网络的普及和全球化，网络攻击工具越来越成熟，网络攻击的出现也越来越频繁。IPS 设备通常部署为 Inline 的工作模式，能够识别、阻断公司或运营商的外网对内网用户的攻击行为,及时阻止各种针对系统漏洞的攻击,屏蔽蠕虫和间谍软件等。在数据传输的路径中,任何数据流都必须经过 IPS 设备检测,一旦发现有蠕虫、后门、木马、间谍软件、可疑代码、网络钓鱼等攻击行为,IPS 模块会立即阻断攻击,隔离攻击源,屏蔽蠕虫和间谍软件等,同时记录日志并告知网络管理员。

[所需设备和器材]

本项目所需的主要设备和器材如表 2.3 所示。

表 2.3　所需设备和器材

名称和型号	版　本	数　量	描　述
T1000	IMW110-E1221P05	1	
PC	Windows XP SP3	1	
第 5 类 UTP 以太网连接线	—	2	

[任务实施]

任务 1　IPS 攻击防护策略配置

步骤 1:登录 IPS Web 管理页面

①用交叉以太网线将 PC 的网口和 IPS 设备的管理口相连。为 PC 的网口配置 IP 地址,保证其能与 IPS 设备的管理口互通。设备管理地址默认为 192.168.1.1/24,因此可以配置 PC 的 IP 地址为 192.168.1.0/24(除 192.168.1.1),例如:192.168.1.2。

②在 PC 上启动 IE 浏览器(建议使用 Microsoft Internet Explorer 6.0 SP2 及以上版本),在地址栏中输入"https://192.168.1.1"(缺省情况下,HTTPS 服务处于启动状态)后按回车键,即可进入"Web 网管登录"页面,如图 2.29 所示。输入系统缺省的用户名"admin"、密码"admin"和验证码,单击"登录"按钮即可进入 Web 网管并进行管理操作。

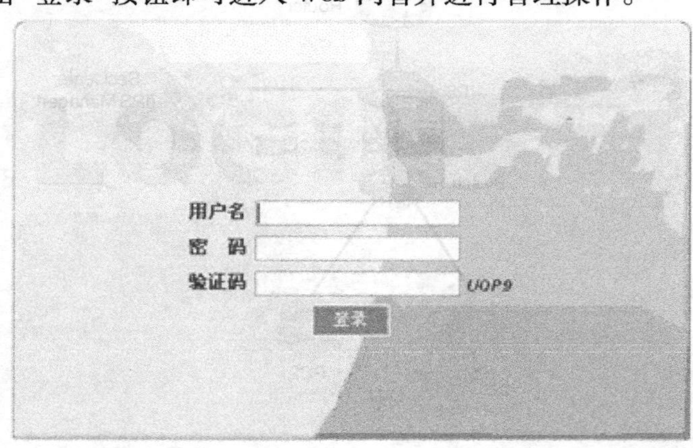

图 2.29　登录页面

步骤 2:创建安全区域

①在导航栏中选择"系统管理"→"网络管理"→"安全区域",进入"安全区域显示"页面,如图 2.30 所示。

图2.30　“安全区域显示”页面

②单击“创建安全区域”按钮,进入“创建安全区域”的配置页面,如图2.31所示。

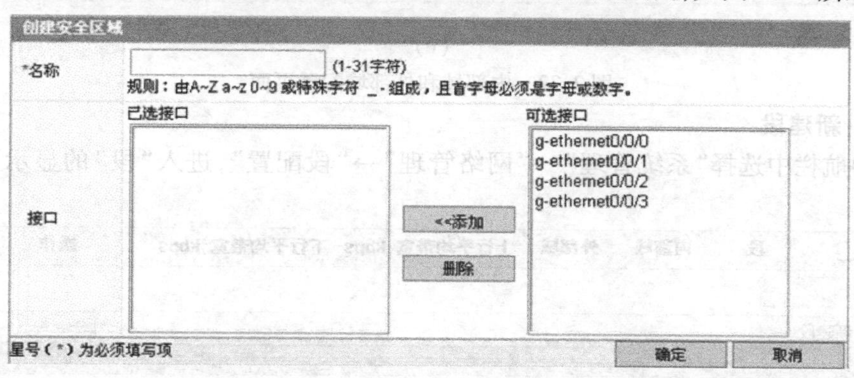

图2.31　“创建安全区域”页面

③分别将“g-ethernet0/0/0”加入内部域 in,“g-ethernet0/0/1”加入外部域 out,如图2.32所示。

(a)

(b)

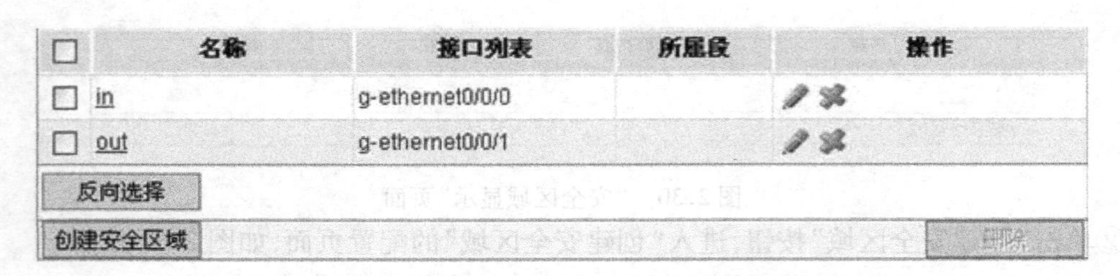

☐	名称	接口列表	所属段	操作
☐	in	g-ethernet0/0/0		
☐	out	g-ethernet0/0/1		

反向选择

创建安全区域　删除

(c)

图 2.32　内部域和外部域配置页面

步骤 3:新建段

①在导航栏中选择“系统管理”→“网络管理”→“段配置”,进入“段”的显示页面,如图 2.33所示。

☐	段	内部域	外部域	上行平均带宽 kbps	下行平均带宽 kbps	操作

反向选择

新建段　删除

段带宽限制设置

上行带宽	☐限制	kbps (8- 1,000,000 kbps)
下行带宽	☐限制	kbps (8- 1,000,000 kbps)

激活　确定

图 2.33　“段”的显示页面

②单击“新建段”按钮,进入“新建段”的配置页面,创建一个段(这里为段 0),将内网和外网链路连通,后面再在此链路上配置 AV 段策略,如图 2.34 所示。

新建段

段编号	0	
内部域	in	接口g-ethernet0/0/0
外部域	out	接口g-ethernet0/0/1

确定

(a)

☐	段	内部域	外部域	上行平均带宽 kbps	下行平均带宽 kbps	操作
☐	0	in	out			

反向选择

新建段　删除

段带宽限制设置

上行带宽	☐限制	kbps (8- 1,000,000 kbps)
下行带宽	☐限制	kbps (8- 1,000,000 kbps)

激活　确定

(b)

图 2.34　“新建段”配置页面

步骤4:配置IPS段策略

在导航栏中选择“IPS”→“快捷应用”,进入“IPS策略快捷应用”页面,输入IPS策略名、描述、选择相应的段编号、方向,单击“确定”按钮,如图2.35所示。

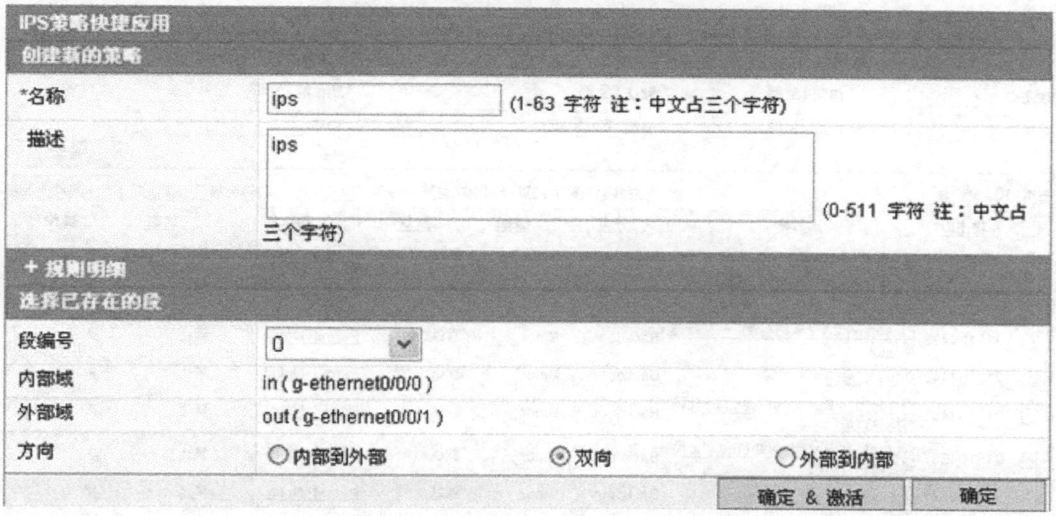

图2.35　“IPS策略快捷应用”页面

选择“IPS”→“段策略管理”,可以看到段0上应用了上述的ips策略,如图2.36所示。

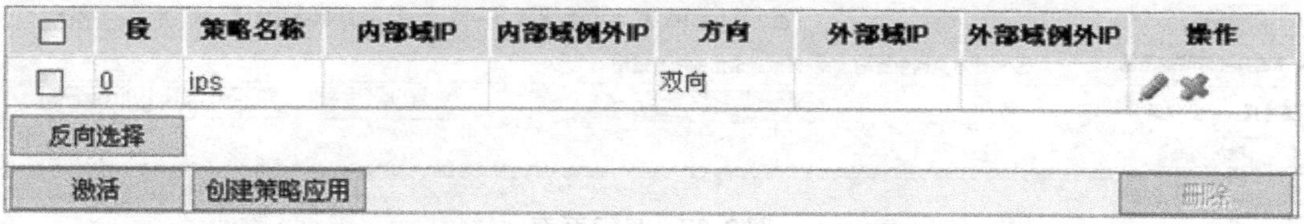

□	段	策略名称	内部域IP	内部域例外IP	方向	外部域IP	外部域例外IP	操作
□	0	ips			双向			

图2.36　显示页面

步骤5:修改IPS相应规则

①单击图2.36的策略名称链接,进入IPS策略的“规则管理”页面,能看到几千条规则。若想对Backdoor类型的攻击进行检测、阻断,在分类中选择“Backdoor”,单击“搜索”按钮后可看到搜索出系统能够识别的所有Backdoor类型的攻击,如图2.37所示。

②在页面下方选中“修改搜索出的所有规则”,单击“使能规则”按钮,即将所有规则使能。选中“修改搜索出的所有规则”,选择动作集为Block+Notify,单击“修改动作集”按钮,即将所有Backdoor类型的攻击都进行阻断并上报攻击日志。也可以对所有类型的攻击进行检测、阻断:在图2.37的“分类”中选择“全部”,单击“搜索”按钮即可。

步骤6:激活配置

单击图2.37中的“激活”按钮将上述配置激活,如图2.38所示。

步骤7:保存配置

完成以上操作后,为了保证IPS设备重启后配置不丢失,需要对上述配置进行配置保存操作。在导航栏中选择“系统管理”→“设备管理”→“配置维护”,在“保存当前配置”页签中单击“保存”按钮并确认,如图2.39所示。

预定义规则管理

请选择一个策略 ips

*名称 ips (1-63 字符 注：中文占三个字符)

描述 ips (0-511 字符 注：中文占三个字符) 确定

攻击ID 0 级别 全部 默认 全部 动作集 全部

名称 状态 全部 分类 Backdoor CVE

搜索

每页 10 条 总共317条 1/32页 1~10条 首页 上一页 下一页 尾页 跳转至第 1 页 跳转

	攻击ID	名称	分类	级别	默认	动作集	状态	操作
	151000306	后门软件 AckCMD	Backdoor	Minor	默认	Permit+Notify	禁止	
	218104436	Hav-rat 1.1 实时检测 － 获取PC信息后门	Backdoor	Minor	默认	Permit+Notify	禁止	
	218104438	Poison Ivy 2.1.2 实时检测 － 初始连接后门	Backdoor	Minor	默认	Permit+Notify	禁止	
	218104440	One实时后门	Backdoor	Minor	默认	Permit+Notify	禁止	
	218104485	Wordpress Backdoor feed.php代码尝试执行后门	Backdoor	Minor	默认	Permit+Notify	禁止	
	218104537	Wordpress Backdoor theme.php代码尝试执行后门	Backdoor	Minor	默认	Permit+Notify	禁止	
	218104547	Subseven 22 后门	Backdoor	Minor	默认	Permit+Notify	禁止	
	218104548	Acidbattery 1.0 实时检测 － 获取服务器信息后门	Backdoor	Minor	默认	Permit+Notify	禁止	
	218104549	Only 1 rat 实时检测 - 控制命令后门	Backdoor	Minor	默认	Permit+Notify	禁止	
	218104550	Only 1 rat 实时检测 - 控制命令后门	Backdoor	Minor	默认	Permit+Notify	禁止	

反向选择 总共317条 1/32页 1~10条 首页 上一页 下一页 尾页 跳转至第 1 页 跳转

请选择要修改的范围 ◉修改本页选中规则 ○修改搜索出的所有规则

请选择一个动作集 Block 修改动作集 使能规则 禁止规则 重置规则

激活

图 2.37 显示页面

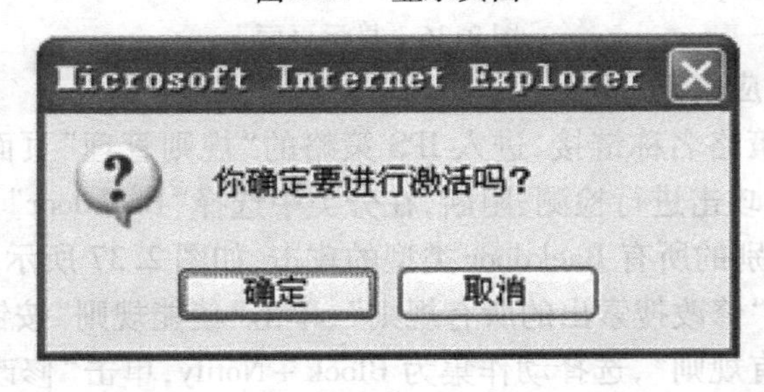

图 2.38 激活页面

保存当前配置

本次操作要将当前配置保存到设备中。

保存

图 2.39 配置页面

任务2　验证结果

当外网有 Backdoor 类型对内网的 PC 进行攻击时,IPS 设备会对其进行阻断并上报攻击日志。选择“日志管理”→“攻击日志”→“最近日志”,可以查询到如下攻击被阻断的信息,如图 2.40 所示。

自动刷新:每隔 30 秒　手动刷新
⊙阻断日志 ○告警日志

	攻击ID	时间	攻击名称	段	方向	源IP	目的IP	源端口	目的端口	应用协议	命中次数	级别	Packet Trace
1	218107941	2010-01-06 01:13:38	后门:冰河	0	从里到外	10.9.19.155	10.9.19.241	1044	7626	TCP	1		
2	218107941	2010-01-06 01:13:38	后门:冰河	0	从里到外	10.9.19.155	10.9.19.241	1044	7626	TCP	1		
3	218110517	2010-01-06 01:13:26	NetSpy远程控制	0	从里到外	10.9.19.155	10.9.19.241	1039	7306	TCP	1		
4	218110517	2010-01-06 01:13:26	NetSpy远程控制	0	从里到外	10.9.19.155	10.9.19.241	1039	7306	TCP	1		

导出到CSV

图 2.40　显示页面

选择“报表”→“攻击报表”→“攻击事件报表”,可以看到一段时间内的攻击信息。选择查询的报表类型、攻击 ID、级别、动作类型、指定时间、段,单击“查询”按钮,如图 2.41 所示,即可查看到一段时间内的攻击信息,如图 2.42 所示。

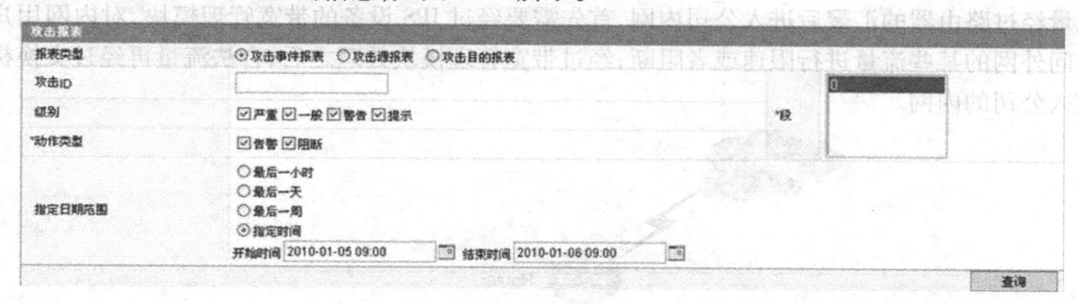

图 2.41　显示页面

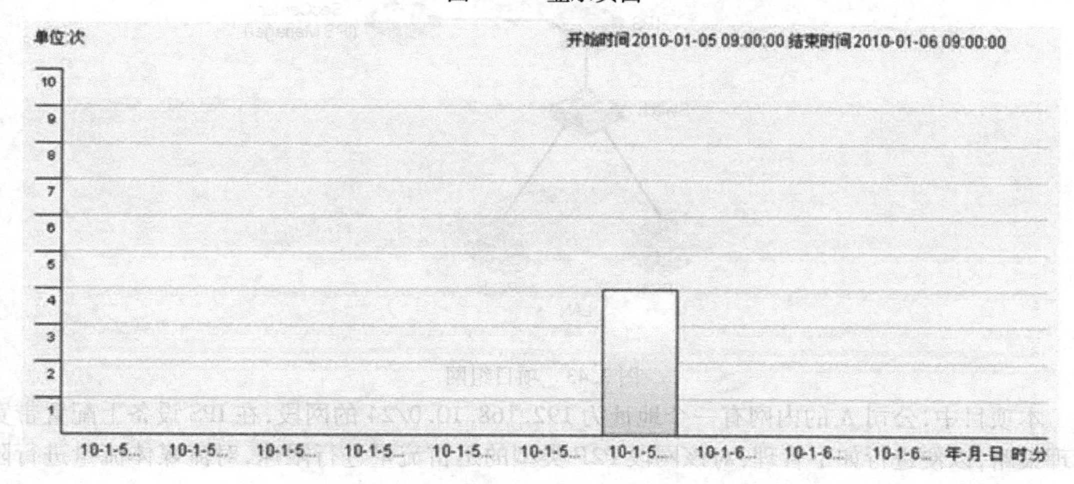

图 2.42　显示页面

项目 7 SecPath IPS 带宽管理

[项目内容与目标]

- 掌握 IPS 带宽管理功能的配置方法。

[项目组网图]

项目组网如图 2.43 所示:IPS 设备在线(Inline)部署到公司内网的出口链路上;Internet 的流量经过路由器的汇聚后进入公司内网,首先需要经过 IPS 设备的带宽管理模块,对内网用户访问外网的某些流量进行限速或者阻断;经过带宽管理模块处理之后,合法流量再经过交换机流入公司的内网。

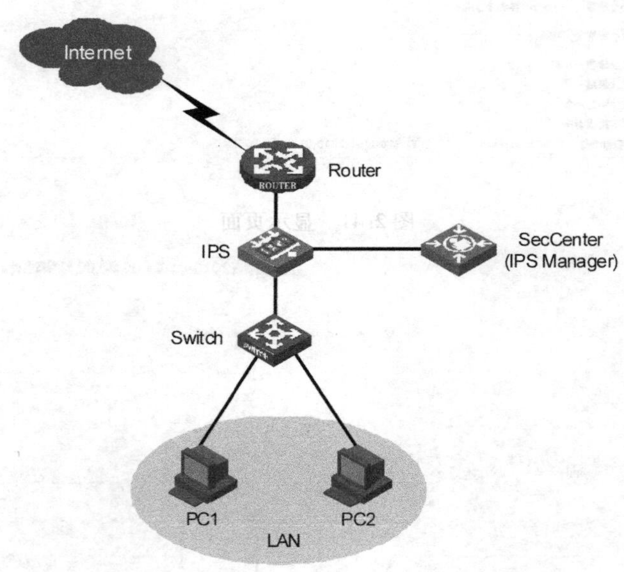

图 2.43 项目组网

本项目中,公司 A 的内网有一个地址为 192.168.10.0/24 的网段,在 IPS 设备上配置带宽管理策略,以便进行如下管理:对该网段 P2P 类型的迅雷流量进行限速,对流媒体流量进行阻断,对其他地址的内网用户的迅雷流量进行阻断。

[背景需求]

在运营商或企业用户的网络中,网络带宽资源非常宝贵,带宽管理功能可对日趋严重的带宽滥用、误用进行控制。例如,对 P2P、游戏等非法流量进行限速或阻断,使网络带宽资源被合理利用。

IPS 设备的带宽管理功能应用于流量比较大的环境,如运营商、大中型企业和教育系统等网络,对这些网络中的非法流量进行限速或阻断。

[所需设备和器材]

本项目所需的主要设备和器材如表 2.4 所示。

表 2.4 所需设备和器材

名称和型号	版 本	数 量	描 述
T1000	IMW110-E1221P05	1	
PC	Windows XP SP3	1	
第5类 UTP 以太网连接线	—	2	

[任务实施]

任务1 IPS 带宽管理策略配置

步骤1:登录 IPS Web 管理页面

①用交叉以太网线将 PC 的网口和 IPS 设备的管理口相连。为 PC 的网口配置 IP 地址,保证其能与 IPS 设备的管理口互通。设备管理地址默认为 192.168.1.1/24,因此可以配置 PC 的 IP 地址为 192.168.1.0/24(除 192.168.1.1),例如:192.168.1.2。

②在 PC 上启动 IE 浏览器(建议使用 Microsoft Internet Explorer 6.0 SP2 及以上版本),在地址栏中输入"https://192.168.1.1"(缺省情况下,HTTPS 服务处于启动状态)后按回车键,即可进入"Web 网管登录"页面,如图 2.44 所示。输入系统缺省的用户名"admin"、密码"admin"和验证码,单击"登录"按钮即可进入 Web 网管并进行管理操作。

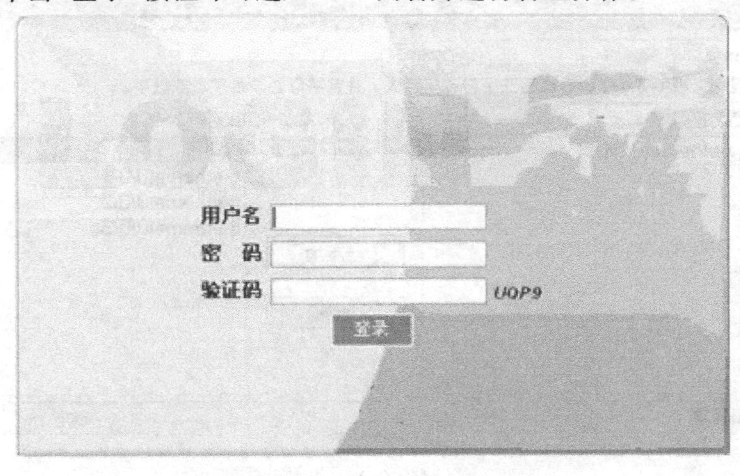

图 2.44 登录页面

步骤 2:创建安全区域

①在导航栏中选择“系统管理”→“网络管理”→“安全区域”,进入“安全区域显示”页面,如图 2.45 所示。

☐	名称	接口列表	所属段	操作

反向选择

创建安全区域　　删除

图 2.45　显示页面

②单击“创建安全区域”按钮,进入“创建安全区域”的配置页面,如图 2.46 所示。

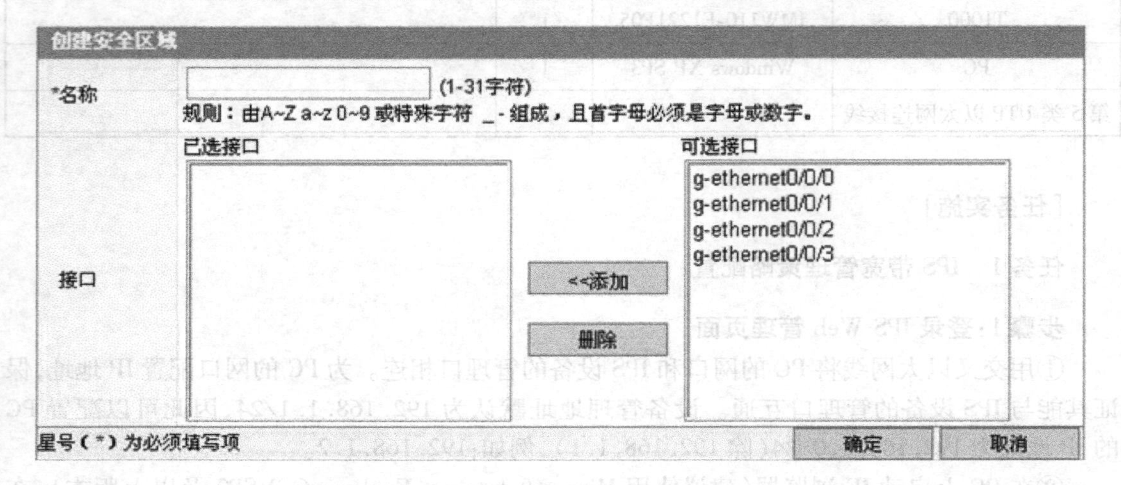

图 2.46　配置页面

③分别将“g-ethernet0/0/0”加入内部域 in,“g-ethernet0/0/1”加入外部域 out,如图 2.47 所示。

创建安全区域

*名称　in　(1-31字符)

规则：由A~Z a~z 0~9 或特殊字符 _ - 组成，且首字母必须是字母或数字。

已选接口：g-ethernet0/0/0

可选接口：g-ethernet0/0/0、g-ethernet0/0/1、g-ethernet0/0/2、g-ethernet0/0/3

接口　<<添加　删除

星号 (*) 为必须填写项　确定　取消

(a)

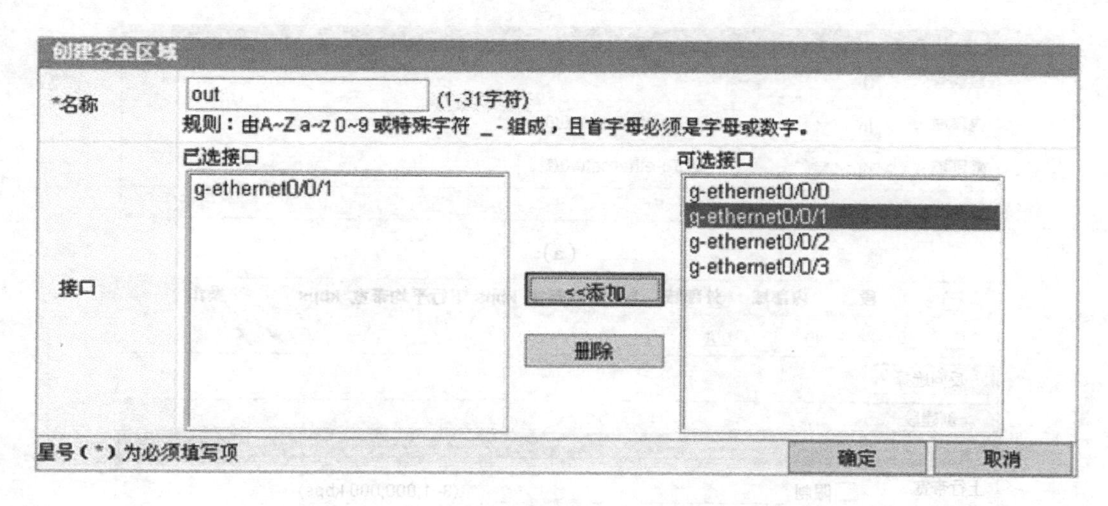

(b)

☐	名称	接口列表	所属段	操作
☐	in	g-ethernet0/0/0		
☐	out	g-ethernet0/0/1		

反向选择

创建安全区域　　删除

(c)

图 2.47　内部域和外部域配置页面

步骤 3:新建段

①在导航栏中选择“系统管理”→“网络管理”→“段配置”,进入“段”的显示页面,如图 2.48所示。

☐	段	内部域	外部域	上行平均带宽 kbps	下行平均带宽 kbps	操作

反向选择

新建段　　删除

段带宽限制设置

上行带宽	☐限制　kbps	(8- 1,000,000 kbps)
下行带宽	☐限制　kbps	(8- 1,000,000 kbps)

激活　　确定

图 2.48　配置页面

②单击“新建段”按钮,进入“新建段”的配置页面,创建一个段(这里为段 0),将内网和外网链路连通,如图 2.49 所示。后面再在此链路上配置 AV 段策略。

步骤 4:创建针对内网地址 192.168.10.0/24 迅雷限速、流媒体阻断的带宽管理策略

①在导航栏中选择“带宽管理”→“策略管理”,进入 “策略管理”页面。单击“创建策略应用”按钮,进入“创建策略应用”页面,如图 2.50 所示。

②在“创建策略”页签中输入名称“thunder_multimedia_policy1”,输入描述为“thunder and

新建段

段编号 0

内部域 in 接口g-ethernet0/0/0

外部域 out 接口g-ethernet0/0/1

确定

(a)

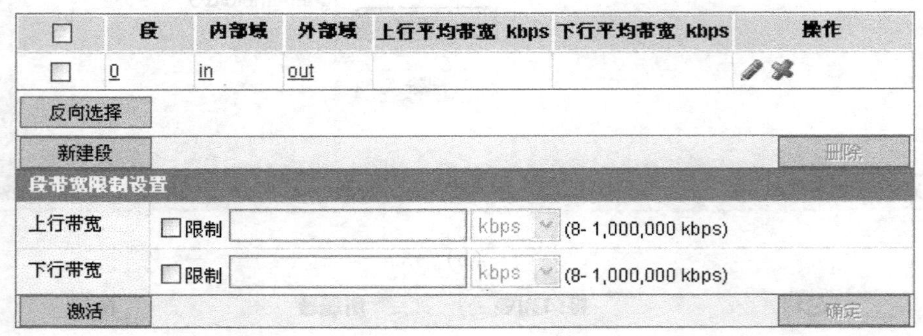

(b)

图 2.49

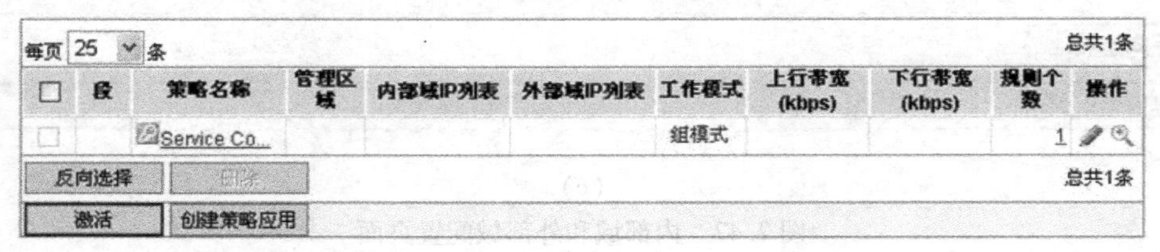

(a)

创建策略应用

创建策略

*名称 thunder_traffic media_poli (1-63 字符 注：中文占三个字符)

描述 thunder and traffic media for policy1 for A (0-511 字符 注：中文占三个字符)

策略工作模式 ⊙组模式 ○用户模式

□本组规则总流量的上行带宽 kbps (8- 1,000,000 kbps)

□本组规则总流量的下行带宽 kbps (8- 1,000,000 kbps)

规则配置

	服务	状态	时间表	动作集	上行带宽	下行带宽	操作
□	Default	使能	所有时间	Permit	--	--	

删除 添加

注：规则的上、下行带宽取值范围为0或8-1,000,000，单位为kbps。0表示不限速。

策略应用范围

	段	管理区域	内部域IP	内部域例外IP	外部域IP	外部域例外IP	操作

删除 添加

确定 取消

(b)

图 2.50

multimedia policy1 for A”。在“规则配置”页签中单击“添加”按钮,分别添加两个规则:添加服务“迅雷”,选择动作集“Rate Limit”,上行和下行带宽分别为“500 Kbps”;添加服务“流媒体”,选择动作集“Block + Notify”,如图2.51所示。

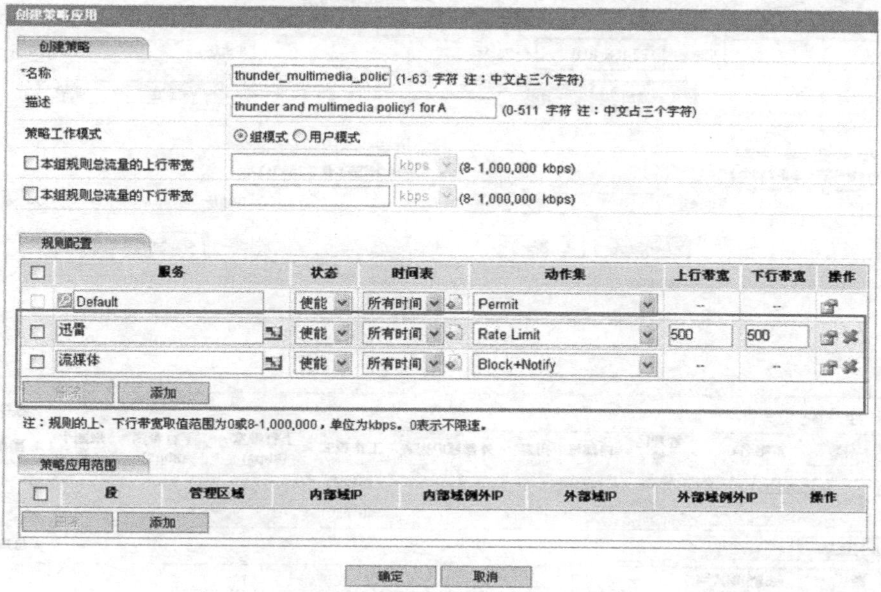

创建策略应用

创建策略

*名称 thunder_multimedia_polic (1-63 字符 注:中文占三个字符)

描述 thunder and multimedia policy1 for A (0-511 字符 注:中文占三个字符)

策略工作模式 ⊙组模式 ○用户模式

□本组规则总流量的上行带宽 kbps (8-1,000,000 kbps)

□本组规则总流量的下行带宽 kbps (8-1,000,000 kbps)

规则配置

□	服务	状态	时间表	动作集	上行带宽	下行带宽	操作
□	Default	使能	所有时间	Permit	--	--	
□	迅雷	使能	所有时间	Rate Limit	500	500	
□	流媒体	使能	所有时间	Block+Notify	--	--	

删除 添加

注:规则的上、下行带宽取值范围为0或8-1,000,000,单位为kbps。0表示不限速。

策略应用范围

□	段	管理区域	内部域IP	内部域例外IP	外部域IP	外部域例外IP	操作

删除 添加

确定 取消

图2.51 配置页面

③在“策略应用范围”页签中单击“添加”按钮,选择段为“0”,管理区域为“内部域”,内部域IP为“192.168.10.0/24”。配置完成后,单击“创建策略应用”页面最下方的“确定”按钮,页面会自动跳转到“策略管理”页面,如图2.52所示。

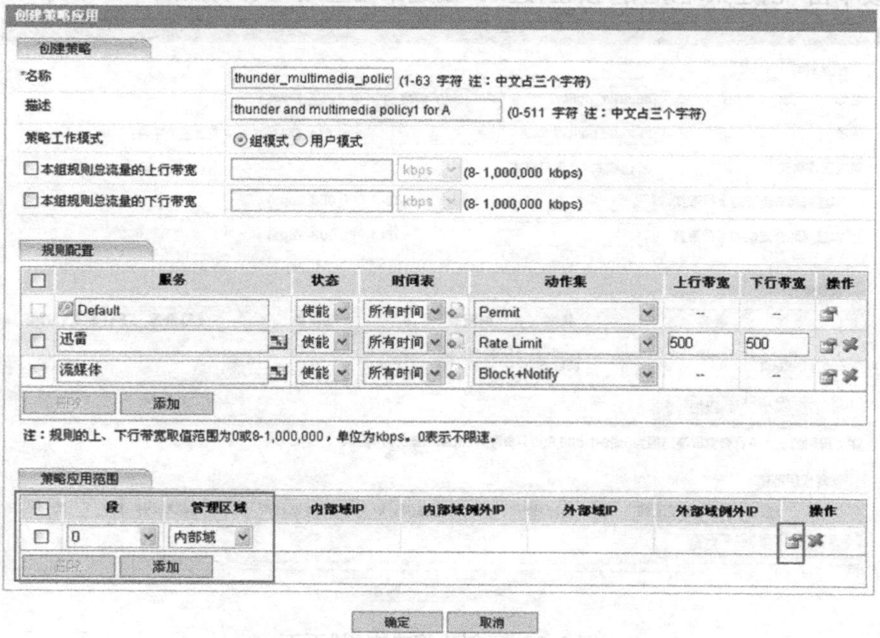

创建策略应用

创建策略

*名称 thunder_multimedia_polic (1-63 字符 注:中文占三个字符)

描述 thunder and multimedia policy1 for A (0-511 字符 注:中文占三个字符)

策略工作模式 ⊙组模式 ○用户模式

□本组规则总流量的上行带宽 kbps (8-1,000,000 kbps)

□本组规则总流量的下行带宽 kbps (8-1,000,000 kbps)

规则配置

□	服务	状态	时间表	动作集	上行带宽	下行带宽	操作
□	Default	使能	所有时间	Permit	--	--	
□	迅雷	使能	所有时间	Rate Limit	500	500	
□	流媒体	使能	所有时间	Block+Notify	--	--	

删除 添加

注:规则的上、下行带宽取值范围为0或8-1,000,000,单位为kbps。0表示不限速。

策略应用范围

□	段	管理区域	内部域IP	内部域例外IP	外部域IP	外部域例外IP	操作
□	0	内部域					

删除 添加

确定 取消

(a)

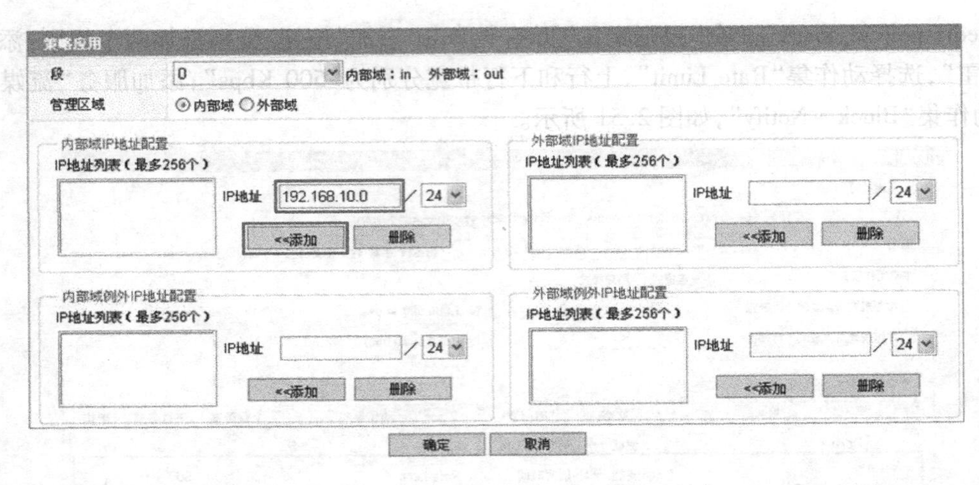

(b)

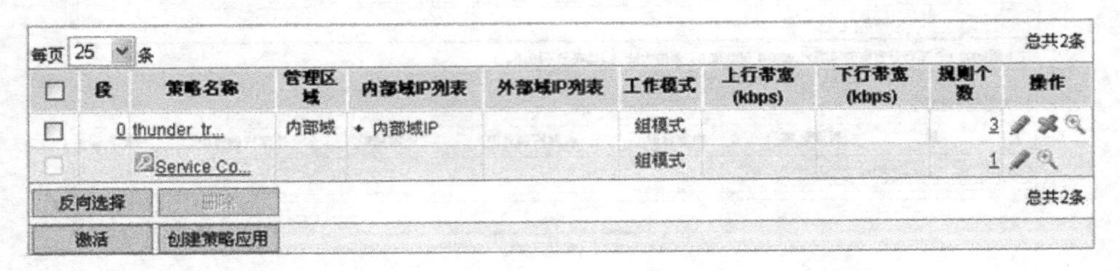

每页 25 条　　总共2条

	段	策略名称	管理区域	内部域IP列表	外部域IP列表	工作模式	上行带宽(kbps)	下行带宽(kbps)	规则个数	操作
	0	thunder_tr...	内部域	+ 内部域IP		组模式			3	
		Service Co...				组模式			1	

反向选择　删除　　总共2条

激活　创建策略应用

(c)

图 2.52

步骤 5：创建针对内网其他 IP 地址迅雷阻断的带宽管理策略

①继续单击“创建策略应用”按钮，进入“创建策略应用”页面，如图 2.53 所示。

创建策略应用

创建策略

*名称　thunder_policy2　(1-63 字符 注：中文占三个字符)

描述　thunder policy2 for A　(0-511 字符 注：中文占三个字符)

策略工作模式　组模式 用户模式

本组规则总流量的上行带宽　kbps (8-1,000,000 kbps)

本组规则总流量的下行带宽　kbps (8-1,000,000 kbps)

规则配置

	服务	状态	时间表	动作集	上行带宽	下行带宽	操作
	Default	使能	所有时间	Permit	--	--	

删除　添加

注：规则的上、下行带宽取值范围为0或8-1,000,000，单位为kbps。0表示不限速。

策略应用范围

	段	管理区域	内部域IP	内部域例外IP	外部域IP	外部域例外IP	操作

删除　添加

确定　取消

图 2.53　“创建策略应用”页面

②在“创建策略”页签中输入名称为“thunder_policy2”，输入描述为“thunder policy2 for A”。在“规则配置”页签中单击“添加”按钮，添加服务“迅雷”，选择动作集“Block”，如图2.54所示。

创建策略应用

创建策略

*名称　thunder_policy2　(1-63 字符 注：中文占三个字符)

描述　thunder policy2 for A　(0-511 字符 注：中文占三个字符)

策略工作模式　⊙组模式 ○用户模式

□本组规则总流量的上行带宽　kbps　(8- 1,000,000 kbps)

□本组规则总流量的下行带宽　kbps　(8- 1,000,000 kbps)

规则配置

□	服务	状态	时间表	动作集	上行带宽	下行带宽	操作
□	Default	使能	所有时间	Permit	--	--	
□	迅雷	使能	所有时间	Block+Notify	--	--	

删除　添加

注：规则的上、下行带宽取值范围为0或8-1,000,000，单位为kbps。0表示不限速。

策略应用范围

□	段	管理区域	内部域IP	内部域例外IP	外部域IP	外部域例外IP	操作

删除　添加

确定　取消

图2.54　配置页面

步骤6：在段上应用带宽管理策略

在“策略应用范围”页签中单击“添加”按钮，选择段为“0”，管理区域为“内部域”。配置完成后，单击“创建策略应用”页面最下方的“确定”按钮，页面会自动跳转到“策略管理”页面，操作如图2.55所示。

创建策略应用

创建策略

*名称　thunder_policy2　(1-63 字符 注：中文占三个字符)

描述　thunder policy2 for A　(0-511 字符 注：中文占三个字符)

策略工作模式　⊙组模式 ○用户模式

□本组规则总流量的上行带宽　kbps　(8- 1,000,000 kbps)

□本组规则总流量的下行带宽　kbps　(8- 1,000,000 kbps)

规则配置

□	服务	状态	时间表	动作集	上行带宽	下行带宽	操作
□	Default	使能	所有时间	Permit	--	--	
□	迅雷	使能	所有时间	Block+Notify	--	--	

删除　添加

注：规则的上、下行带宽取值范围为0或8-1,000,000，单位为kbps。0表示不限速。

策略应用范围

□	段	管理区域	内部域IP	内部域例外IP	外部域IP	外部域例外IP	操作
□	0	内部域					

删除　添加

确定　取消

(a)

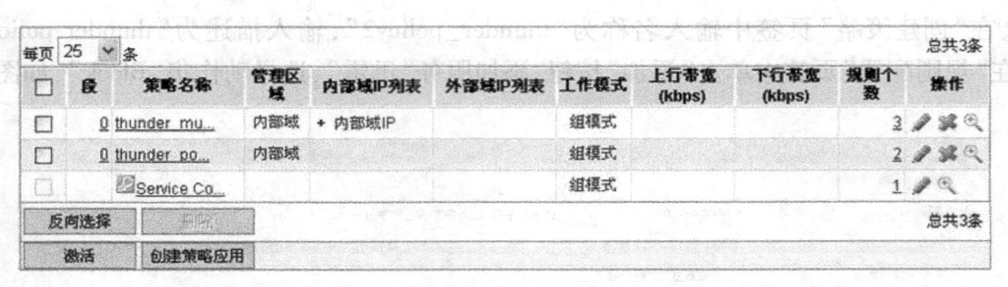

(b)

图 2.55

步骤 7:激活配置

完成上述的配置后,单击“激活”按钮,弹出确认对话框。单击“确认”按钮后,将配置激活,如图 2.56 所示。

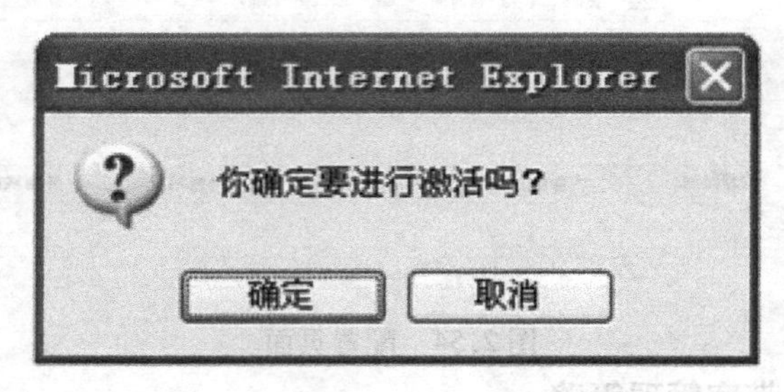

图 2.56　激活页面

步骤 8:保存配置

完成以上操作后,为了保证 IPS 设备重启后配置不丢失,需要对上述配置进行配置保存操作。在导航栏中选择“系统管理”→“设备管理”→“配置维护”,在“保存当前配置”页签中单击“保存”按钮并确认,如图 2.57 所示。

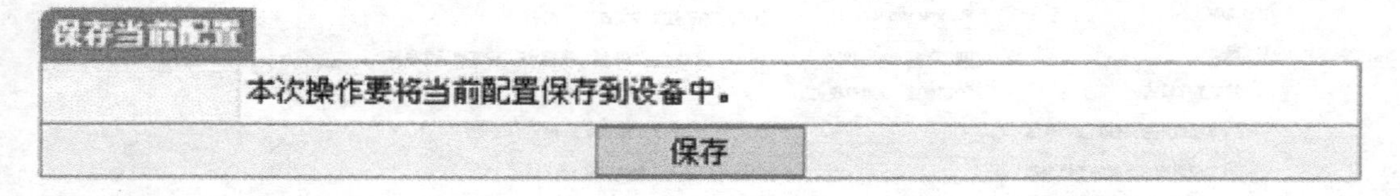

图 2.57　保存配置

任务 2　验证结果

完成上述配置后,192.168.10.0/24 网段的用户迅雷流量被限制在每个方向 500 Kbps,流媒体流量被阻断,内网其他用户迅雷流量被阻断,验证结果如图 2.58 所示。

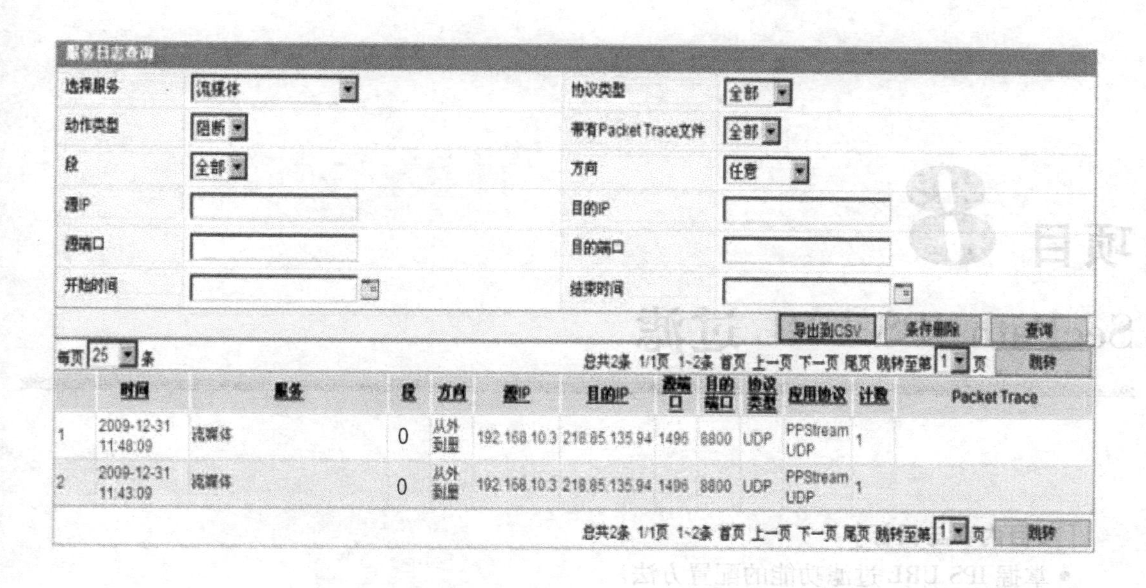

服务日志查询

选择服务	流媒体	协议类型	全部
动作类型	阻断	带有Packet Trace文件	全部
段	全部	方向	任意
源IP		目的IP	
源端口		目的端口	
开始时间		结束时间	

导出到CSV　条件删除　查询

每页 25 条　总共2条 1/1页 1~2条 首页 上一页 下一页 尾页 跳转至第 1 页　跳转

	时间	服务	段	方向	源IP	目的IP	源端口	目的端口	协议类型	应用协议	计数	Packet Trace
1	2009-12-31 11:48:09	流媒体	0	从外到里	192.168.10.3	218.85.135.94	1496	8800	UDP	PPStream UDP	1	
2	2009-12-31 11:43:09	流媒体	0	从外到里	192.168.10.3	218.85.135.94	1496	8800	UDP	PPStream UDP	1	

总共2条 1/1页 1~2条 首页 上一页 下一页 尾页 跳转至第 1 页　跳转

(a)

服务日志查询

选择服务	-- All --	协议类型	全部
动作类型	阻断	带有Packet Trace文件	全部
段	全部	方向	任意
源IP		目的IP	
源端口		目的端口	
开始时间		结束时间	

导出到CSV　条件删除　查询

每页 25 条　总共269条 1/11页 1~25条 首页 上一页 下一页 尾页 跳转至第 1 页　跳转

	时间	服务	段	方向	源IP	目的IP	源端口	目的端口	协议类型	应用协议	计数	Packet Trace
1	2009-12-31 11:44:14	迅雷	0	从外到里	192.168.10.3	113.66.97.171	14452	6416	UDP	Thunder UDP Data	1	
2	2009-12-31 11:44:09	迅雷	0	从外到里	192.168.10.3	60.176.68.168	14452	15000	UDP	Thunder UDP Data	1	
3	2009-12-31 11:43:53	迅雷	0	从外到里	192.168.10.3	123.97.27.211	14452	5000	UDP	Thunder UDP Data	1	
4	2009-12-31 11:43:53	迅雷	0	从外到里	192.168.10.3	123.97.27.211	14452	15000	UDP	Thunder UDP Data	1	
5	2009-12-31 11:43:53	迅雷	0	从外到里	192.168.10.3	123.97.27.211	14452	4997	UDP	Thunder UDP Data	1	

(b)

图 2.58　验证页面

项目 8
SecPath IPS URL 过滤

[**项目内容与目标**]

- 掌握 IPS URL 过滤功能的配置方法。

[**项目组网图**]

项目组网如图 2.59 所示:IPS 设备在线(Inline)部署到公司内网的出口链路上;内部用户访问 Internet 的请求首先需要经过 IPS 设备的 URL 模块,URL 模块会根据预先配置的策略对用户访问外网的某些网站进行检测、阻断。

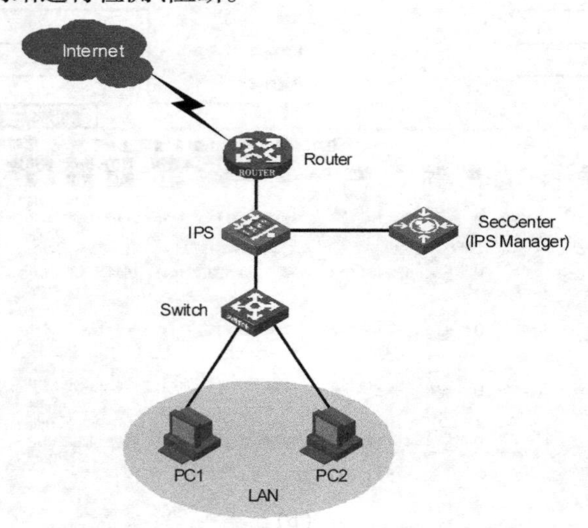

图 2.59　项目组网

本项目在 IPS 设备上配置 URL 过滤策略和规则,以禁止公司 A 研发部门的用户(IP 网段为 10.0.0.0/8,IP 地址 10.0.0.1 除外)在上班时间(8:00—18:00)访问网站 www.abc.com,其他时间可以访问。

[**背景需求**]

URL 过滤模块可以帮助网管控制内网用户对某些网站的访问:阻断内网用户对非法网站、黄色网站和游戏网站等的访问,分时段阻断内网用户对游戏、休闲网站的访问。例如:工作时间禁止访问游戏等网站,休息时间则允许访问。

[所需设备和器材]

本项目所需之主要设备和器材如表2.5所示。

表2.5　所需设备和器材

名称和型号	版　本	数　量	描　述
T1000	IMW110-E1221P05	1	
PC	Windows XP SP3	1	
第5类UTP以太网连接线	—	2	

[任务实施]

任务1　IPS带宽管理策略配置

步骤1:登录IPS Web管理页面

①用交叉以太网线将PC的网口和IPS设备的管理口相连。为PC的网口配置IP地址,保证其能与IPS设备的管理口互通。设备管理地址默认为192.168.1.1/24,因此可以配置PC的IP地址为192.168.1.0/24(除192.168.1.1),例如:192.168.1.2。

②在PC上启动IE浏览器(建议使用Microsoft Internet Explorer 6.0 SP2及以上版本),在地址栏中输入"https://192.168.1.1"(缺省情况下,HTTPS服务处于启动状态)后按回车键,即可进入"Web网管登录"页面,如图2.60所示。输入系统缺省的用户名"admin"、密码"admin"和验证码,单击"登录"按钮即可进入Web网管并进行管理操作。

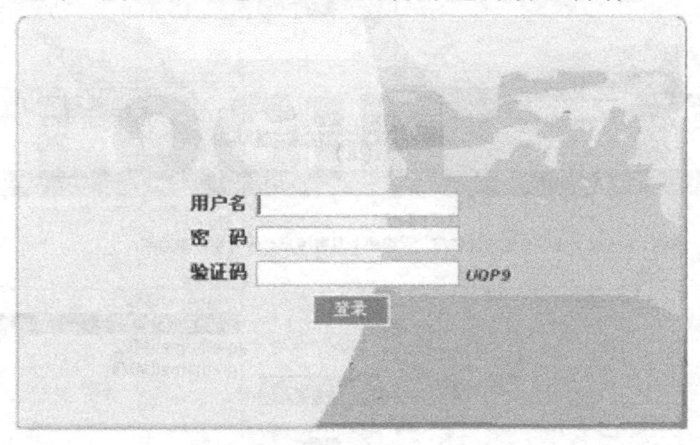

图2.60　登录页面

步骤2:创建安全区域

①在导航栏中选择"系统管理"→"网络管理"→"安全区域",进入"安全区域显示"页面,如图2.61所示。

☐	名称	接口列表	所属段	操作
反向选择				
创建安全区域				删除

图2.61　"安全区域显示"页面

②单击“创建安全区域”按钮，进入“创建安全区域”的配置页面，如图 2.62 所示。

创建安全区域
*名称 (1-31字符)
规则：由A~Z a~z 0~9 或特殊字符 _ - 组成，且首字母必须是字母或数字。
已选接口 可选接口
接口
g-ethernet0/0/0
g-ethernet0/0/1
g-ethernet0/0/2
g-ethernet0/0/3
<<添加
删除
星号（*）为必须填写项 确定 取消

图 2.62 “创建安全区域”页面

③分别将“g-ethernet0/0/0”加入内部域 in，“g-ethernet0/0/1”加入外部域 out，操作如图 2.63所示。

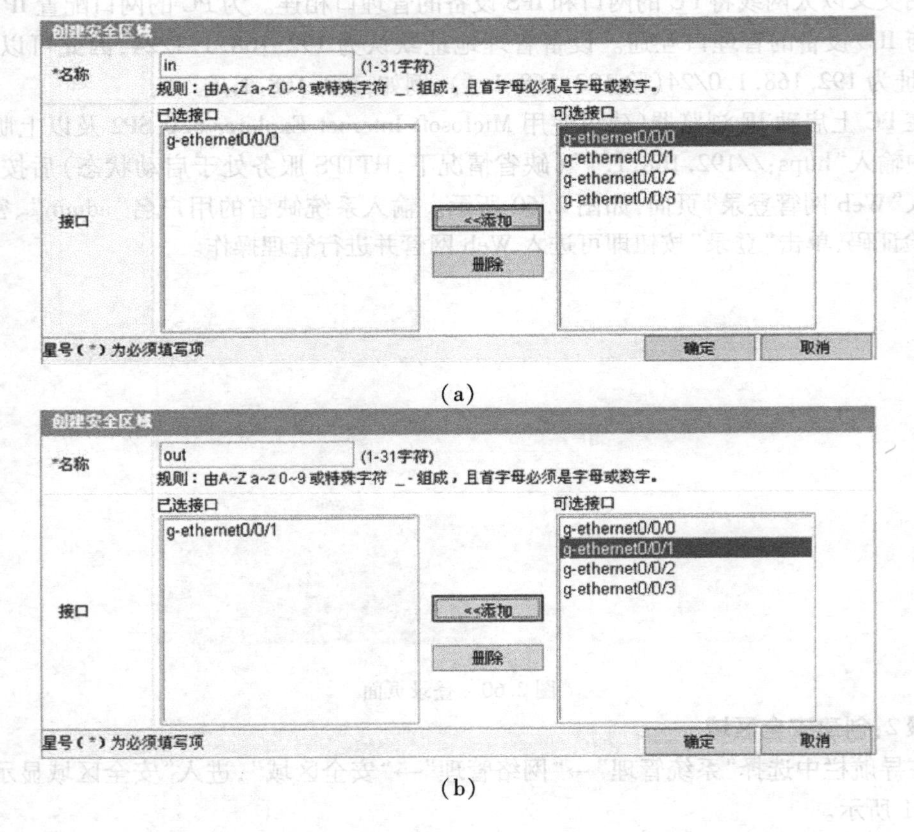

☐	名称	接口列表	所属段	操作
☐	in	g-ethernet0/0/0		
☐	out	g-ethernet0/0/1		

反向选择

创建安全区域　　删除

(c)

图2.63　内部域和外部域的配置页面

步骤3:新建段

①在导航栏中选择“系统管理”→“网络管理”→“段配置”,进入“段”的显示页面,如图2.64所示。

☐	段	内部域	外部域	上行平均带宽 kbps	下行平均带宽 kbps	操作

反向选择

新建段　　删除

段带宽限制设置

上行带宽	☐限制	kbps (8- 1,000,000 kbps)
下行带宽	☐限制	kbps (8- 1,000,000 kbps)

激活　　确定

图2.64　配置页面

②单击“新建段”按钮,进入“新建段”的配置页面,创建一个段(这里为段0),将内网和外网链路连通,操作如图2.65所示。后面再在此链路上配置AV段策略。

新建段

段编号	0	
内部域	in	接口g-ethernet0/0/0
外部域	out	接口g-ethernet0/0/1

确定

(a)

☐	段	内部域	外部域	上行平均带宽 kbps	下行平均带宽 kbps	操作
☐	0	in	out			

反向选择

新建段　　删除

段带宽限制设置

上行带宽	☐限制	kbps (8- 1,000,000 kbps)
下行带宽	☐限制	kbps (8- 1,000,000 kbps)

激活　　确定

(b)

图2.65　“新建段”配置页面

步骤4:时间表配置

选择“系统管理”→“时间表管理”,页面如图2.66所示,这里可以看到系统预定义的两个时间表:work(周一到周五的8:00—18:00)和weekend(除了work的时间)。本项目采用系统预定义的时间表。

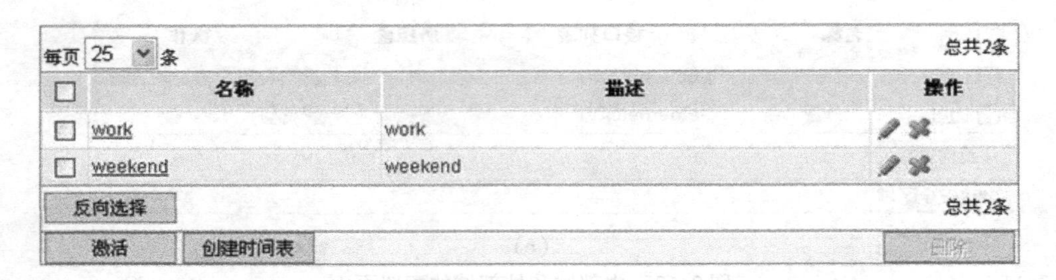

图 2.66　配置页面

这里也可以根据需要创建特定的时间表，如选定周一和周二的上午 8:30—12:00。方法是：单击“创建时间表”按钮，在名称栏中输入 time_table1，用鼠标选中蓝色区域（即为周一和周二的上午 8:30—12:00），单击“确定”按钮，如图 2.67 所示。页面自动跳转，时间表 time_table1 创建成功，如图 2.68 所示。

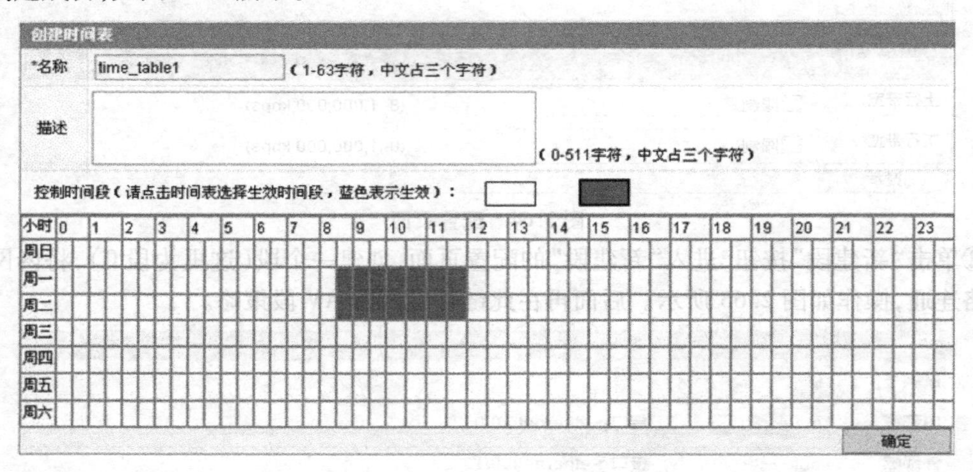

图 2.67　“创建时间表”页面

每页 25 条　　总共3条

□	名称	描述	操作
□	work	work	
□	weekend	weekend	
□	time_table1		

反向选择　　总共3条

激活　创建时间表　删除

图 2.68　配置页面

步骤 5：创建 URL 过滤策略“A URL policy”

①在导航栏中选择“URL 过滤”→“策略管理”，进入“策略管理”页面，然后单击“创建策略应用”按钮，进入“创建策略应用”页面，如图 2.69 所示。

②在“创建策略”页签中输入名称为“A URL policy”，输入描述为“URL policy for A”。

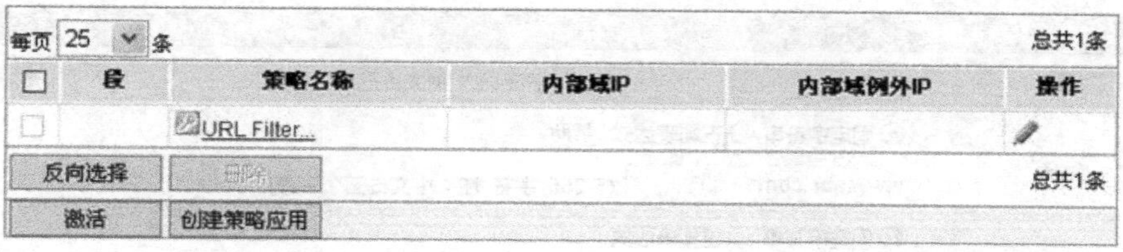

段	策略名称	内部域IP	内部域例外IP	操作
	URL Filter...			

每页 25 条　总共1条

反向选择　删除　激活　创建策略应用

(a)

创建策略应用

创建策略

*名称　(1-63 字符 注：中文占三个字符)

描述　(0-511 字符 注：中文占三个字符)

自定义URL规则

其它URL规则

策略应用范围

段	内部域IP	内部域例外IP	操作

删除　添加

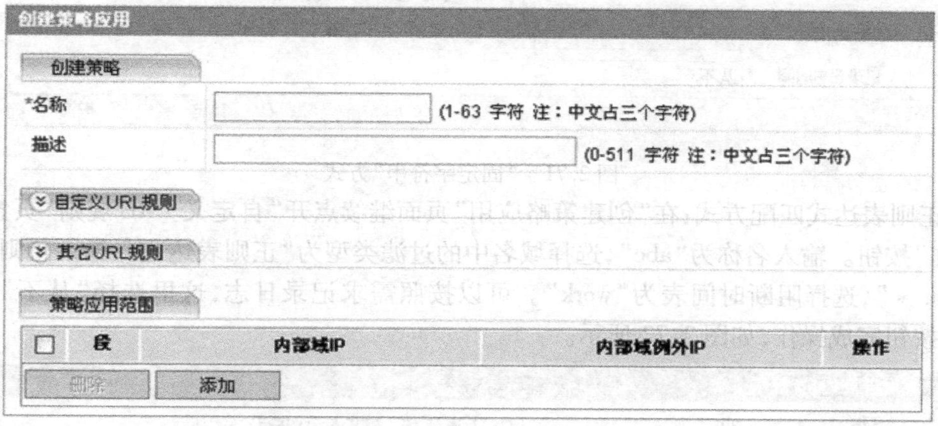

(b)

图2.69　“创建策略应用”页面

步骤6:为URL过滤策略创建规则“abc”

①固定字符串匹配方式:在“创建策略应用”页面继续点开“自定义URL规则”页签,然后单击“添加”按钮,进入“添加自定义URL规则”页面,如图2.70所示。输入名称为“abc”,选择域名中的过滤类型为“固定字符串”,输入固定字符串“www. abc. com”,选择阻断时间表为“work”。可以按照需求记录日志,这里选择“从不”。单击“确定”按钮完成操作,如图2.71所示。

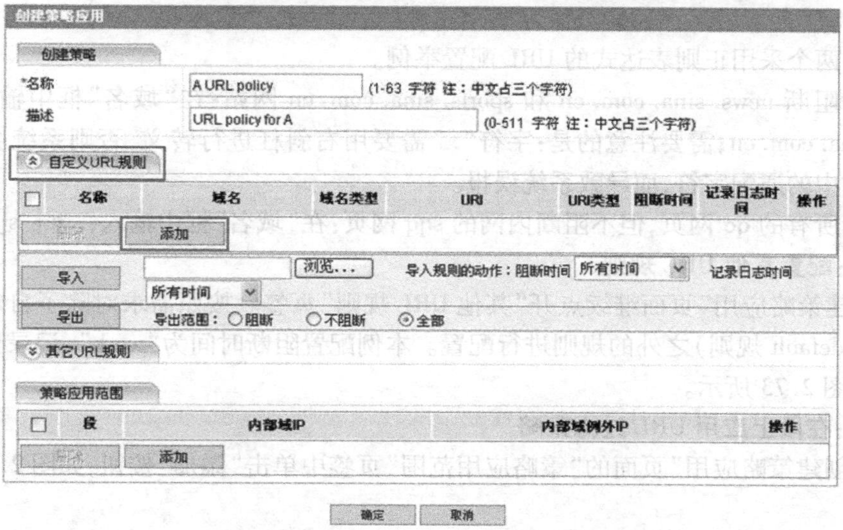

创建策略应用

创建策略

*名称　A URL policy　(1-63 字符 注：中文占三个字符)

描述　URL policy for A　(0-511 字符 注：中文占三个字符)

自定义URL规则

名称	域名	域名类型	URI	URI类型	阻断时间	记录日志时间	操作

删除　添加

导入　浏览…　导入规则的动作：阻断时间 所有时间　记录日志时间 所有时间

导出　导出范围：○阻断　○不阻断　⊙全部

其它URL规则

策略应用范围

段	内部域IP	内部域例外IP	操作

删除　添加

确定　取消

图2.70　“自定义URL规则”页面

添加自定义URL规则

*名称	abc	(1-31 字符 注：中文占三个字符)
*域名	⊙固定字符串 ○正则表达式 帮助 www.abc.com	(5-255 字符 注：中文占三个字符)
URI	⊙固定字符串 ○正则表达式	(5-255 字符 注：中文占三个字符)
阻断时间	work	
记录日志时间	从不	

确定 取消

图 2.71 “固定字符串”方式

②正则表达式匹配方式：在“创建策略应用”页面继续点开“自定义 URL 规则”页签，并单击“添加”按钮。输入名称为“abc”，选择域名中的过滤类型为“正则表达式”，输入正则表达式“. * abc. * ”，选择阻断时间表为“work”。可以按照需求记录日志，这里选择“从不”。单击“确定”按钮完成操作，如图 2.72 所示。

添加自定义URL规则

*名称	abc	(1-31 字符 注：中文占三个字符)
*域名	○固定字符串 ⊙正则表达式 帮助 .*abc.*	(5-255 字符 注：中文占三个字符)
URI	⊙固定字符串 ○正则表达式	(5-255 字符 注：中文占三个字符)
阻断时间	work	
记录日志时间	从不	

确定 取消

图 2.72 “正则表达式”方式

如下是两个采用正则表达式的 URL 配置举例。

①同时阻断 news. sina. com. cn 和 sports. sina. com. cn 网站：在“域名”框中输入：(news|sports)\. sina. com. cn；需要注意的是：字符“. ”需要用右斜杠进行转义，否则系统会误认为是正则表达式中的通配字符，而导致系统误报。

②阻断所有的 qq 网页，但不阻断内网的 sqq 网页：在“域名”框中输入：. * [^s]qq. *

步骤 7：配置其他 URL 规则

在“创建策略应用”页面继续点开“其他 URL 规则”页签。按照需求对除了自定义的规则（即原来的 default 规则）之外的规则进行配置。本例配置阻断时间为“work”，记录日志时间为“从不”，如图 2.73 所示。

步骤 8：在段上应用 URL 过滤策略

①在“创建策略应用”页面的“策略应用范围”页签中单击“添加”按钮，如图 2.74 所示。

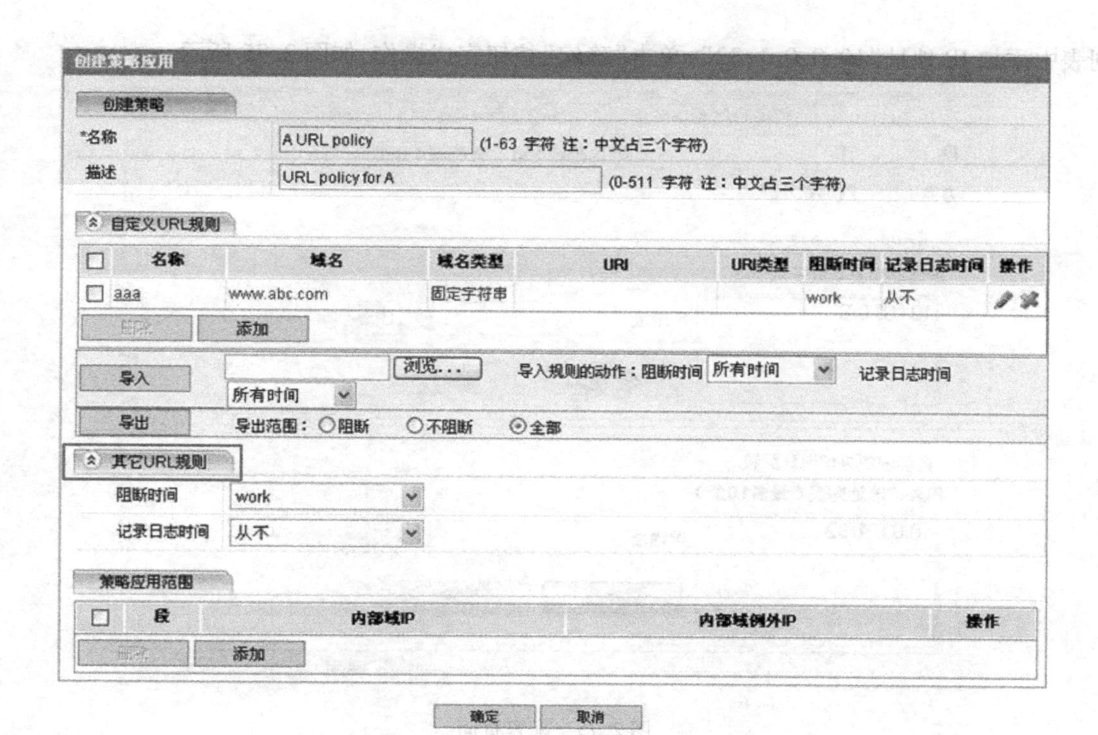

图 2.73　配置页面

创建策略应用
创建策略
*名称 A URL policy (1-63 字符 注：中文占三个字符)
描述 URL policy for A (0-511 字符 注：中文占三个字符)
自定义URL规则
名称 域名 域名类型 URI URI类型 阻断时间 记录日志时间 操作
abc www.abc.com 固定字符串 work 从不
删除 添加
导入 浏览... 导入规则的动作：阻断时间 所有时间 记录日志时间 所有时间
导出 导出范围：阻断 不阻断 全部
其它URL规则
阻断时间 work
记录日志时间 从不
策略应用范围
段 内部域IP 内部域例外IP 操作
删除 添加
确定 取消

图 2.74　配置页面

②选择要关联的段为“0”。在 IP 地址列表中添加 IP 地址“10.0.0.0/8”，在例外 IP 地址

列表中添加 IP 地址“10.0.0.1/32”,单击“确定”按钮完成操作,如图 2.75 所示。

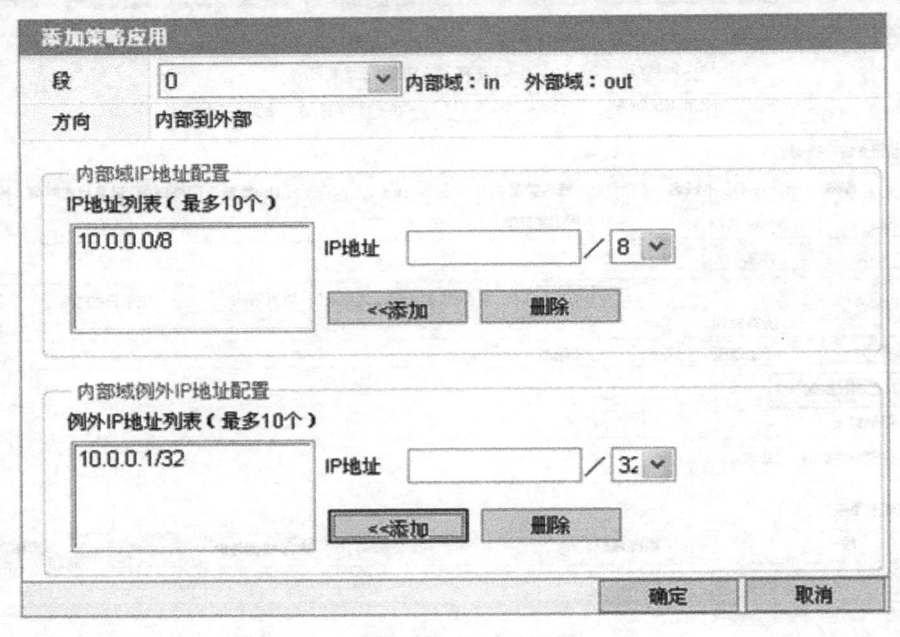

图 2.75 配置页面

③回到“创建策略应用”页面,单击“确认”按钮,完成 URL 策略基本配置,如图 2.76 所示。

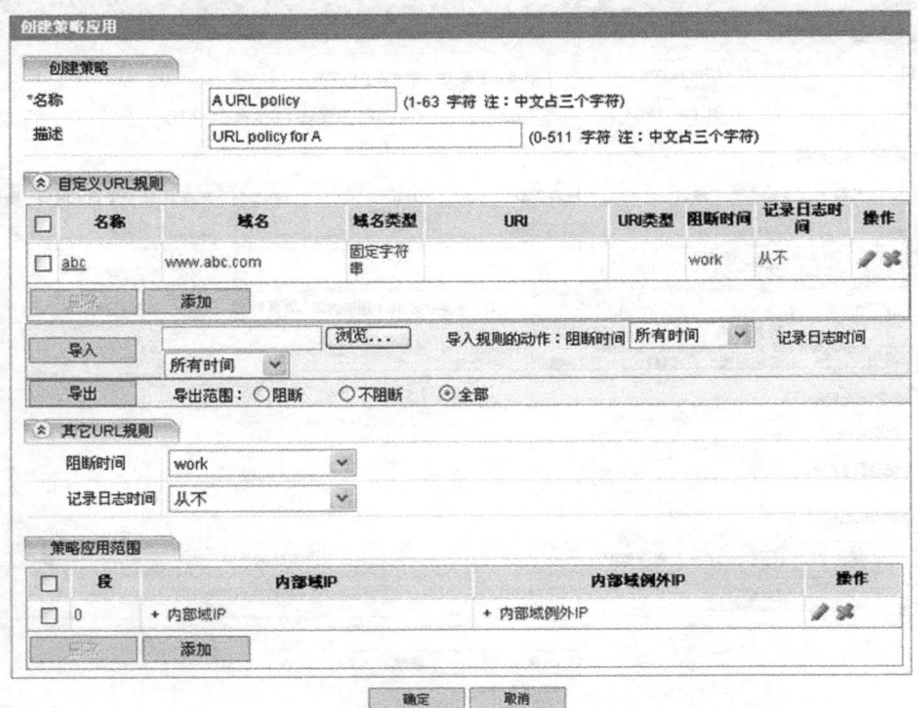

图 2.76 配置页面

步骤9:激活配置

完成上述的配置后,页面会自动跳转到“策略管理”页面。单击“激活”按钮,在确认对话框中单击“确定”按钮,操作如图2.77所示。

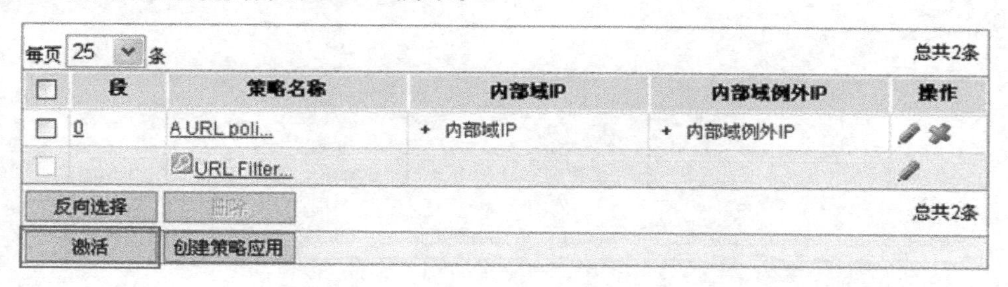

(a)

Microsoft Internet Explorer

你确定要进行激活吗?

确定　取消

(b)

图2.77　配置页面

步骤10:保存配置

完成以上操作后,为了保证IPS设备重启后配置不丢失,需要对上述配置进行配置保存操作。在导航栏中选择“系统管理”→“设备管理”→“配置维护”,在“保存当前配置”页签中单击“保存”按钮并确认,如图2.78所示。

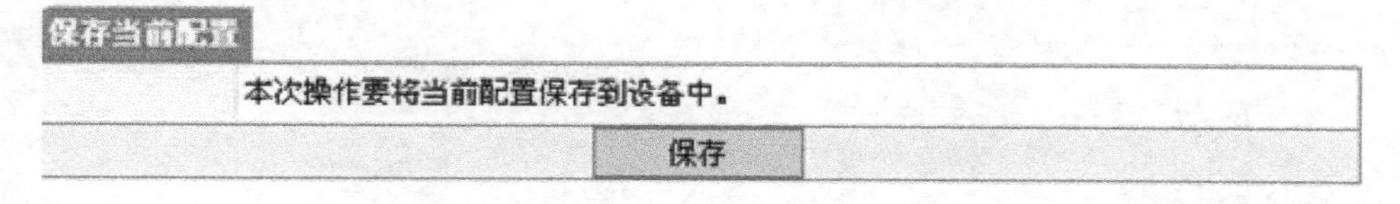

图2.78　配置页面

任务2　验证结果

完成上述配置后,所有用户(除了10.0.0.1)在上班时间都不能访问www.abc.com网址,下班时间可以正常访问www.abc.com,验证页面如图2.79所示。

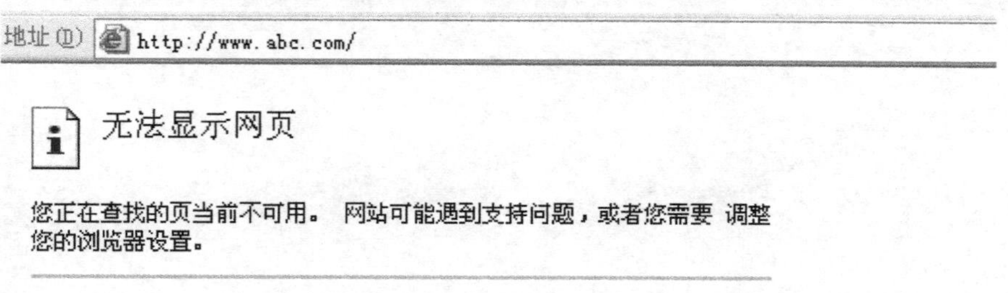

地址(D) http://www.abc.com/
无法显示网页
您正在查找的页当前不可用。 网站可能遇到支持问题,或者您需要 调整
您的浏览器设置。

图2.79　验证页面

步骤9:激活配置

完成上述的配置后,页面会自动跳转到"策略管理"页面。单击"激活"按钮,在确认对话框中单击"确定"按钮,操作如图2.77所示。

(a)

(b)

图2.77 配置页面

步骤10:保存配置

完成以上操作后,为了保证IPS设备重启后配置不丢失,需要对上述配置进行配置保存操作。在导航栏中选择"系统管理"→"设备管理"→"配置维护",在"保存当前配置"页签中单击"保存"按钮并确认,如图2.78所示。

图2.78 配置页面

任务2 验证结果

完成上述配置后,所有用户(除了10.0.0.1)在上班时间都不能访问www.abc.com网址,下班时间可以正常访问www.abc.com,验证页面如图2.79所示。

图2.79 验证页面

第3部分 虚拟专用网(VPN)

概　述

[基本知识提要]

• 什么是 VPN?

VPN(Virtual Private Network,虚拟专用网)是近年来随着 Internet 的广泛使用而迅速发展起来的一种新技术,可在公用网络上构建私人专用网络。“虚拟”主要是指这种网络是一种逻辑上的网络,其示意图如图 3.1 所示。

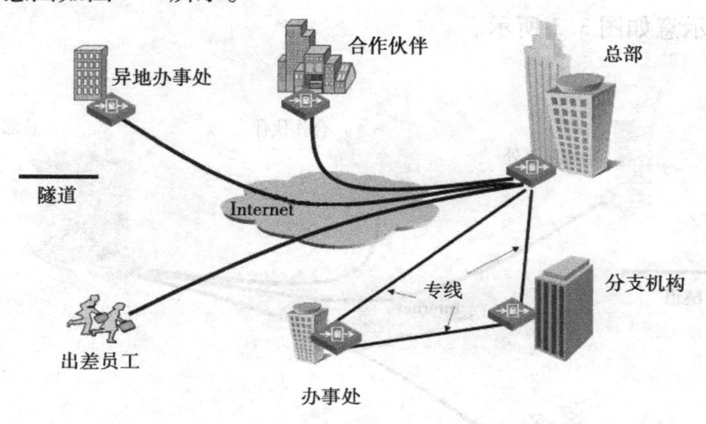

图 3.1　VPN 示意图

• VPN 网络结构

VPN 是由若干 Site 组成的集合。Site 可以同时属于不同的 VPN,但是必须遵循如下规则:两个 Site 只有同时属于一个 VPN 定义的 Site 集合,才具有 IP 连通性。按照 VPN 的定义,一个

VPN 中的所有 Site 都属于一个企业,称为 Intranet;如果 VPN 中的 Site 分属不同的企业,则称为 Extranet。VPN 组成如图 3.2 所示。

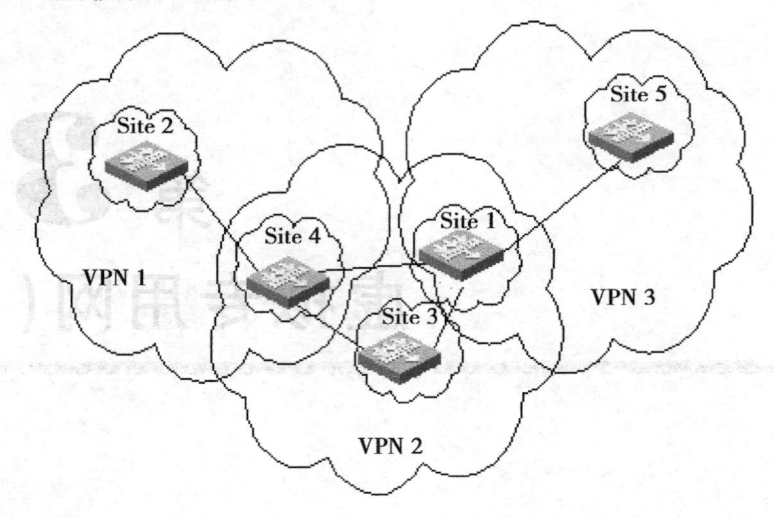

图 3.2　VPN 组成示意图

图 3.2 显示了有 5 个 Site 分别构成了 3 个 VPN:

①VPN1:Site2,Site4;

②VPN2:Site1,Site3,Site4;

③VPN3:Site1,Site5。

- **VPN 主要分类**

VPN 按应用类型可分为:Access VPN,Intranet VPN,Extranet VPN。

VPN 按实现的层次可分为:二层隧道 VPN,三层隧道 VPN。

- Access VPN

Access VPN 示意如图 3.3 所示。

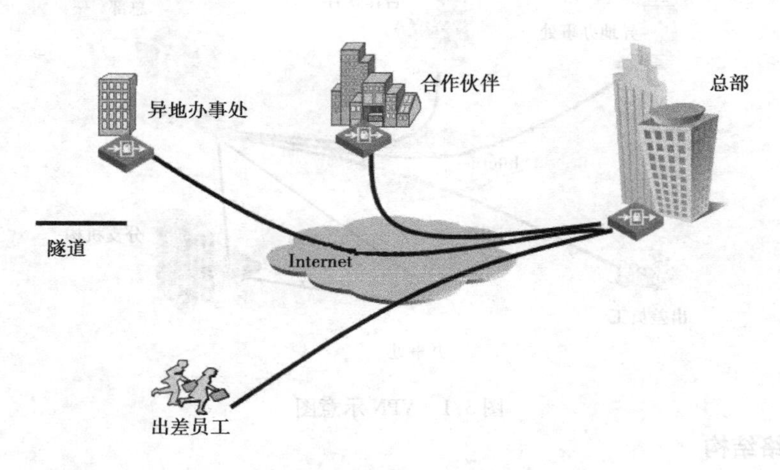

图 3.3　Access VPN 示意图

- Intranet VPN

Intranet VPN 示意如图 3.4 所示。

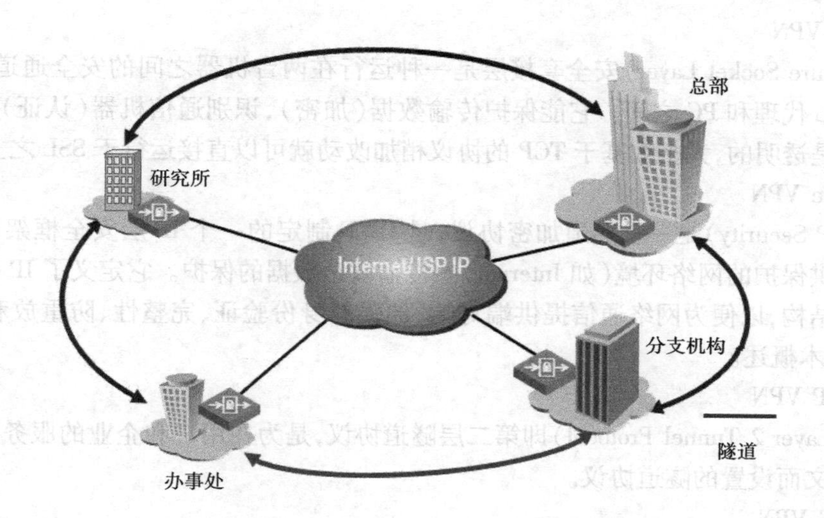

图3.4　Intranet VPN 示意图

• Extranet VPN

Extranet VPN 示意如图3.5所示。

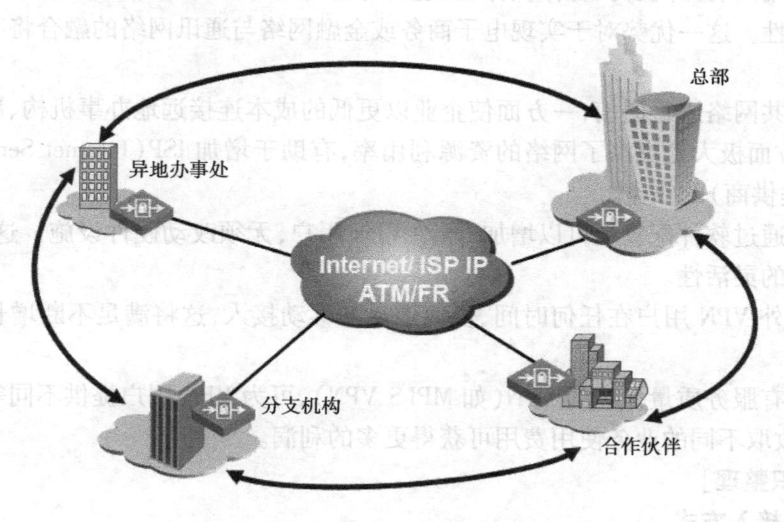

图3.5　Extranet VPN 示意图

• 二层隧道 VPN

①L2TP：Layer 2 Tunnel Protocol（RFC 2661）

②PPTP：Point To Point Tunnel Protocol

③L2F：Layer 2 Forwarding

• 三层隧道 VPN

①GRE：Generic Routing Encapsulation

②IPSec：IP Security Protocol

• **常用的 VPN**

(1) SSL VPN

SSL(Secure Socket Layer)安全套接层是一种运行在两台机器之间的安全通道协议,也可以运行在 SSL 代理和 PC 之间。它能保护传输数据(加密),识别通信机器(认证)。SSL 提供的安全通道是透明的,大多数基于 TCP 的协议稍加改动就可以直接运行于 SSL 之上。

(2) IPSec VPN

IPSec(IP Security)是一种隧道加密协议,是 IETF 制定的一个 IP 层安全框架协议。它提供了在未提供保护的网络环境(如 Internet)中传输敏感数据的保护。它定义了 IP 数据包格式和相关基础结构,以便为网络通信提供端对端、加强的身份验证、完整性、防重放和(可选)保密性 VPN 技术概述。

(3) L2TP VPN

L2TP(Layer 2 Tunnel Protocol)即第二层隧道协议,是为在用户和企业的服务器之间透明传输 PPP 报文而设置的隧道协议。

(4) GRE VPN

GRE (Generic Routing Encapsulation)的作用是对某些网络层协议(如 IP, IPX, AppleTalk 等)的数据报进行封装,使这些被封装的数据报能够在另一个网络层协议(如 IP)中传输。

• **VPN 应具有的功能**

①在远端用户、驻外机构、合作伙伴、供应商与公司总部之间建立可靠的安全连接,保证数据传输的安全性。这一优势对于实现电子商务或金融网络与通讯网络的融合将有特别重要的意义。

②利用公共网络进行通信,一方面使企业以更低的成本连接远地办事机构、出差人员和业务伙伴,另一方面极大地提高了网络的资源利用率,有助于增加 ISP(Internet Service Provider, Internet 服务提供商)的收益。

③只需要通过软件配置就可以增加、删除 VPN 用户,无须改动硬件设施。这使得 VPN 的应用具有很大的灵活性。

④支持驻外 VPN 用户在任何时间、任何地点的移动接入,这将满足不断增长的移动业务需求。

⑤构建具有服务质量保证的 VPN(如 MPLS VPN),可为 VPN 用户提供不同等级的服务质量保证,通过收取不同的业务使用费用可获得更多的利润。

[重点知识整理]

• **VPN 的接入方式**

VPN 具有两种接入方式,如图 3.6 所示。

(1)点对点接入(Site-to-Site)

这种接入方式性能高、运行简单可靠、适于大型局域网的远程互联。

(2)远程接入(Remote-Access)

接入灵活,使用方便,成本低,适于远程主机直接接入系统网络。

• **远程安全访问的需求**

远程安全访问需求如图 3.7 所示。

目前常用的 VPN 接入方式有 IPSec VPN、SSL VPN 等。

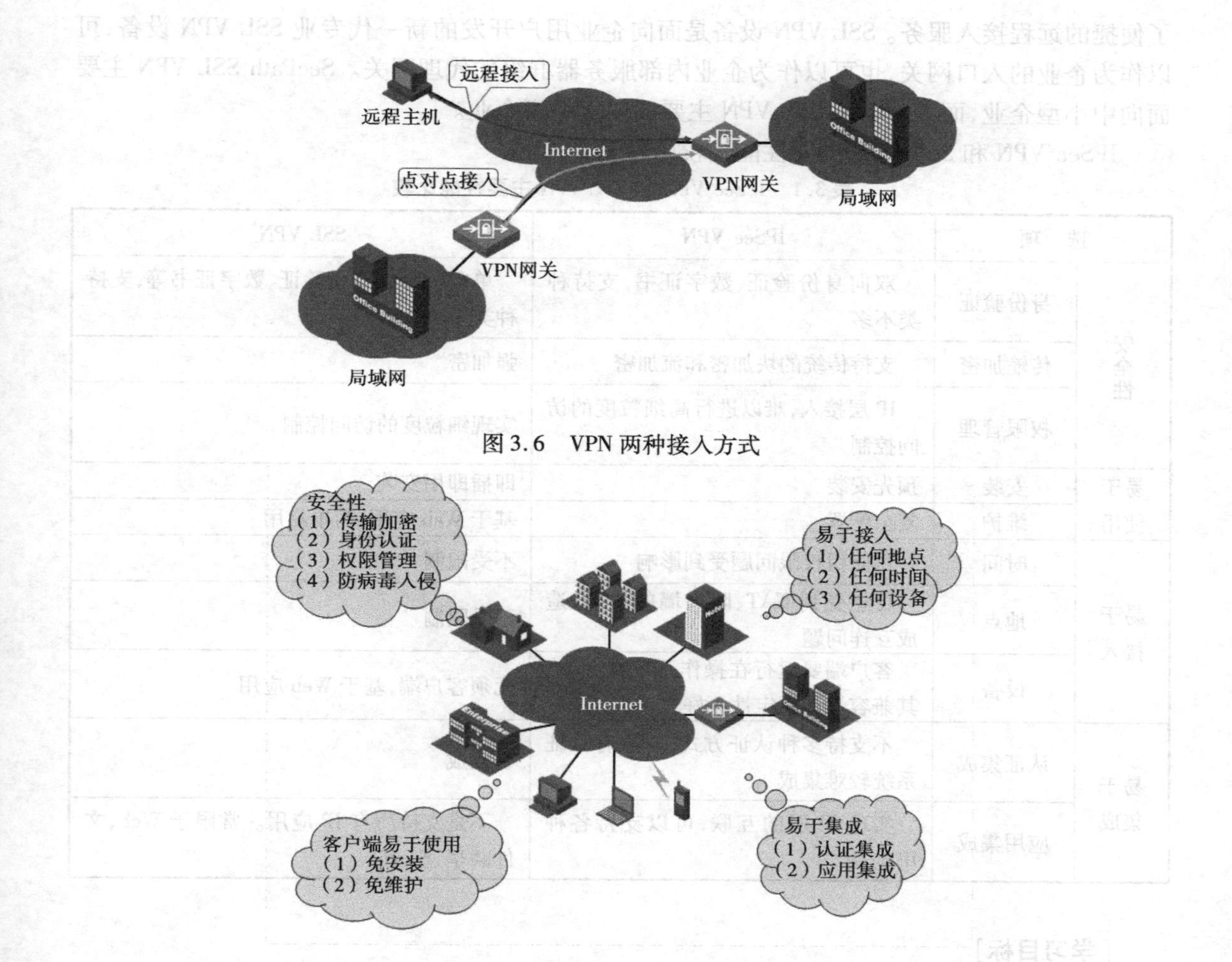

图3.6 VPN两种接入方式

图3.7 远程安全访问需求

IPSec VPN比较适合点对点接入。由于客户端使用不方便,对访问请求缺乏细粒度的权限管理,IPSec VPN在远程接入方面不太适合。

SSL VPN常运用于Web的远程接入,它有如下的特性:

①SSL(Security Socket Layer,安全套接层)协议的主要用途是在两个通信应用程序之间提供私密性和可靠性,这个过程通过握手协议、记录协议、警告协议来完成。

②SSL VPN是一种新兴的VPN技术。SSL VPN是指以SSL协议建立加密连接的VPN网络。SSL VPN考虑的是应用软件的安全性,其协议工作在传输层之上,保护的是应用程序与应用程序之间的安全连接,更多应用于Web的远程安全接入方面。

③SSL VPN系统用于实现对网络资源的细粒度的访问控制。在SSL VPN系统中,用户有三种方式可以访问资源:Web接入方式、TCP接入方式和IP接入方式。同时,SSL VPN系统采用基于角色的权限管理方法,可以根据用户登录的身份,限制用户可以访问的资源。另外,SSL VPN系统通过安全策略的检查来检测接入PC的安全性,进而实现动态分配用户可访问权限。SSL VPN网关支持Web管理,管理员可以使用Web浏览器来配置和管理SSL VPN系统。

④SSL VPN系统是一款采用SSL连接建立的安全VPN系统,可为企业移动办公人员提供

了便捷的远程接入服务。SSL VPN 设备是面向企业用户开发的新一代专业 SSL VPN 设备,可以作为企业的入口网关,也可以作为企业内部服务器群组的代理网关。SecPath SSL VPN 主要面向中小型企业,而 SecBlade SSL VPN 主要面向大中型企业。

IPSec VPN 和 SSL VPN 主要性能比较如表 3.1 所示。

表 3.1　IPSec VPN 和 SSL VPN 主要性能比较

选项		IPSec VPN	SSL VPN
安全性	身份验证	双向身份验证、数字证书,支持种类不多	单向(双向)身份验证、数字证书等,支持种类多
	传输加密	支持传统的块加密和流加密	强加密
	权限管理	IP 层接入,难以进行高细粒度的访问控制	实现细粒度的访问控制
易于使用	安装	预先安装	即插即用安装
	维护	复杂配置	基于 Web 应用,简单易用
易于接入	时间	可能因权限问题受到影响	不受限制
	地点	可能受到 NAT、防火墙的影响,造成互连问题	不受限制
	设备	客户端要运行在操作系统核心态,其兼容性和稳定性不好	无须客户端,基于 Web 应用
易于集成	认证集成	不支持多种认证方式,与原有认证系统较难集成	易集成
	应用集成	实现 IP 层的互联,可以支持各种 IP 应用	不是支持所有 IP 应用。常限于 Web、文件共享、E-mail

[学习目标]

①了解 VPN 功能特点;

②掌握 VPN 典型组网;

③掌握 SSL VPN 基本配置;

④掌握 IPSEC VPN 的概念及基本配置;

⑤掌握 L2TP VPN 的原理和基本配置;

⑥掌握 GRE VPN 的原理和基本配置。

[学时分配]

VPN 课时分配如表 3.2 所示。

表 3.2　VPN 课时分配表

项目名称	项目学时	辅助学时
项目 9 SSL VPN 配置	4	4
项目 10 IPSEC VPN 配置	4	4
项目 11 L2TP VPN 配置	4	4
项目 12 GRE VPN 配置	4	4
合　计	16	16

项目 9

SSL VPN 配置

[项目内容与目标]

- 了解 SSL VPN 基本功能及实现原理；
- 掌握 SSL VPN 系统的各项功能配置。

[项目组网图]

项目组网如图 3.8 所示。

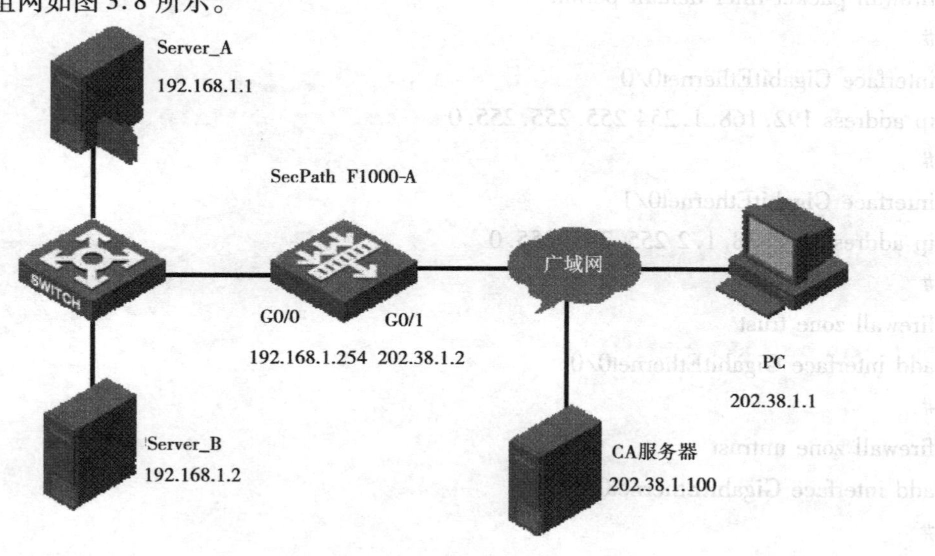

图 3.8　项目组网

[背景需求]

随着信息技术在企业应用中的不断深化，企业信息系统对 VPN 网络也提出了越来越高的要求。最初的 VPN 仅实现简单的网络互联功能，采用 L2TP、GRE 等隧道技术。为了保证数据的私密性和完整性，而产生了 IPsec VPN。随着 VPN 技术的发展，L2TP 和 IPSEC 的缺陷日益突出，急需一种新型的 VPN 代替，SSL VPN 就是在这样的条件下诞生的。它基于 Web 应用，适合于任何时间、任何地点访问。

[所需设备和器材]

本项目所需的主要设备和器材如表 3.3 所示。

表3.3　所需设备和器材

名称和型号	版　本	数　量	描　述
F1000-A	Version 3.40, Release 1626p01 以上版本	1	
SSL 加密卡		1	
资源服务器			Web 服务器、ftp、telnet、文件共享、邮件等服务器
第5类UTP以太网连接线	—	2	

[任务实施]

任务1　启动 SSL VPN 服务

步骤1:配置 SecPath F1000-A 防火墙

```
#
firewall packet-filter enable
firewall packet-filter default permit
#
interface GigabitEthernet0/0
ip address 192.168.1.254 255.255.255.0
#
interface GigabitEthernet0/1
ip address 202.38.1.2 255.255.255.0
#
firewall zone trust
add interface GigabitEthernet0/0
#
firewall zone untrust
add interface GigabitEthernet0/1
#
ip route-static 0.0.0.0 0.0.0.0 202.38.1.1 preference 60
#
```

步骤2:启动 SVPN 和 WEB 服务

```
[H3C_Secpath_F1000-A]svpn service enable
[H3C_Secpath_F1000-A]web server ssl enable
```

任务2　创建资源域

在 IE 地址栏输入"https://202.38.1.2/admin",进入 SSL 的管理员管理界面。注意:如果输入"https://202.38.1.2"则访问的是 SSL 普通用户试图界面,输入"http://202.38.1.2"则

访问的是 SecPath 防火墙管理界面,如图 3.9 所示。

图 3.9　管理界面

超级管理员账号和密码缺省都为 administrator,认证通过后,进入 SecPath SSL VPN 的管理界面,如图 3.10 所示。

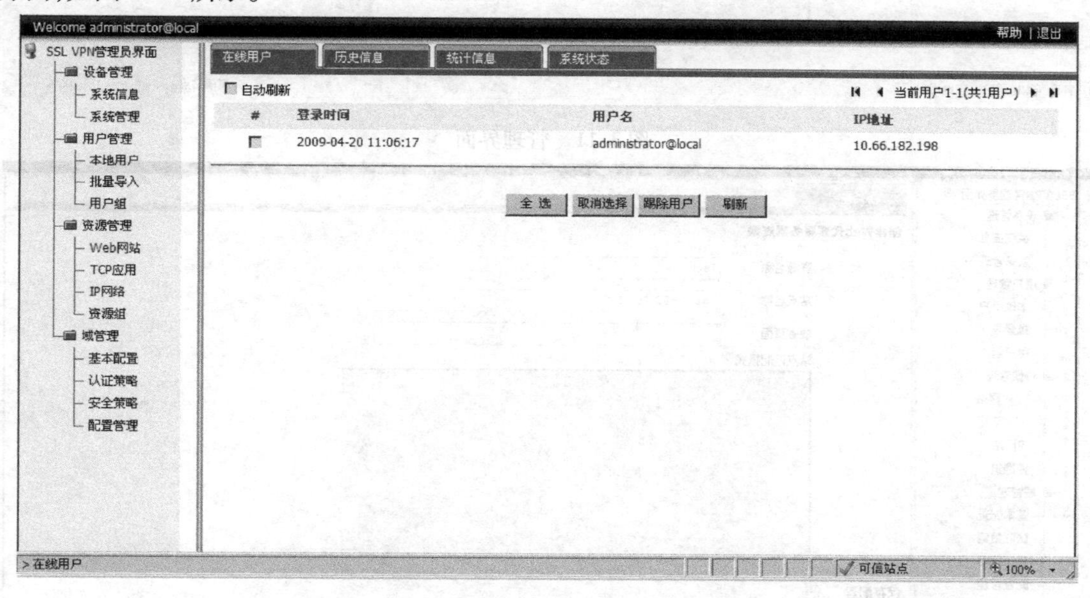

图 3.10　管理界面

任务 3　配置 Web 接入方式服务

用缺省管理员和密码登录后,进行以下步骤:

①创建普通用户,如图 3.11 所示。可以从用户组列表中选择添加用户所属的用户组,由于此时还没有创建其他用户组,只有管理员 administrators。用户加入管理员用户组其身份就是管理员,否则为普通用户,此处创建普通用户故不添加。

②创建 Web 代理服务器资源,如图 3.12 所示。缺省页面为可选项,对于一般静态页面无须配置更复杂的规则,对于较为复杂的页面则需要另外匹配规则。假设原来网页链接为 http://192.168.1.1/y,则改写后的连接为 https://x.x.x.x/svpn/proxy/web/y。如果没有改写成功,则需要添加规则(参考管理员操作手册)。

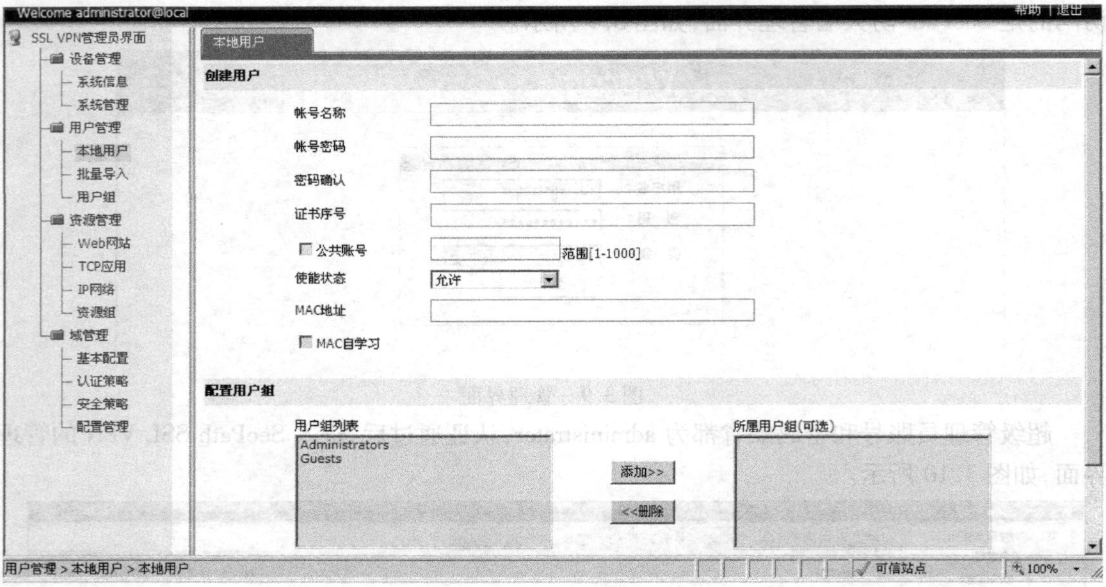

图 3.11　管理界面

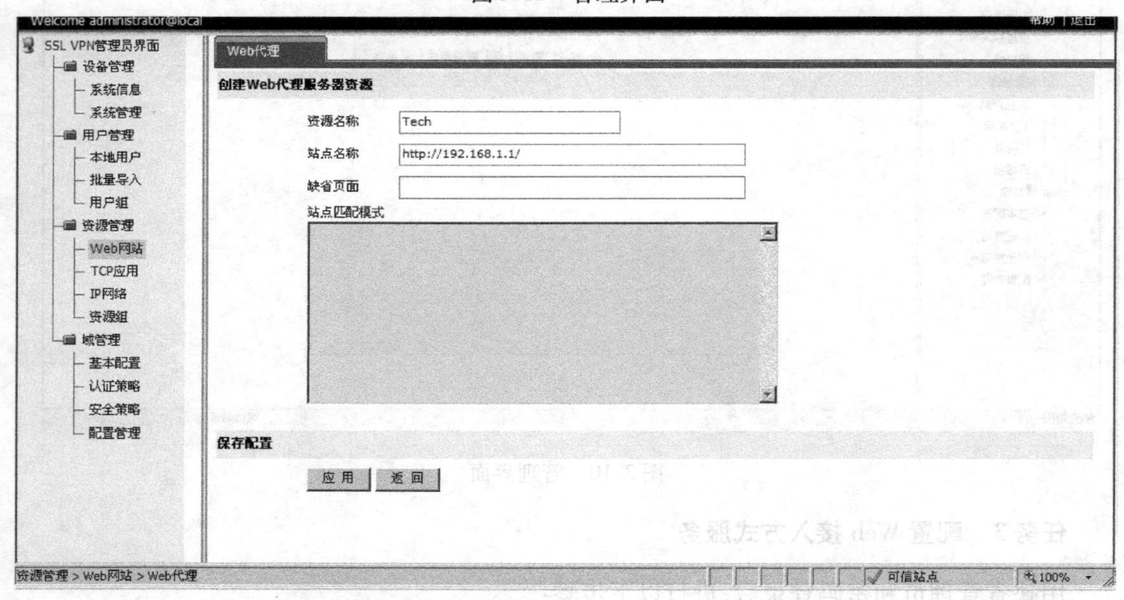

图 3.12　管理界面

③创建资源组,把资源加入资源组中,如图 3.13 所示。

④创建用户组,把资源组和用户添加进去,如图 3.14 所示。把资源组加入到用户组之后,该资源中的资源就隶属于该用户组,那么隶属于该用户的用户在登录时就可以访问这些资源。之所以设置资源组而不是直接把资源赋给用户组,是因为资源较多时把同一类型的资源放在一个用户组中便于管理。经过以上操作后,以刚才创建的普通用户登录就可以访问创建的资源了。

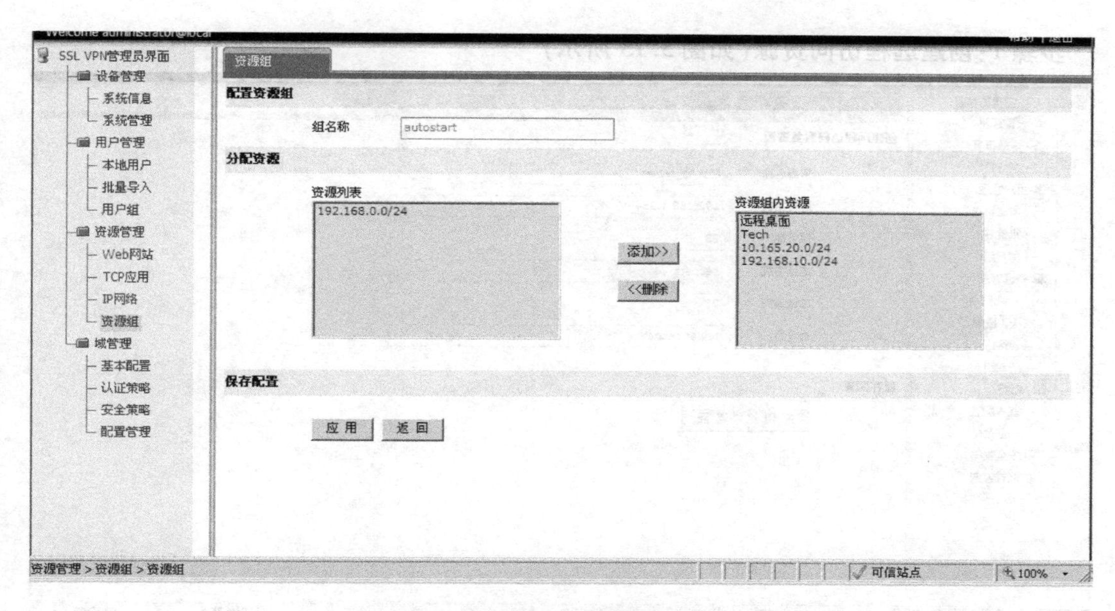

图3.13　管理界面

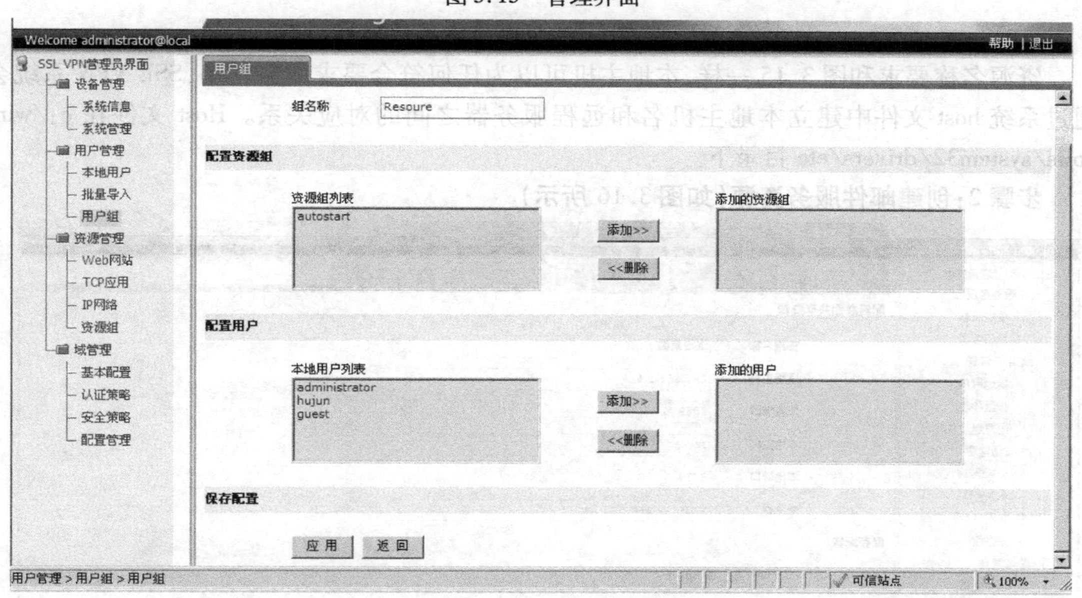

图3.14　管理界面

任务4　配置TCP接入方式服务

TCP接入可在不改变客户原有客户端的情况下,为其远程访问提供加密功能。该服务访问的步骤为:先在页面手动启动客户端,再在页面点击远程访问快捷方式。注意该服务方式只能针对固定端口服务,对于非固定端口服务暂时不能支持,它需要通过SSL VPN第三种方式——IP接入方式来解决。

步骤 1：创建远程访问资源（如图 3.15 所示）

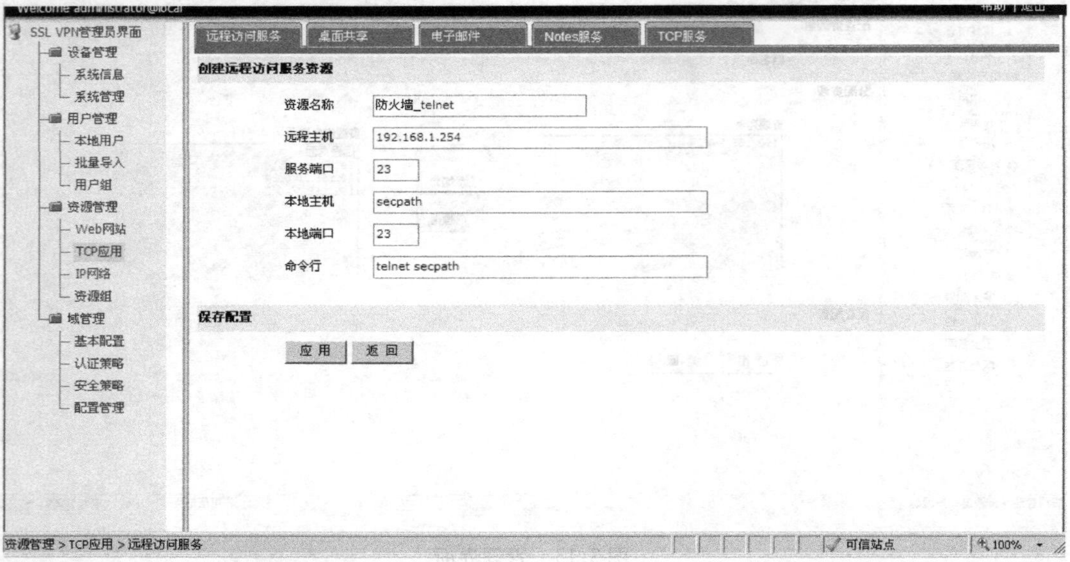

图 3.15　配置页面

资源名称要求和图 3.15 一样，本地主机可以为任何符合要求的字符串，SSL VPN 系统会通过系统 host 文件中建立本地主机名和远程服务器之间的对应关系。Host 文件在 c:/windows/system32/drivers/etc 目录下。

步骤 2：创建邮件服务资源（如图 3.16 所示）

图 3.16　配置页面

任务 5　IP 网络管理

SSL VPN 网络服务访问提供了 IP 层以上的所有应用支持。用户不需要关心应用的种类和配置,仅仅通过登录 SSL VPN,自动下载启动 Activex SSL VPN 客户端程序,就可以完全访问特定主机的绝大部分服务。SSL VPN 可以保证用户与服务器的通信安全。

步骤 1:全局配置

全局配置,如图 3.17 所示。图中"客户端是否可达"指不同 SSL VPN 登录后之间是否可以互访。

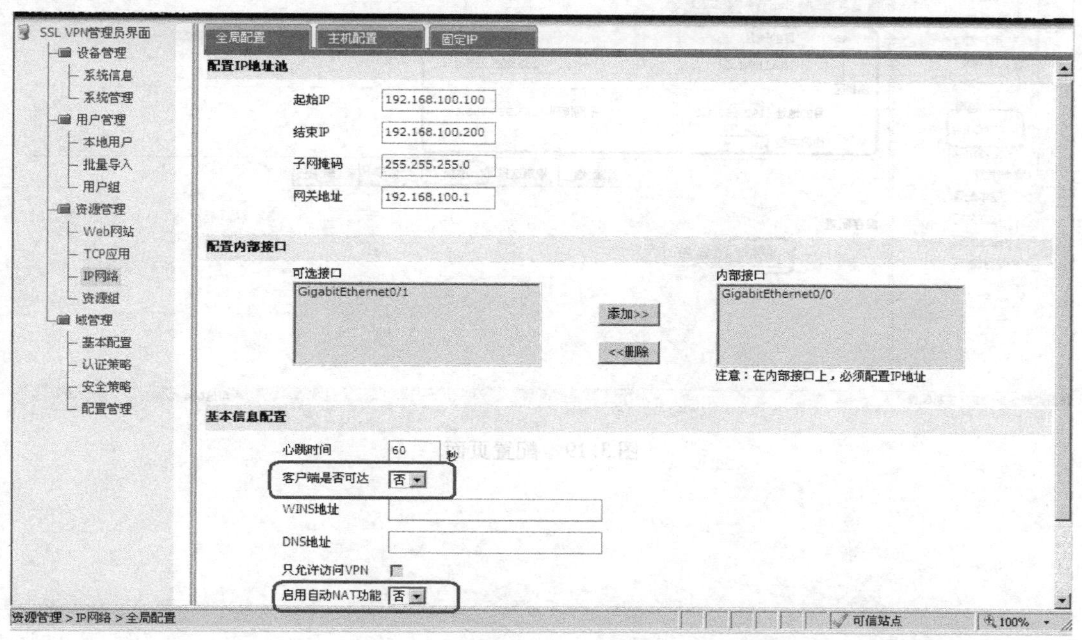

图 3.17　配置页面

步骤 2:主机配置

①创建主机配置资源,如图 3.18 所示。

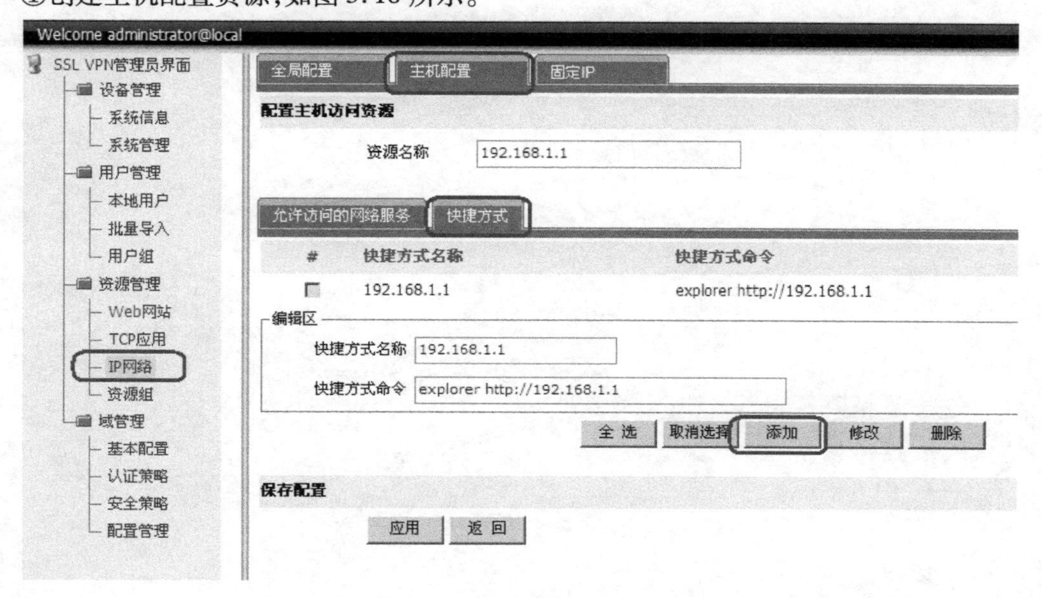

图 3.18　配置页面

②创建网络服务，如图 3.19 所示。

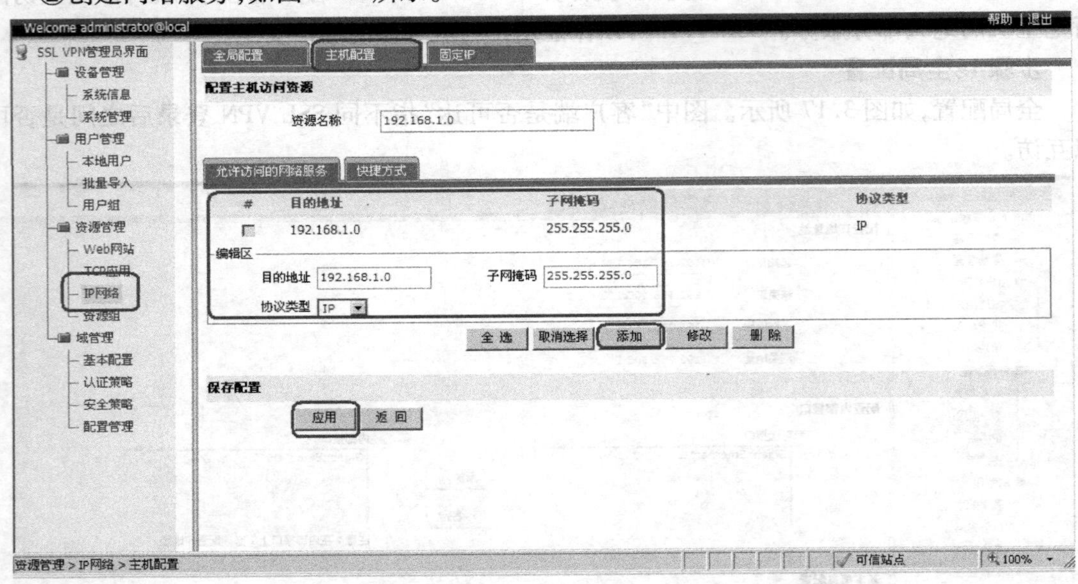

图 3.19 配置页面

项目 10

IPSEC VPN 配置

[项目内容与目标]

- 了解 IPSEC VPN 基本功能及实现原理;
- 掌握 IPSEC VPN 系统的各项功能配置。

[项目组网图]

项目组网如图 3.20 所示,SecPathA 和 SecPathB 分别是两台防火墙,通过各自的 2/0/1 口进行互联,PCA 和 PCB 作测试使用。

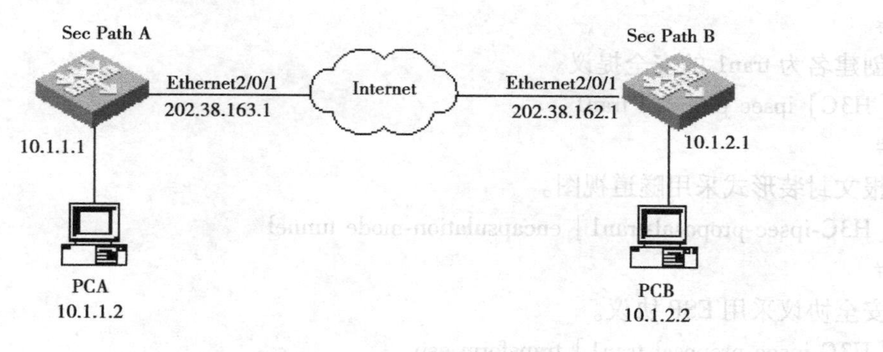

图 3.20　项目组网

[背景需求]

IPSec(IP Security)协议族是 IETF 制定的一系列协议,它为 IP 数据报提供了高质量的、可互操作的、基于密码学的安全功能。特定的通信方之间在 IP 层通过加密与数据源验证等方式来保证数据报在网络上传输时的私有性、完整性、真实性和防重放。IPSec VPN 实现简单,性能较高,在点到点的 VPN 连接中有着广泛的应用,如分支机构与公司总部之间的远程连接。但是由于其实现方式上的局限性,IPsec VPN 在应用中也存在着一些不足。

[所需设备和器材]

本项目所需的主要设备和器材如表 3.4 所示。

表 3.4 所需设备和器材

名称和型号	版 本	数 量	描 述
F1000-A	Version 3.40，Release 1626p01 以上版本	2	
测试 PC		2	
第 5 类 UTP 以太网连接线	—	3	

[任务实施]

任务 1 配置 SecPathA

配置一个访问控制列表,定义由子网 10.1.1.x 去子网 10.1.2.x 的数据流。

[H3C] acl number 3101

[H3C-acl-adv-3101] rule permit ip source 10.1.1.0 0.0.0.255 destination 10.1.2.0 0.0.0.255

[H3C-acl-adv-3101] rule deny ip source any destination any

#

配置到 PC B 的静态路由。

[H3C] ip route-static 10.1.2.0 255.255.255.0 202.38.162.1

#

创建名为 tran1 的安全提议。

[H3C] ipsec proposal tran1

#

报文封装形式采用隧道视图。

[H3C-ipsec-proposal-tran1] encapsulation-mode tunnel

#

安全协议采用 ESP 协议。

[H3C-ipsec-proposal-tran1] transform esp

#

选择算法。

[H3C-ipsec-proposal-tran1] esp encryption-algorithm des

[H3C-ipsec-proposal-tran1] esp authentication-algorithm sha1

#

退回到系统视图。

[H3C-ipsec-proposal-tran1] quit

#

创建一条安全策略,协商方式为 manual。

[H3C] ipsec policy map1 10 manual

#

引用访问控制列表。

[H3C-ipsec-policy-manual-map1-10] security acl 3101

#

引用安全提议。

[H3C-ipsec-policy-manual-map1-10] proposal tran1

#

设置对端地址。

[H3C-ipsec-policy-manual-map1-10] tunnel remote 202.38.162.1

#

设置本端地址。

[H3C-ipsec-policy-manual-map1-10] tunnel local 202.38.163.1

#

设置 SPI。

[H3C-ipsec-policy-manual-map1-10] sa spi outbound esp 12345

[H3C-ipsec-policy-manual-map1-10] sa spi inbound esp 54321

#

设置密钥。

[H3C-ipsec-policy-manual-map1-10] sa string-key outbound esp abcdefg

[H3C-ipsec-policy-manual-map1-10] sa string-key inbound esp gfedcba

[H3C-isec-policy-manual-map1-10] quit

#

配置 Ethernet 2/0/1。

[H3C] interface ethernet 2/0/1

[H3C-Ethernet 2/0/1] ip address 202.38.163.1 255.0.0.0

#

应用安全策略组。

[H3C-Ethernet 2/0/1] ipsec policy map1

任务2　配置 SecPathB

配置一个访问控制列表,定义由子网 10.1.2.x 去子网 10.1.1.x 的数据流。

[H3C] acl number 3101

[H3C-acl-adv-3101] rule permit ip source 10.1.2.0 0.0.0.255 destination 10.1.1.0 0.0.0.255

[H3C-acl-adv-3101] rule deny ip source any destination any

[H3C-acl-adv-3101] quit

#

配置到 PC A 的静态路由。

[H3C] ip route-static 10.1.1.0 255.255.255.0 202.38.163.1

#

创建名为 tran1 的安全提议。

[H3C] ipsec proposal tran1
#
报文封装形式采用隧道模式。
[H3C-ipsec-proposal-tran1] encapsulation-mode tunnel
#
安全协议采用 ESP 协议。
[H3C-ipsec-proposal-tran1] transform esp
#
选择算法。
[H3C-ipsec-proposal-tran1] esp encryption-algorithm des
[H3C-ipsec-proposal-tran1] esp authentication-algorithm sha1
#
退回到系统视图。
[H3C-ipsec-proposal-tran1] quit
#
创建一条安全策略,协商方式为 manual。
[H3C] ipsec policy use1 10 manual
#
引用访问控制列表。
[H3C-ipsec-policy-manual-use1-10] security acl 3101
#
引用安全提议。
[H3C-ipsec-policy-manual-use1-10] proposal tran1
#
设置对端地址。
[H3C-ipsec-policy-manual-use1-10] tunnel remote 202.38.163.1
#
设置本端地址。
[H3C-ipsec-policy-manual-use1-10] tunnel local 202.38.162.1
#
设置 SPI。
[H3C-ipsec-policy-manual-use1-10] sa spi outbound esp 54321
[H3C-ipsec-policy-manual-use1-10] sa spi inbound esp 12345
#
设置密钥。
[H3C-ipsec-policy-manual-use1-10] sa string-key outbound esp gfedcba
[H3C-ipsec-policy-manual-use1-10] sa string-key inbound esp abcdefg
[H3C-ipsec-policy-manual-use1-10] quit
#

配置 Ethernet 2/0/1。

[H3C] interface ethernet 2/0/1

#

配置 IP 地址。

[H3C-Ethernet 2/0/1] ip address 202.38.162.1 255.0.0.0

#

应用安全策略组。

[H3C-Ethernet 2/0/1] ipsec policy use1

以上配置完成后,SecPathA 和 SecPathB 之间的安全隧道就建立好了,子网 10.1.1.x 与子网 10.1.2.x 之间的数据流将被加密传输。

项目 11

L2TP VPN 配置

[项目内容与目标]

- 了解 L2TP VPN 基本功能及实现原理;
- 掌握 L2TP VPN 系统的各项功能配置。

[项目组网图]

项目组网如图 3.21 所示,使用一台防火墙、一个 PC 通过网线和 SECPATH 互通,SECPATH 另一网络接口连接一台服务器。

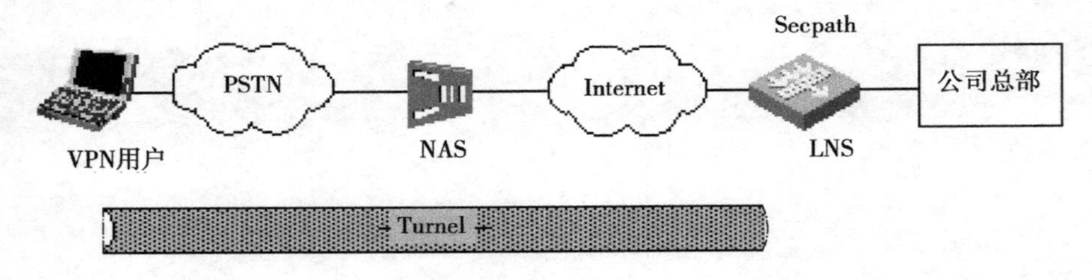

图 3.21　项目组网

[背景需求]

L2TP 是第二层隧道协议,是为在用户和企业的服务器之间透明传输 PPP 报文而设置的隧道协议。它利用公共网络(如 ISDN 和 PSTN)的拨号功能及接入网来实现虚拟专用网,从而为企业、小型 ISP、移动办公人员提供接入服务。L2TP 采用专用的网络加密通信协议,在公共网络上为企业建立安全的虚拟专网。企业驻外机构和出差人员可从远程经由公共网络,通过虚拟加密隧道实现和企业总部之间的网络连接,而公共网络上其他用户则无法穿过虚拟隧道访问企业网内部的资源。

[所需设备和器材]

本项目所需的主要设备和器材如表 3.5 所示。

表3.5　所需设备和器材

名称和型号	版　本	数　量	描　述
F1000-A	Version 3.40，Release 1626p01 以上版本	1	
资源服务器		1	Web 服务器、ftp、telnet、文件共享、邮件等服务器
PC		1	
第5类 UTP 以太网连接线	—	2	

[任务实施]

任务1　用户侧的配置

用户侧主机上必须装有 L2TP 的客户端软件,如 WinVPN Client,并且用户通过拨号方式连接到 Internet。然后再进行如下配置(设置的过程与相应的客户端软件有关,以下为设置的内容):

①在网络连接属性里选择新建网络连接,如图3.22所示。

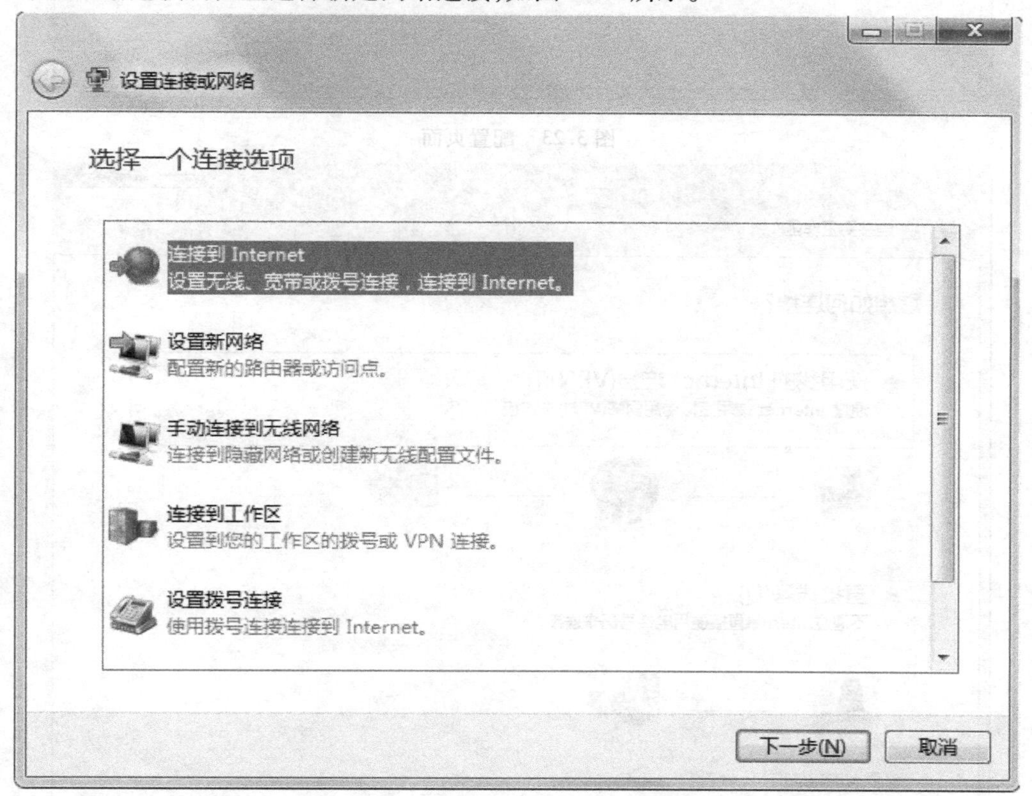

图3.22　网络连接页面

②选择连接到工作区,单击“下一步”按钮,如图3.23所示。

③选择 L2TP,单击“下一步”按钮,如图3.24所示。

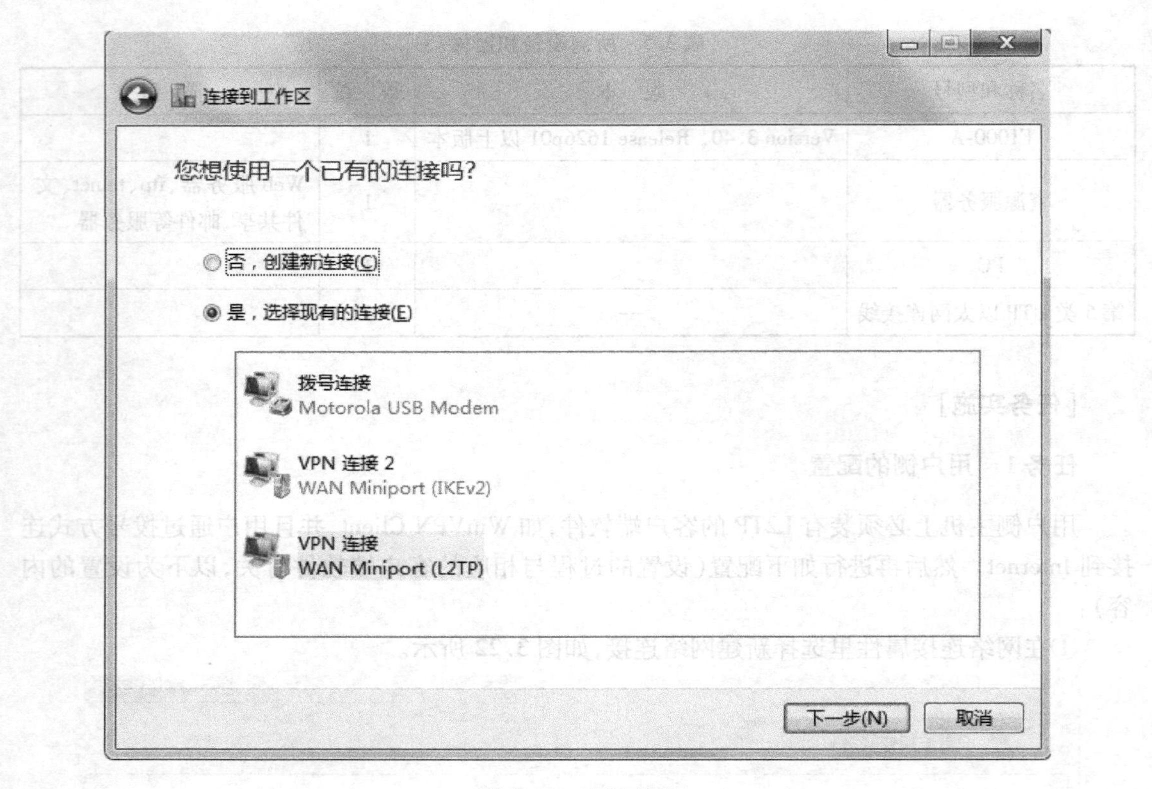

图 3.23　配置页面

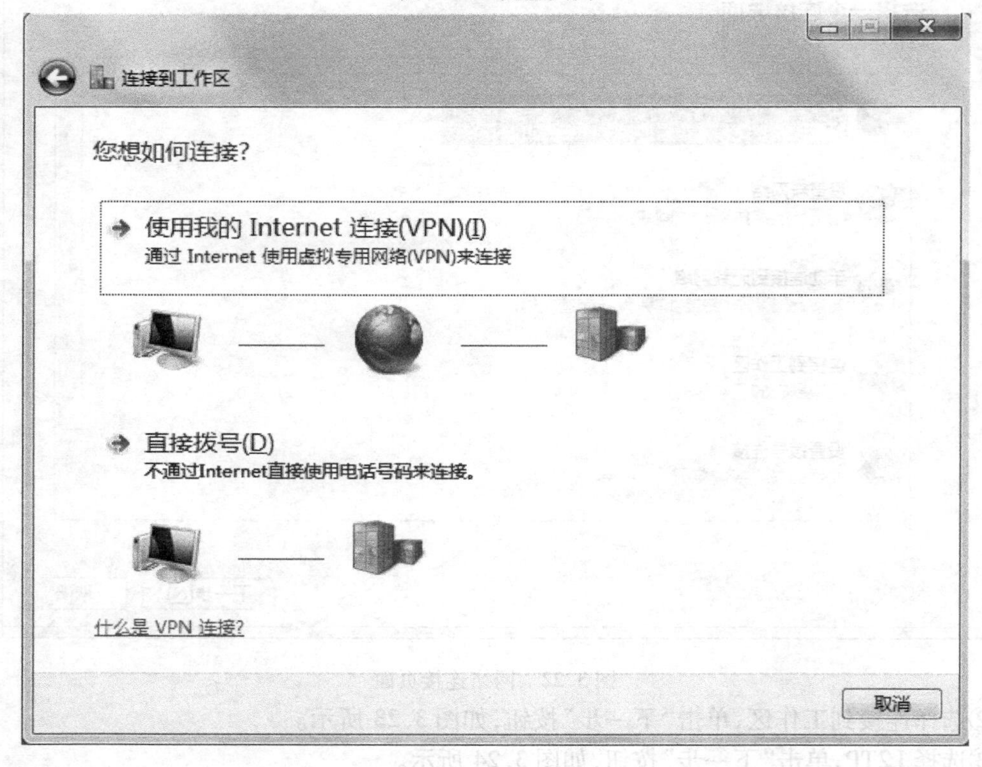

图 3.24　配置页面

④选择使用 Internet 连接,如图 3.25 所示。

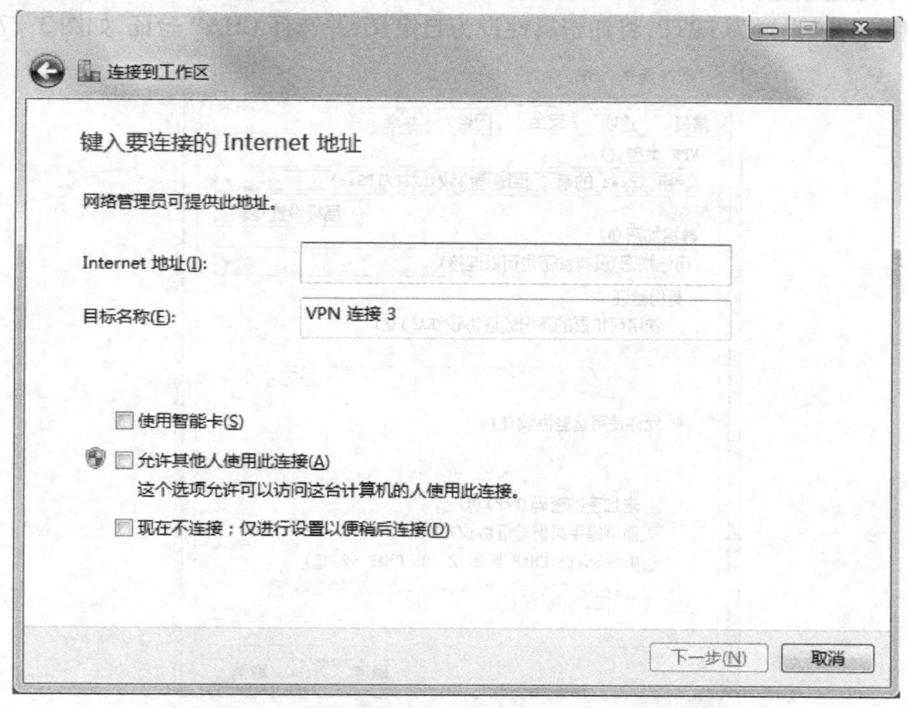

图 3.25　配置页面

⑤在新的 Internet 连接里输入防火墙和 PC 直连的接口 IP。这里 IP 地址为 202.38.160.2。在接下来的页面里设置 VPN 用户名为“vpdnuser”,口令为“Hello”,如图 3.26 所示。

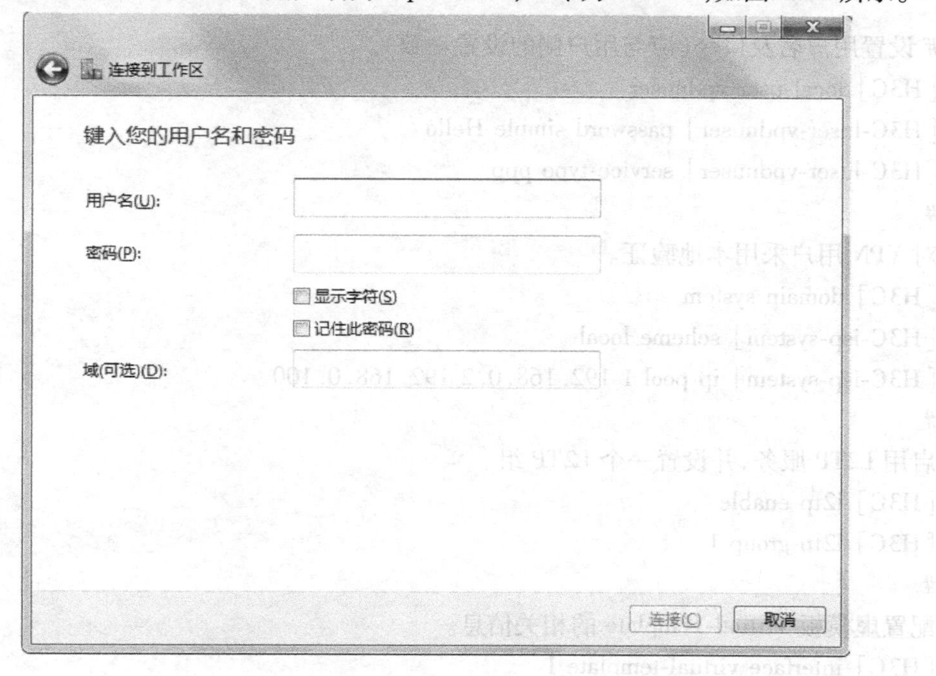

图 3.26　配置页面

⑥在本地连接里找到该连接,在右键菜单中选择“属性”,找到“安全”页面,修改连接属性,将采用的协议设置为 L2TP,将加密属性设为自定义,并选择 CHAP 验证,如图 3.27 所示。

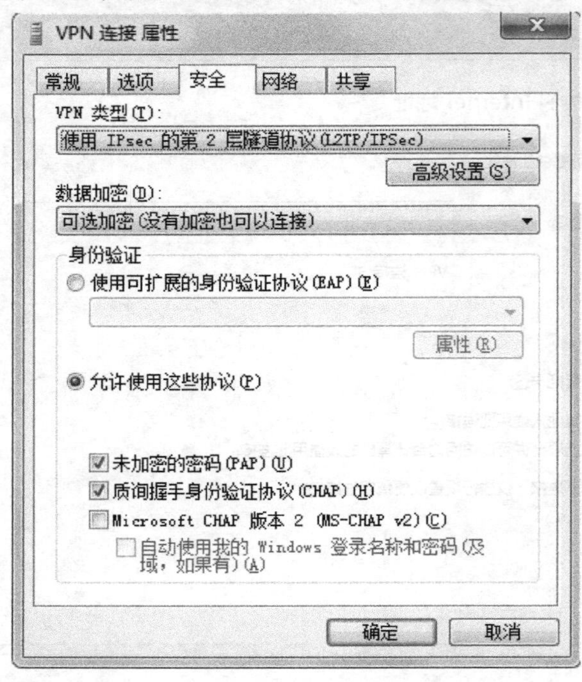

图 3.27 配置页面

任务 2 防火墙(LNS 侧)的配置

设置用户名及口令(应与用户侧的设置一致)。

```
[H3C] local-user vpdnuser
[H3C-luser-vpdnuser] password simple Hello
[H3C-luser-vpdnuser] service-type ppp
#
```

对 VPN 用户采用本地验证。

```
[H3C] domain system
[H3C-isp-system] scheme local
[H3C-isp-system] ip pool 1 192.168.0.2 192.168.0.100
#
```

启用 L2TP 服务,并设置一个 L2TP 组。

```
[H3C] l2tp enable
[H3C] l2tp-group 1
#
```

配置虚模板 Virtual-Template 的相关信息。

```
[H3C] interface virtual-template 1
[H3C-virtual-template1] ip address 192.168.0.1 255.255.255.0
```

[H3C-virtual-template1] ppp authentication-mode chap domain system
[H3C-virtual-template1] remote address pool 1
#
配置 LNS 侧接收的通道对端名称。
[H3C] l2tp-group 1
[H3C-l2tp1] allow l2tp virtual-template 1

任务3　测试

找到建立起来的 L2TP 连接,进行连接测试。

项目 12
GRE VPN 配置

[项目内容与目标]

- 了解 GRE VPN 基本功能及实现原理；
- 掌握 GRE VPN 系统的各项功能配置。

[项目组网图]

项目组网如图 3.28 所示，使用两台防火墙，两台防火墙用网线互联。两个防火墙另外一个口分别接两个 PC，用来作测试。

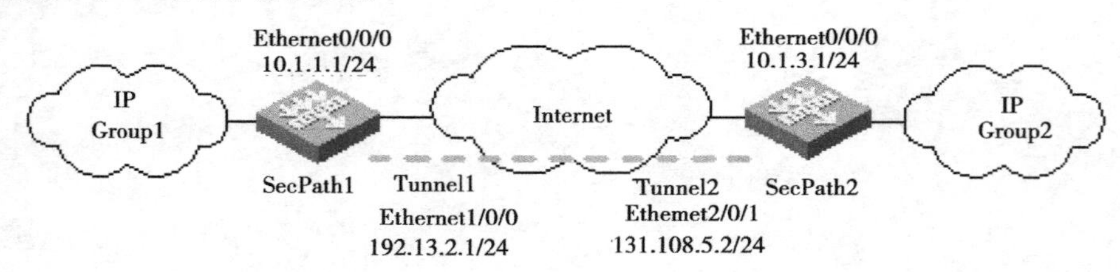

图 3.28　项目组网

[背景需求]

GRE(General Routing Encapsulation)是对某些网络层协议(如 IP，IPX，AppleTalk 等)的数据报进行封装，使这些被封装的数据报能够在另一个网络层协议(如 IP)中传输。GRE 提供了将一种协议的报文封装在另一种协议报文中的机制，使报文能够在异种网络中传输。GRE 是 VPN(Virtual Private Network)的第三层隧道协议，即在协议层之间采用了一种被称为 Tunnel(隧道)的技术。

[所需设备和器材]

本项目所需的主要设备和器材如表 3.6 所示。

表 3.6　所需设备和器材

名称和型号	版　本	数　量	描　述
F1000-A	Version 3.40，Release 1626p01 以上版本	2	
PC		1	
第 5 类 UTP 以太网连接线	—	3	

[任务实施]

任务1　配置 SecPath1

配置接口 Ethernet0/0/0。
[H3C] interface ethernet 0/0/0
[H3C-Ethernet0/0/0] ip address 10.1.1.1 255.255.255.0
[H3C-Ethernet0/0/0] quit
#
配置接口 Ethernet1/0/0(隧道的实际物理接口)。
[H3C] interface ethernet 1/0/0
[H3C-Ethernet1/0/0] ip address 192.13.2.1 255.255.255.0
[H3C-Ethernet1/0/0] quit
#
创建 Tunnel1 接口。
[H3C] interface tunnel 1
#
配置 Tunnel1 接口的 IP 地址。
[H3C-Tunnel1] ip address 10.1.2.1 255.255.255.0
#
配置 Tunnel 封装模式。
[H3C-Tunnel1] tunnel-protocol gre
#
配置 Tunnel1 接口的源地址(Ethernet1/0/0 的 IP 地址)。
[H3C-Tunnel1] source 192.13.2.1
#
配置 Tunnel1 接口的目的地址(SecPath2 的 Ethernet2/0/1 的 IP 地址)。
[H3C-Tunnel1] destination 131.108.5.2
[H3C-Tunnel1] quit
#
配置从 SecPath1 经过 Tunnel1 接口到 Group2 的静态路由。
[H3C] ip route-static 10.1.3.0 255.255.255.0 tunnel 1

任务2　配置 SecPath2

#
配置接口 Ethernet0/0/0。
[H3C] interface ethernet 0/0/0
[H3C-Ethernet0/0/0] ip address 10.1.3.1 255.255.255.0
[H3C-Ethernet0/0/0] quit
#

配置接口 Ethernet2/0/1（隧道的实际物理接口）。

[H3C] interface ethernet 2/0/1

[H3C-Ethernet2/0/1] ip address 131.108.5.2 255.255.255.0

[H3C-Ethernet2/0/1] quit

#

创建 Tunnel2 接口。

[H3C] interface tunnel 2

#

配置 Tunnel2 接口的 IP 地址。

[H3C-Tunnel2] ip address 10.1.2.2 255.255.255.0

#

配置 Tunnel 封装模式。

[H3C-Tunnel2] tunnel-protocol gre

#

配置 Tunnel2 接口的源地址（Ethernet2/0/1 的 IP 地址）。

[H3C-Tunnel2] source 131.108.5.2

#

配置 Tunnel2 接口的目的地址（SecPath1 的 Ethernet1/0/0 的 IP 地址）。

[H3C-Tunnel2] destination 192.13.2.1

[H3C-Tunnel2] quit

#

配置从 SecPath2 经过 Tunnel2 接口到 Group1 的静态路由。

[H3C] ip route-static 10.1.1.0 255.255.255.0 tunnel 2

任务 3　查看 GRE 结果

[RouterA] display interface tunnel 3

Tunnel0 current state：UP

Line protocol current state：UP

Description：Tunnel3 Interface

The Maximum Transmit Unit is 1476

Internet Address is 10.1.2.1/24 Primary

Encapsulation is TUNNEL，service-loopback-group ID not set.

Tunnel source 1.1.1.1，destination 2.2.2.2

Tunnel bandwidth 64（kbps）

Tunnel protocol/transport GRE/IP

　　GRE key disabled

　　Checksumming of GRE packets disabled

Output queue：（Urgent queuing：Size/Length/Discards）0/100/0

Output queue：（Protocol queuing：Size/Length/Discards）0/500/0

```
Output queue: (FIFO queuing: Size/Length/Discards) 0/75/0
Last clearing of counters:Never
    Last 300 seconds input:0 bytes/sec, 0 packets/sec
    Last 300 seconds output:0 bytes/sec, 0 packets/sec
    10 packets input,840 bytes
    0 input error
    10 packets output,840 bytes
    0 output error
```

第4部分 统一威胁管理(UTM)

概　述

[基本知识提要]

• 什么是 UTM?

统一威胁管理(Unified Threat Management,UTM),即将防病毒、入侵检测和防火墙安全设备划归统一威胁管理。它主要提供一项或多项安全功能,将多种安全特性集成于一个硬设备里,构成一个标准的统一管理平台。

• 网络普及带来众多安全威胁

目前网络运用越来越普及,存在的安全威胁也越来越多,主要表现为网络攻击、非法访问、垃圾邮件、蠕虫病毒等现象,如图4.1所示。

图4.1　网络主要威胁

- **安全威胁一:基础安全薄弱**

近年来,计算机犯罪事件逐年增长。其中,内部越权、非法事件比重最大,内部非法事件会带来更大的损失。另外,还存在业务部门无法对访问进行控制的问题,存在越权、非法访问现象;无网络地址转换,内部网络结构直接暴露在互联网上。IPv4 地址日渐枯竭,APNIC(亚太互联网络信息中心)宣布开始执行“最后 1 个 A” IPv4 地址分配管理策略,如图 4.2 所示,IPv6 成为发展趋势。

> **2011年4月15日开始执行“最后1个A”IPv4地址分配管理政策**
>
> 2011年4月15日,APNIC(亚太互联网络信息中心)宣布其剩余的可自由分配的IPv4地址已全部分配完毕,地址池中仅剩1个A(/8),亚太地区进入IPv4地址耗尽的第三阶段,与此同时APNIC开始执行“最后1个A”IPv4地址分配管理政策,即每一个APNIC的新、老会员只能申请最多4C(/22)的IPv4地址。此政策目的在于保障亚太区各新成立的网络运营单位可以获得基本的IPv4地址进行运营,以逐渐过渡到IPv6的使用。对于中国大陆地区的新、老CNNIC IP地址联盟会员,中国互联网络信息中心(CNNIC)也同步执行此地址分配管理政策。

图 4.2 “最后 1 个 A”相关报道

- **安全威胁二:信息孤岛**

远程信息传输不安全,存在篡改、泄密、病毒等威胁,而专线费用高、维护成本大,访问权限难以控制,从而形成信息孤岛,如图 4.3 所示。

图 4.3 信息孤岛的形成

- **安全威胁三:泛滥的病毒**

近年来,网络病毒数量呈爆炸式增长,如图 4.4 所示。其传播手段更加多样化,传播范围更广,传播速度更快,危害巨大。

- **安全威胁四:错综复杂的网站**

《中国互联网络发展状况统计报告》发布的上网行为统计如图 4.5 所示。各类型网站良莠不齐,色情、赌博、暴力充斥着整个互联网络,非法网站、暗藏收费陷阱的网站无处不在。

- **安全威胁五:核心业务带宽无法保障**

P2P 流量抢占有限的网络带宽,IM、游戏、炒股软件等随意使用,导致正常业务无法开展,影响企业运营效率,如图 4.6 所示。

- **安全威胁六:应用层攻击**

随着操作系统、应用软件的不断丰富,安全漏洞越来越多,如图 4.7 所示。

- **传统解决方案**

针对前述众多威胁,有两种传统解决方案。

近几年新增电脑病毒、木马数量对比

25 000 000
20 000 000
15 000 000
10 000 000
5 000 000
0

13 568　20 059　50 745　240 156　283 084　13 899 717　20 684 223

2003年　2004年　2005年　2006年　2007年　2008年　2009年　■数量

图4.4　病毒几何化增长

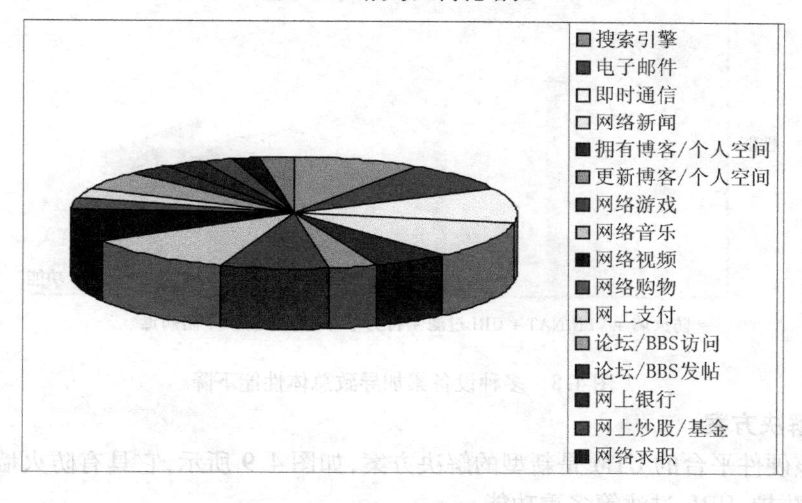

图4.5　上网行为统计

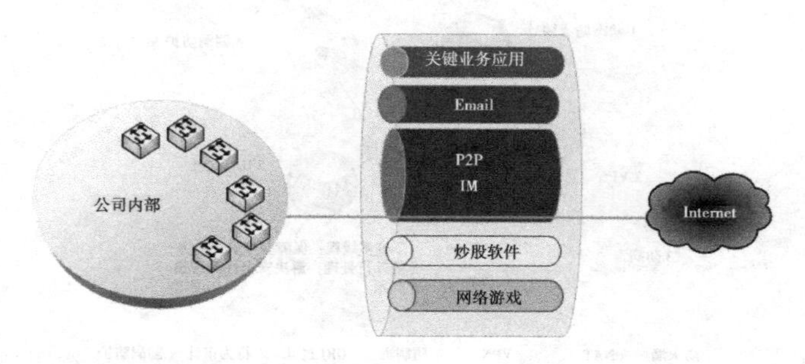

图4.6　P2P流量占用大量带宽

①多个独立设备累加：投入成本高，故障点众多，管理难度大。

②传统UTM：基于X86/NP/ASIC架构设计，功能开启后性能急剧下降，如图4.8所示。

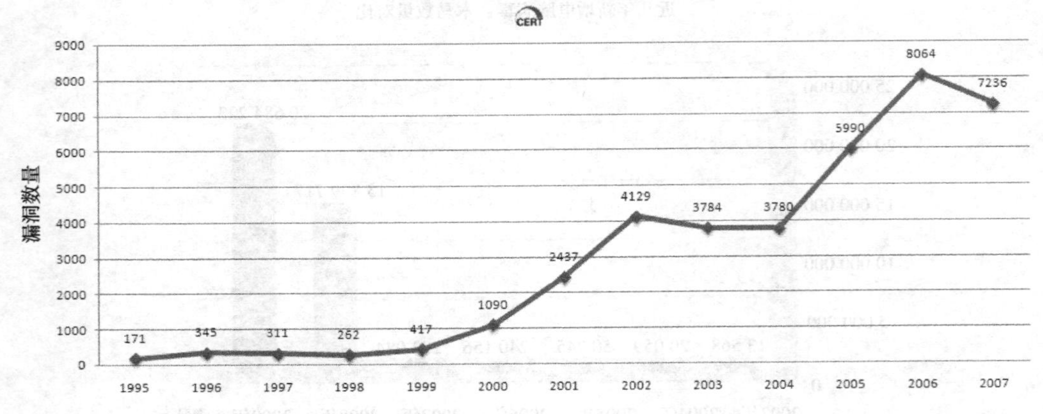

图 4.7 安全漏洞数量年度统计图

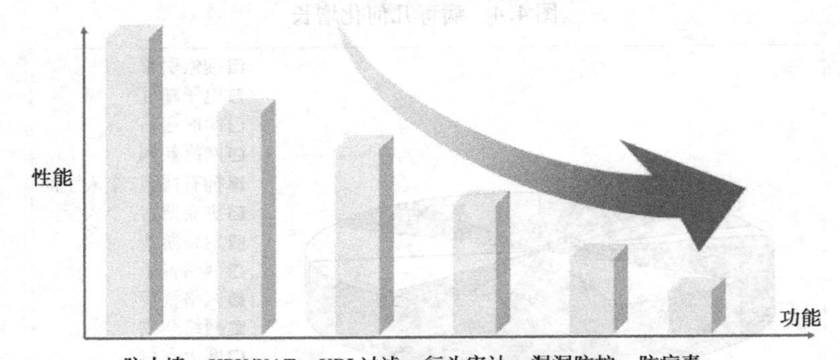

图 4.8 多种设备累加导致总体性能下降

- **UTM 解决方案**

基于多核硬件平台的 UTM 是新型的解决方案，如图 4.9 所示，它具有防火墙、NAT、VPN、防病毒、漏洞防护、URL 过滤等多重功能。

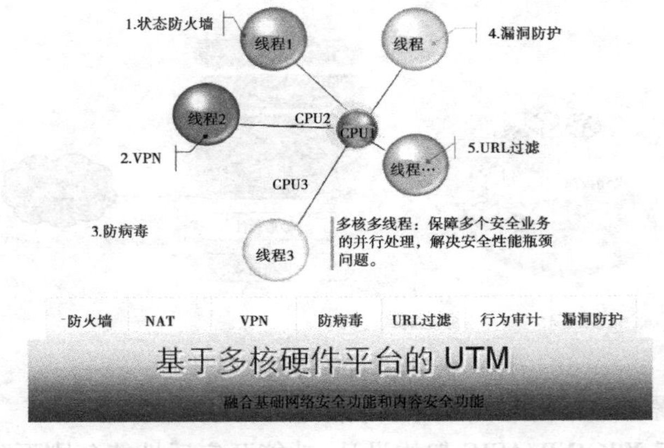

图 4.9 新型 UTM 的多重功能

- **UTM 具有的安全特性**

UTM 设备应该具备的基本功能包括网络防火墙、网络入侵检测/防御和网关防病毒功能。

①安全区域隔离,实现分级分域管理;

②在线病毒防护,实时抵御病毒威胁;

③动态漏洞防御,抵御应用层攻击;

④细致行为审计,规范网络应用行为;

⑤精细流量监控,清晰控制数据应用。

[重点知识整理]

- **UTM 典型应用**

UTM 典型应用组网如图 4.10 所示。

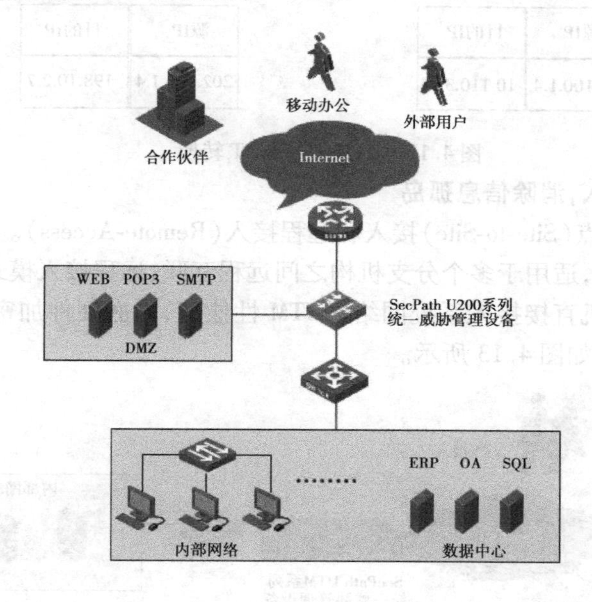

图 4.10　UTM 组网图

- **状态防火墙,限制未授权访问**

UTM 支持多种应用协议的状态检测,支持域间策略、会话长连接等功能,支持多种单包、多包攻击检测与防护,其限制未授权访问如图 4.11 所示。

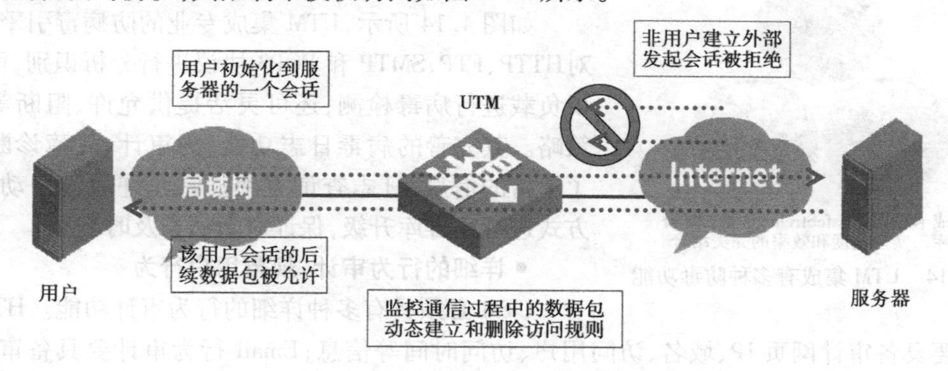

图 4.11　UTM 限制未授权访问

• **NAT,网络地址转换**

UTM 支持多种常用转换方式,支持多种协议 ALG,支持指定转换后地址,支持静态网段地址转换,支持双向地址转换,支持 DNS 映射,其 NAT 转换示意如图 4.12 所示。

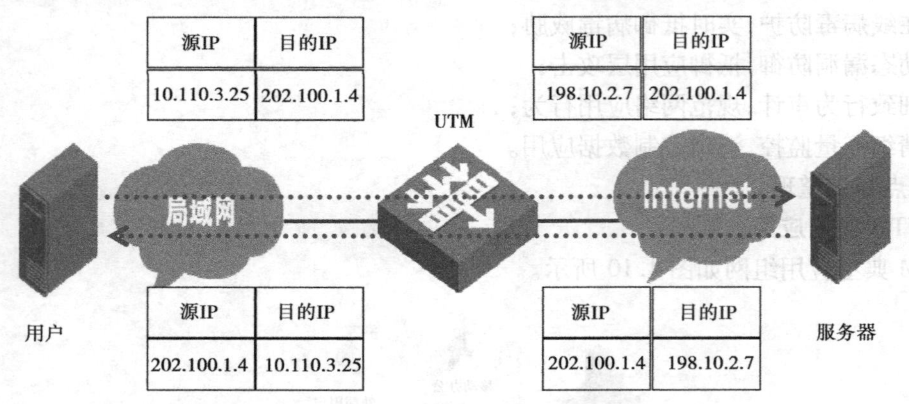

图 4.12　UTM 支持 NAT 转换

• **统一安全远程接入,消除信息孤岛**

UTM 支持站点对站点(Site-to-Site)接入和远程接入(Remote-Access)。站点对站点接入模式性能高、运行简单可靠,适用于多个分支机构之间远程互联;远程接入模式接入灵活,使用方便、成本低,适于远程主机直接接入系统网络。UTM 性能高,内嵌硬件加密引擎,解决了 VPN 传输性能瓶颈,其示意图如图 4.13 所示。

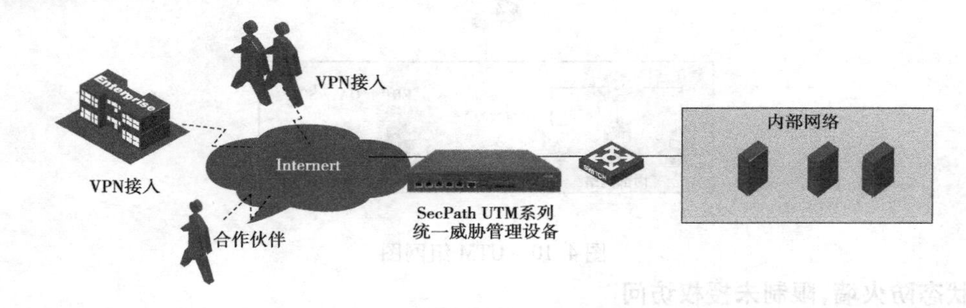

图 4.13　UTM 的统一安全远程接入

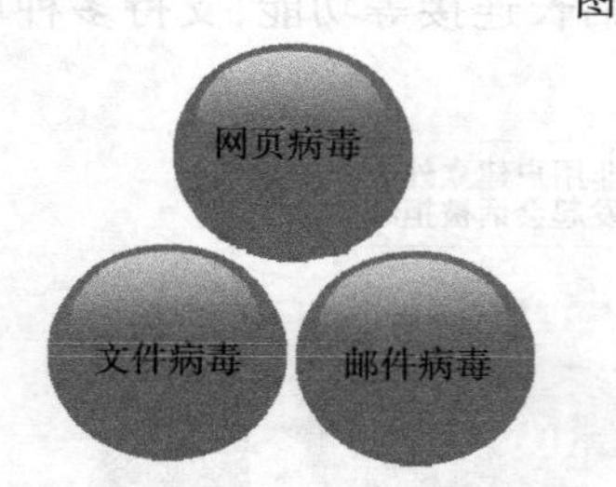

图 4.14　UTM 集成有多种防毒功能

• **实时病毒查杀,解决病毒泛滥问题**

如图 4.14 所示,UTM 集成专业的防病毒引擎,支持对HTTP、FTP、SMTP 和 POP3 协议进行分析识别,可对协议负载进行病毒检测,还可灵活提供允许、阻断等防范策略。其完善的病毒日志功能,为审计、故障诊断提供了丰富的信息,日志查询方便。它允许通过手动、自动方式进行病毒库升级,保证对新病毒及时响应。

• **详细的行为审计,规范用户行为**

UTM 必须具有多种详细的行为审计功能。HTTP 访问审计要具备审计网页 IP、域名、访问用户、访问时间等信息;Email 行为审计要具备审计收/发件人、邮件标题、附件标题等信息;FTP 行为审计要具备审计登录用户名、访问记录、上传下载的文件等信息。

● **完善的漏洞防护,应用层攻击防御**

如图 4.16 所示,UTM 应具备完善的漏洞防护功能。其应用层攻击抵御包括蠕虫、木马、间谍软件的实时防护;漏洞特征应自动完成升级,实现实时防护。

● **优异的管理平台,降低管理成本**

UTM 具备图形化集中管理平台,支持日志分析、行为审计及设备管理,如图 4.17 所示。这样可以降低对服务器及操作系统要求,适应性好。

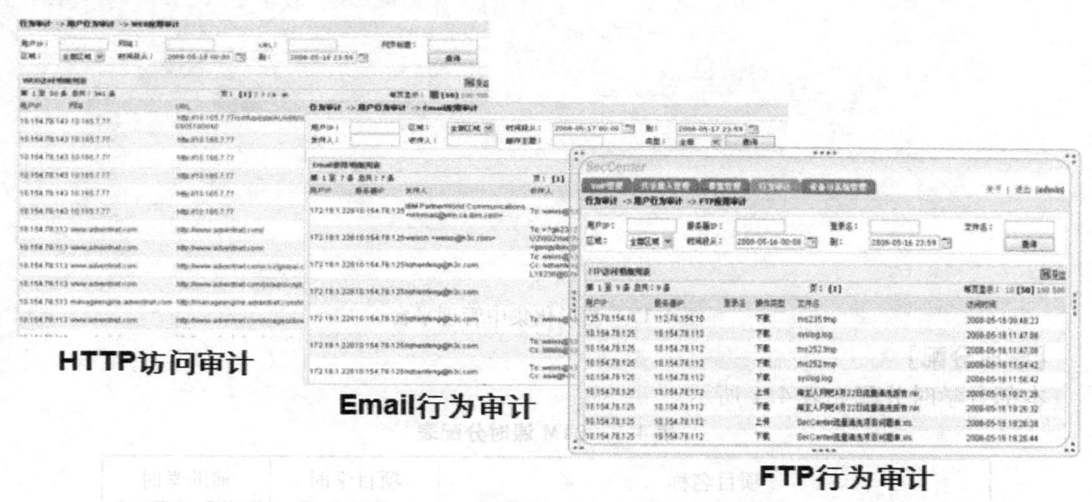

图 4.15　众多行为审计

黑客
傀儡机
傀儡机
代理
代理
代理
代理
代理
代理
有效请求
允许有效请示通过
UTM
服务器

图 4.16　UTM 的完善漏洞防护体系

[学习目标]

①了解 UTM 的基本特性;

②掌握 UTM 的防火墙功能配置;

③掌握 UTM 的深度安全防御功能配置;

④了解 UTM 的维护方法。

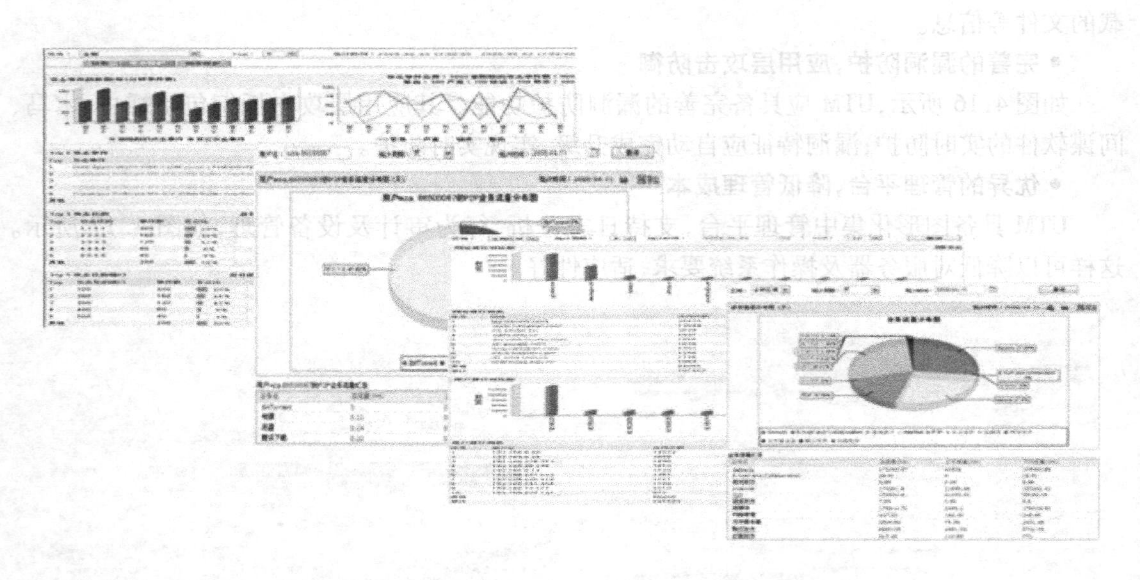

图 4.17　图形化集中管理平台

[学时分配]

本部分学时分配如表 4.1 所示。

表 4.1　UTM 课时分配表

项目名称	项目学时	辅助学时
项目 13 SecPath UTM 配置管理	2	2
项目 14 SecPath UTM 特征库升级	2	2
项目 15 SecPath UTM PPPoE 配置	4	2
项目 16 SecPath UTM NAT 配置	4	2
项目 17 SecPath UTM 二三层转发配置	8	4
项目 18 SecPath UTM DHCP 配置	4	2
项目 19 SecPath UTM 域间策略配置	4	2
项目 20 SecPath UTM 带宽管理策略配置	4	2
项目 21 SecPath UTM 防病毒策略配置	4	2
项目 22 SecPath UTM 流日志配置	4	2
项目 23 SecPath UTM 协议审计策略配置	4	2
项目 24 SecPath UTM URL 过滤策略配置	4	2
合　计	48	24

项目 13

SecPath UTM 配置管理

［项目内容与目标］

- 掌握 UTM 配置管理功能的使用方法。

［项目组网图］

项目组网如图 4.18 所示，PC 与 UTM 设备直接连接。

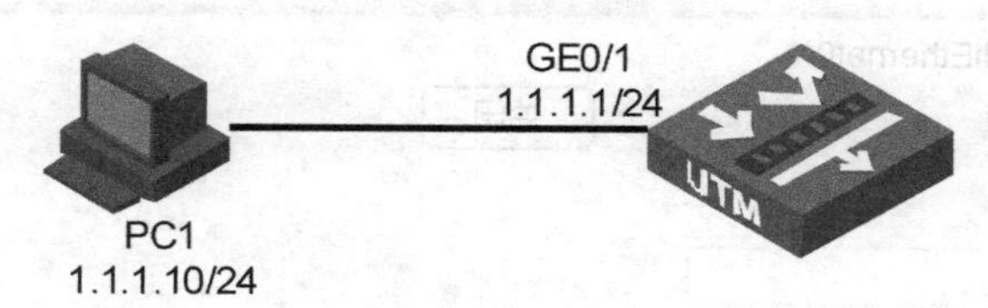

图 4.18　项目组网

［背景需求］

UTM 用于设备的日常维护，当配置修改后，可以保存配置以免设备断电配置信息丢失。也可以将配置信息备份下来，用于日后的配置恢复。如果想清空配置信息，可以恢复出厂配置。

［所需设备和器材］

本项目所需的主要设备和器材如表 4.2 所示。

表 4.2　所需设备和器材

名称和型号	版　本	数　量	描　述
U200S	CMW F5123P08	1	
PC	Windows XP SP3	1	
第 5 类 UTP 以太网连接线	—	1	

［任务实施］

任务 1　UTM 基本配置

步骤 1：配置接口 IP 地址

①在左侧导航栏中选择“设备管理”→“接口管理”，进入如图 4.19 所示页面。

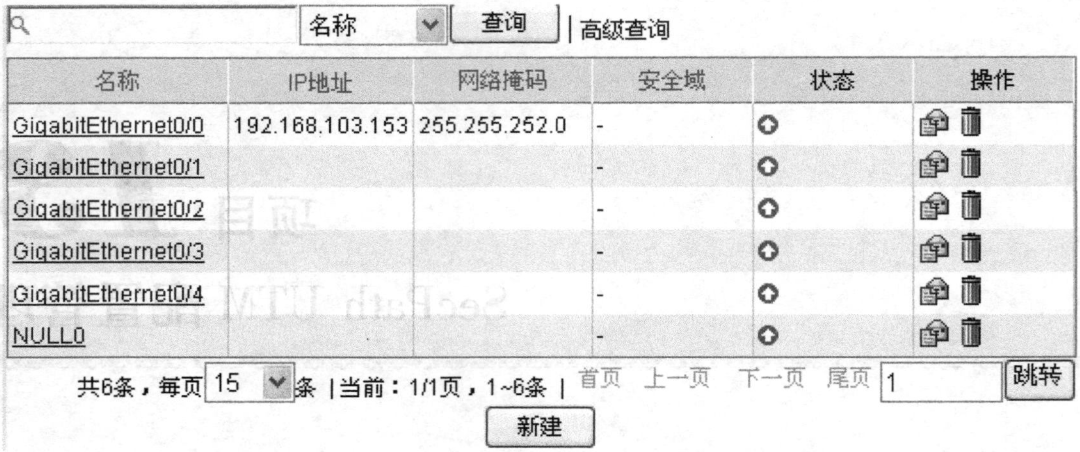

名称 | 查询 | 高级查询

名称	IP地址	网络掩码	安全域	状态	操作
GigabitEthernet0/0	192.168.103.153	255.255.252.0	-		
GigabitEthernet0/1			-		
GigabitEthernet0/2			-		
GigabitEthernet0/3			-		
GigabitEthernet0/4			-		
NULL0			-		

共6条，每页 15 条 | 当前：1/1页，1~6条 | 首页 上一页 下一页 尾页 1 跳转

新建

图 4.19　配置页面

②点击 GE0/1 栏中的按钮，进入“接口编辑”界面，如图 4.20 所示。按图设置接口 GE0/1，单击“确定”按钮返回“接口管理”界面。

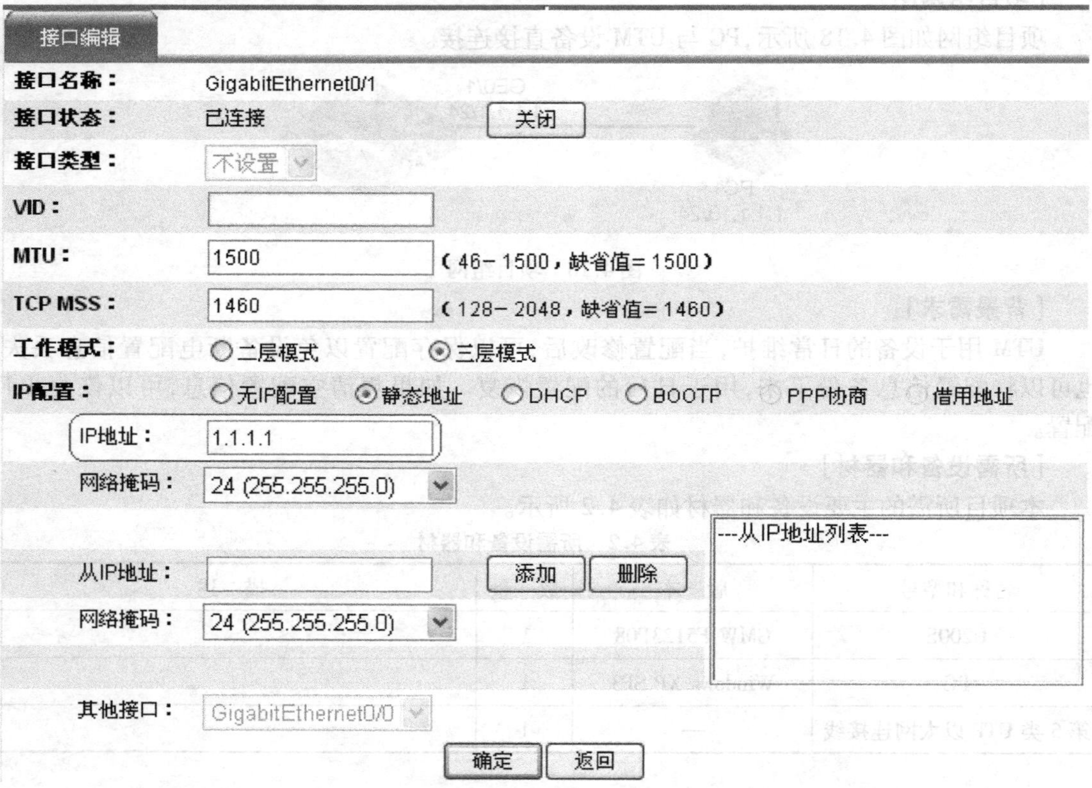

接口编辑

接口名称：GigabitEthernet0/1

接口状态：已连接　关闭

接口类型：不设置

VID：

MTU：1500　（46－1500，缺省值＝1500）

TCP MSS：1460　（128－2048，缺省值＝1460）

工作模式：○二层模式　⊙三层模式

IP配置：○无IP配置　⊙静态地址　○DHCP　○BOOTP　○PPP协商　○借用地址

IP地址：1.1.1.1

网络掩码：24 (255.255.255.0)

从IP地址：　添加　删除　---从IP地址列表---

网络掩码：24 (255.255.255.0)

其他接口：GigabitEthernet0/0

确定　返回

图 4.20　配置页面

步骤 2：接口安全区域配置

①在左侧导航栏中选择“设备管理”→“安全域”，进入如图 4.21 所示的配置页面。

安全域ID	安全域名	优先级	共享	虚拟设备	操作
0	Management	100	no	--	
1	Local	100	no	Root	
2	Trust	85	no	Root	
3	DMZ	50	no	Root	
4	Untrust	5	no	Root	

新建

图 4.21　配置页面

②单击图 4.21 中 Trust 栏中的按钮,进入“修改安全域”界面。按照图 4.22 将接口 GE0/1 加入 Trust 域,单击“确定”按钮返回“安全域”界面。

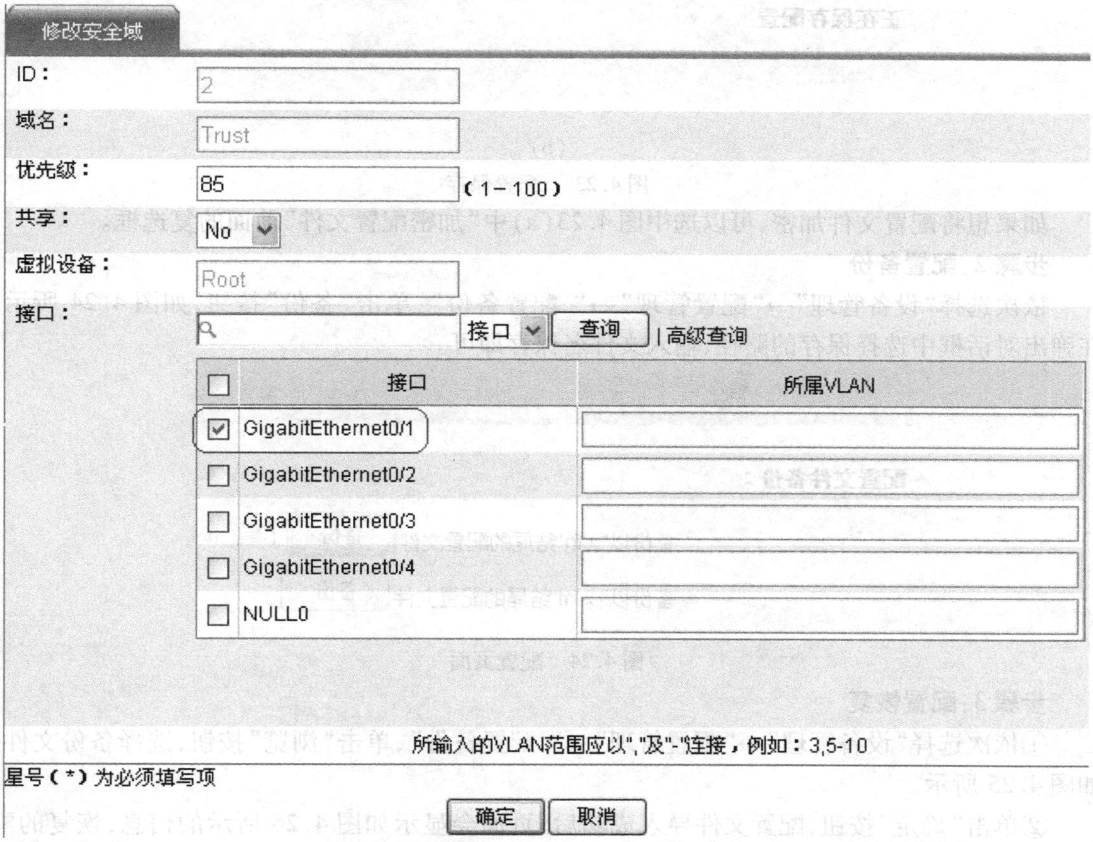

修改安全域

ID： 2

域名： Trust

优先级： 85 （1－100）

共享： No

虚拟设备： Root

接口： 接口 查询 | 高级查询

	接口	所属VLAN
☑	GigabitEthernet0/1	
☐	GigabitEthernet0/2	
☐	GigabitEthernet0/3	
☐	GigabitEthernet0/4	
☐	NULL0	

所输入的VLAN范围应以","及"-"连接，例如：3,5-10

星号（*）为必须填写项

确定　取消

图 4.22　配置页面

任务 2　配置管理

步骤 1:配置保存

依次选择“设备管理”→“配置管理”→“ 配置保存”,单击“确定”按钮,即可将当前的配置信息保存,页面提示设备正在保存当前配置,操作如图 4.23 所示。

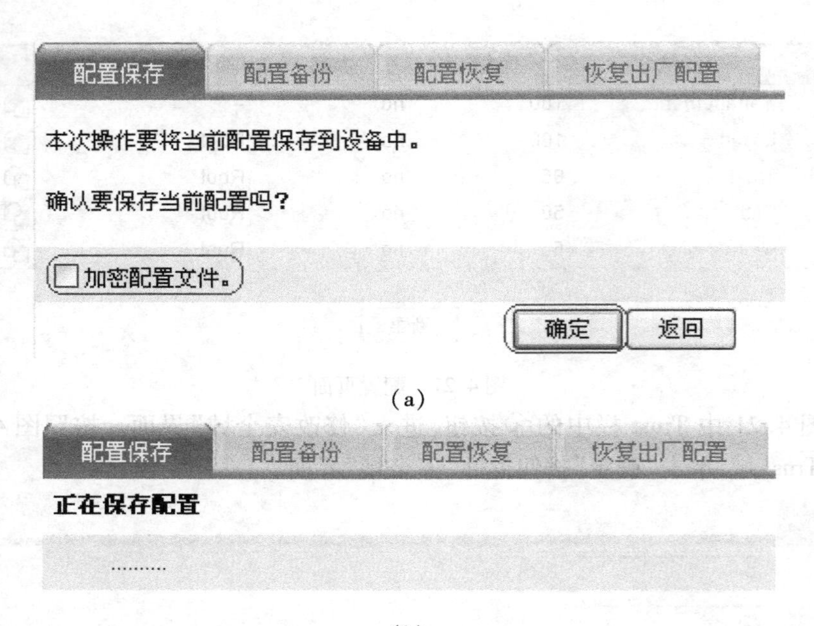

(a)

(b)

图 4.23　配置保存

如果想将配置文件加密，可以选中图 4.23(a)中“加密配置文件”前面的复选框。

步骤 2：配置备份

依次选择“设备管理”→“配置管理”→“ 配置备份”，单击“备份”按钮，如图 4.24 所示。在弹出对话框中选择保存的路径，输入文件名保存即可。

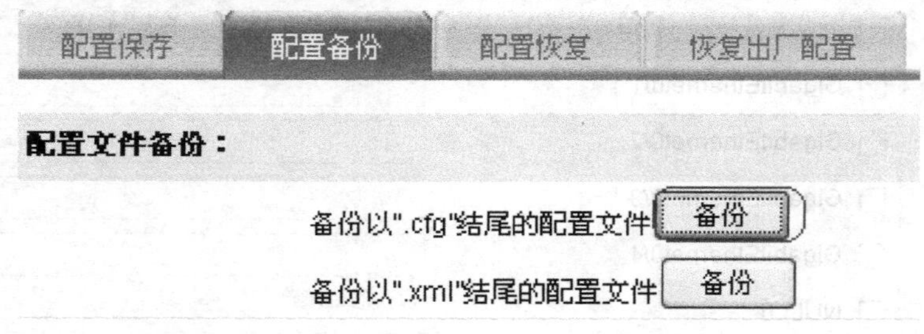

图 4.24　配置页面

步骤 3：配置恢复

①依次选择“设备管理”→“配置管理”→“ 配置备份”，单击“浏览”按钮，选择备份文件，如图 4.25 所示。

②单击“确定”按钮，配置文件导入成功后，页面会显示如图 4.26 所示的信息，恢复的配置文件在设备会下次启动后生效。

步骤 4：恢复出厂配置

依次选择“设备管理”→“配置管理”→“ 恢复出厂配置”，单击“恢复出厂配置”按钮，如图 4.27 所示。

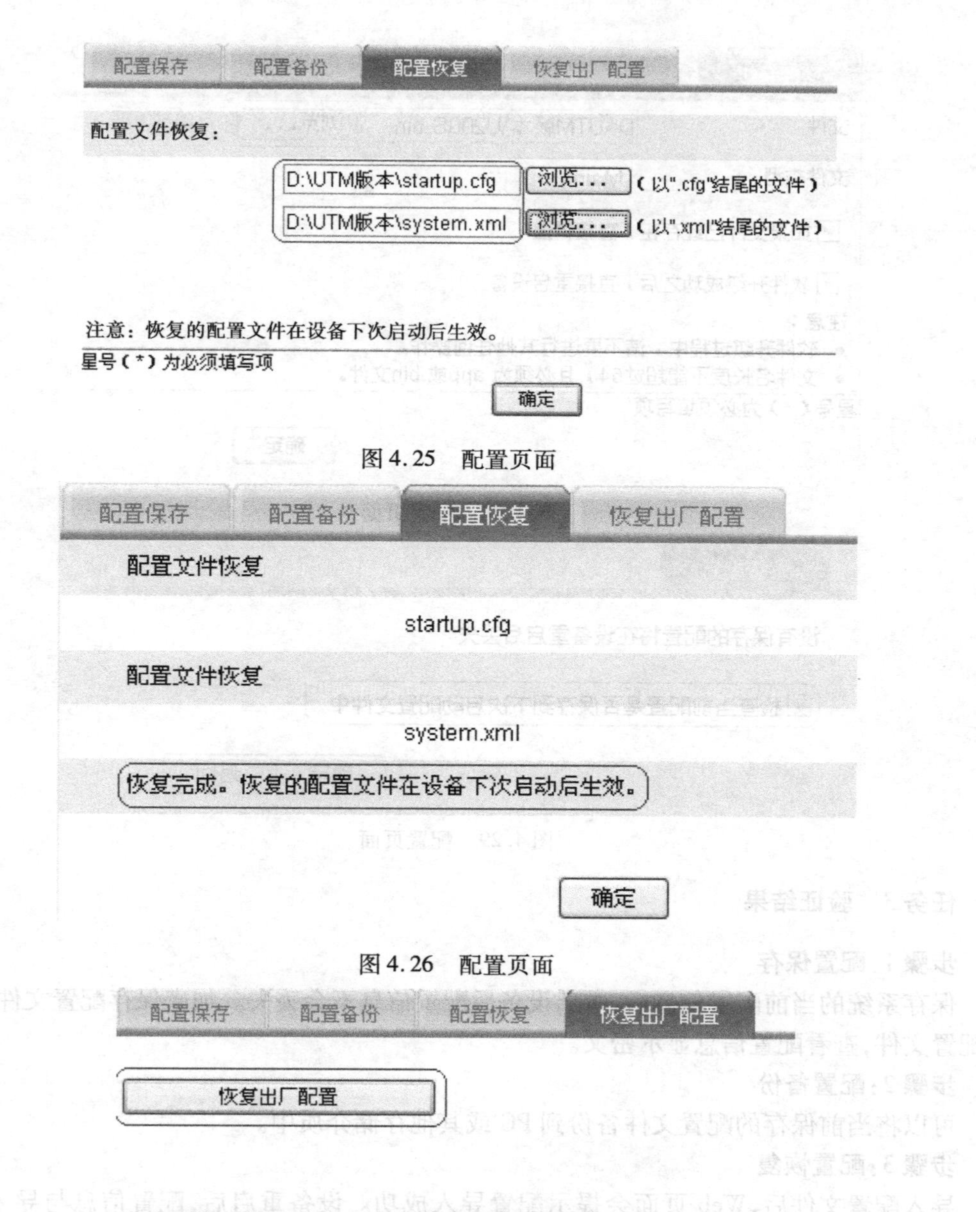

图 4.25　配置页面

图 4.26　配置页面

图 4.27　配置页面

步骤 5：软件升级

依次选择“设备管理”→“ 软件升级”，单击“浏览”按钮，选择升级版本的路径，再单击“确定”按钮，如图 4.28 所示。

步骤 6：设备重启

依次选择“设备管理”→“设备重启”，单击“确定”按钮，如图 4.29 所示。

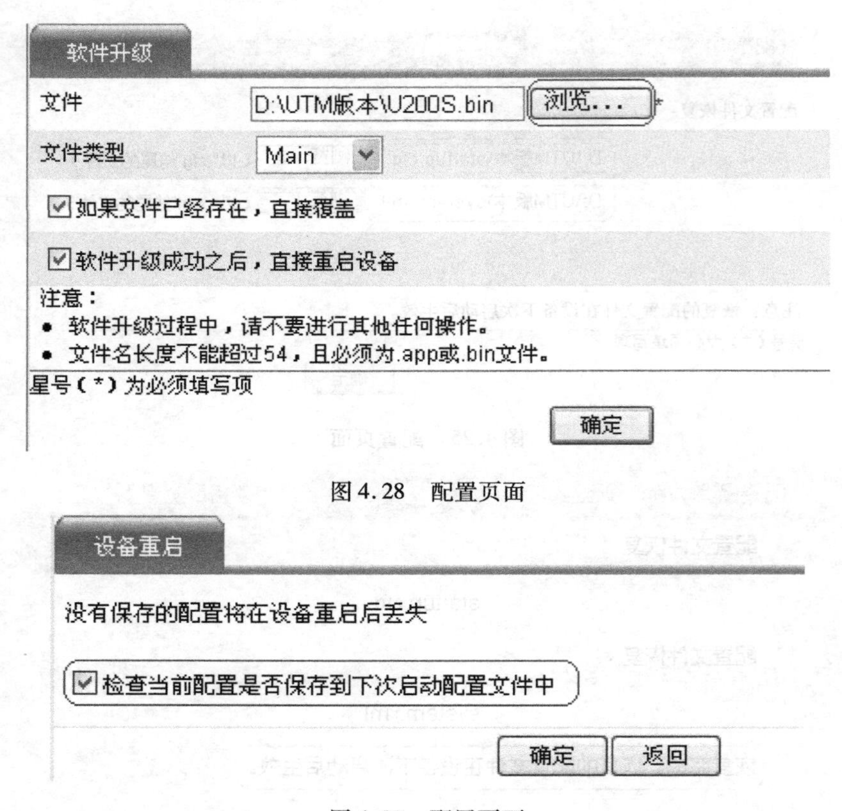

图 4.28　配置页面

图 4.29　配置页面

任务 3　验证结果

步骤 1:配置保存

保存系统的当前配置信息后,重启设备后配置信息不会丢失。加密保存配置文件时,可导出配置文件,查看配置信息显示密文。

步骤 2:配置备份

可以将当前保存的配置文件备份到 PC 或其他存储介质中。

步骤 3:配置恢复

导入配置文件后,Web 页面会提示配置导入成功。设备重启后,配置信息与导入的配置文件信息一致。

步骤 4:恢复出厂配置

系统会自动重启,将删除当前的配置信息,恢复到出厂的默认配置。

步骤 5:软件升级

软件升级过程中会显示系统正在升级。如果选择“软件升级成功之后,直接重启设备”,升级成功后系统会自动重启。否则需要手动重启设备。

步骤 6:设备重启

直接单击“确定”按钮后,设备会自动重启。选择“检查当前配置是否保存到下次启动配置文件中”选项,单击“确定”按钮,如果当前配置没有保存,系统会给出提示信息,系统不会自动重启。

项目 14

SecPath UTM 特征库升级

[项目内容与目标]

● 掌握 UTM 特征库升级的操作方法。

[项目组网图]

项目组网如图 4.30 所示：管理 PC 直接连接 UTM 设备。要更新升级特征库，必须保证当前的 License 文件合法，并且在有效期限内。自动升级特征库时，UTM 设备需要连接到公网环境，与升级网址 www.h3c.com.cn 之间路由可达。

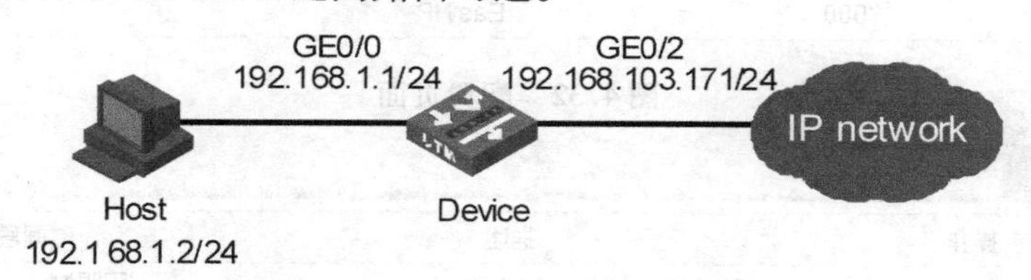

图 4.30　项目组网

[背景需求]

某公司的内网网段为 192.168.1.0/24，通过 GE0/2 连接到外网。用户登录 Device 的内网或外网接口地址，可以对 Device 进行手动特征库升级操作；设置自动升级后，Device 会按照设定的时间自动进行特征库升级。

[所需设备和器材]

本项目所需的主要设备和器材如表 4.3 所示。

表 4.3　所需设备和器材

名称和型号	版　本	数　量	描　述
U200S	CMW F5123P08	1	
PC	Windows XP SP3	1	
第 5 类 UTP 以太网连接线	—	2	

[任务实施]

任务1　UTM 基本配置

步骤1:配置接口 IP 地址

配置 GE0/0 的 IP 地址为 192.168.1.1/24,安全域为 Trust;GE0/2 的 IP 地址为 192.168.103.171/22,安全域为 Untrust,如图 4.31 所示。

名称	IP地址	网络掩码	安全域	状态	操作
GigabitEthernet0/0	192.168.1.1	255.255.255.0	Trust		
GigabitEthernet0/1			Trust		
GigabitEthernet0/2	192.168.103.171	255.255.252.0	Untrust		

图 4.31　配置页面

步骤2:NAT 配置

①在 GE0/2 接口上配置 NAT 策略,选择 ACL 为"3000",地址转换方式为"Easy IP",如图 4.32 所示。其中,ACL3000 的规则为允许源地址为 192.168.1.0/24 的报文通过,如图 4.33 所示。

地址转换关联

接口	ACL	地址池索引	地址转换方式	外网VPN实例	操作
GigabitEthernet0/2	3000		Easy IP		

图 4.32　配置页面

高级ACL3000

规则ID	操作	描述	时间段	操作
0	permit	ip source 192.168.1.0 0.0.0.255	无限制	

图 4.33　配置页面

②配置静态默认路由,其中的下一跳地址 192.168.100.254 为外网中的路由器与 GE0/2 在同一个网段的接口地址,如图 4.34 所示。

目的IP地址	掩码	协议	优先级	下一跳	接口
0.0.0.0	0.0.0.0	Static	60	192.168.100.254	GigabitEthernet0/2

图 4.34　配置页面

③配置 DNS 服务器 IP 地址,以便解析域名升级网址 www.h3c.com.cn,如图 4.35 所示。

DNS服务器IP地址	操作
10.72.66.36	

图 4.35　配置页面

任务2　特征库升级操作

步骤1:管理特征库版本

①在"应用安全策略"界面,于左侧导航栏中选择"IPS|AV|应用控制"→"高级设置",单击"应用安全策略"链接就可以进入"应用安全策略"界面,如图 4.36 所示。

应用安全策略

在应用安全策略配置中，您可以配置详细的AV/IPS/URL过滤、Anti-spam策略，并对IM/P2P等上百种应用软件进行控制和审计，并提供详细的日志信息。

- 应用安全策略

图4.36　配置页面

②在左侧导航栏中选择"系统管理"→"设备管理"→"特征库升级"，进入特征库升级的页面。在"当前版本"和"历史版本"页签中可以分别查看不同类型特征库的当前版本信息和历史版本(即前一个版本)。在"历史版本"页签中单击🔄图标，可以将相应类型的特征库回退到相应的历史版本(即前一个版本)，如图4.37所示。

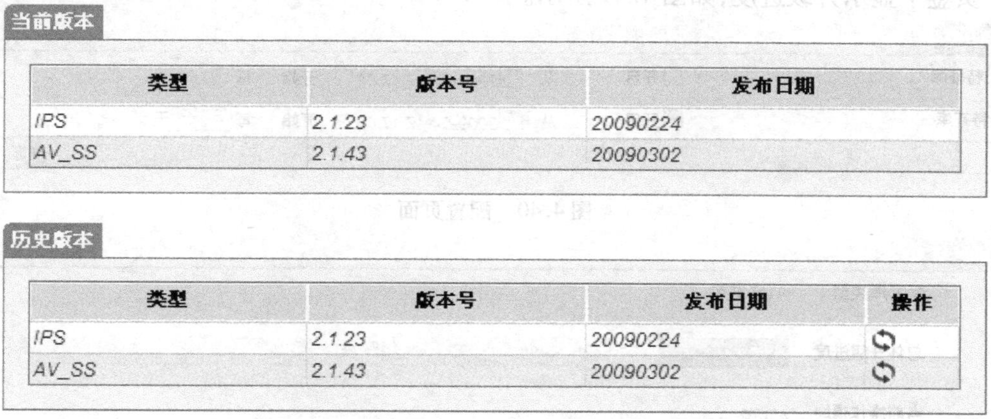

当前版本

类型	版本号	发布日期
IPS	2.1.23	20090224
AV_SS	2.1.43	20090302

历史版本

类型	版本号	发布日期	操作
IPS	2.1.23	20090224	🔄
AV_SS	2.1.43	20090302	🔄

图4.37　配置页面

步骤2:手动升级特征库

①在导航栏中选择"系统管理"→"设备管理"→"特征库升级"，进入特征库升级的页面。在"手动升级"页签中可以手动升级特征库的版本。选择特征库类型为"IPS"，协议为"HTTP"，单击"浏览"按钮后选择升级包的位置，如图4.38所示。

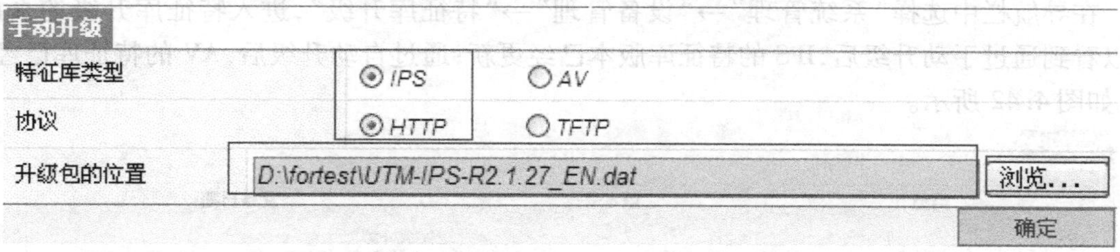

手动升级

特征库类型	⦿ IPS	○ AV
协议	⦿ HTTP	○ TFTP
升级包的位置	D:\fortest\UTM-IPS-R2.1.27_EN.dat	浏览...
		确定

图4.38　配置页面

②单击"确定"按钮后，开始特征库手动升级，如图4.39所示。

步骤3:自动升级特征库

在导航栏中选择"系统管理"→"设备管理"→"特征库升级"，进入特征库升级的页面。在"自动升级"页签中可以设置自动升级特征库的相关参数。

页面左边一列中显示的是特征库的类型，右边可以对不同类型的特征库分别设置自动升级功能的开启状态，以及自动升级的具体时间。例如，设置开启AV特征库的自动升级功能，2009年4月17日的17:00进行第一次自动升级，此后每3天的17:00进行一次自动升级，不

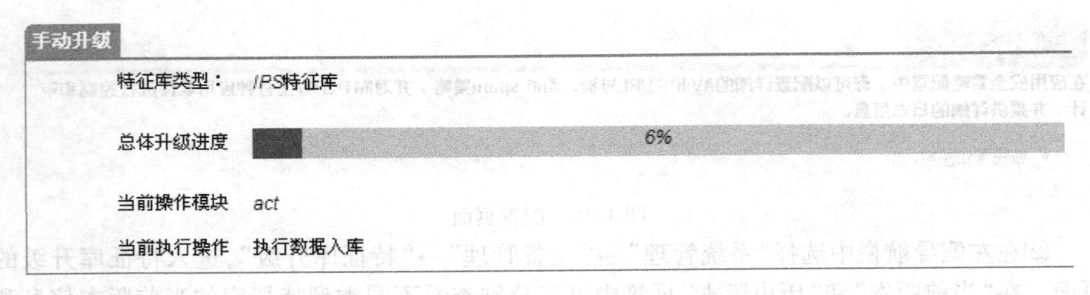

图 4.39　配置页面

开启 IPS 特征库的自动升级功能，如图 4.40 所示。自动升级时间到达时开始自动升级，“手动升级”页签下显示升级进度，如图 4.41 所示。

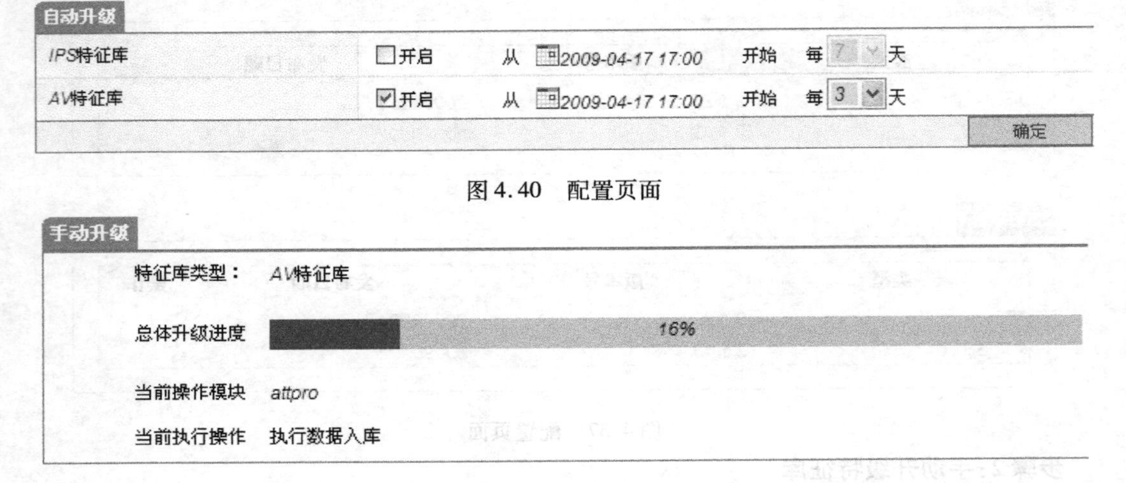

图 4.40　配置页面

图 4.41　配置页面

任务 3　验证结果

在导航栏中选择“系统管理”→“设备管理”→“特征库升级”，进入特征库升级的页面。可以看到通过手动升级后，IPS 的特征库版本已经更新；通过自动升级后，AV 的特征库已经更新，如图 4.42 所示。

当前版本

类型	版本号	发布日期
IPS	2.1.27	20090410
AV_SS	2.1.50	20090413

历史版本

类型	版本号	发布日期	操作
IPS	2.1.23	20090224	
AV_SS	2.1.43	20090302	

图 4.42　查询页面

项目 15

SecPath UTM PPPoE 配置

[项目内容与目标]

- 掌握 UTM PPPoE 连接的配置方法。

[项目组网图]

项目组网如图 4.43 所示：PC 直接连接在 UTM Ge0/2 接口，PPPoE 服务器连接在 UTM 设备的 Ge0/1 接口。

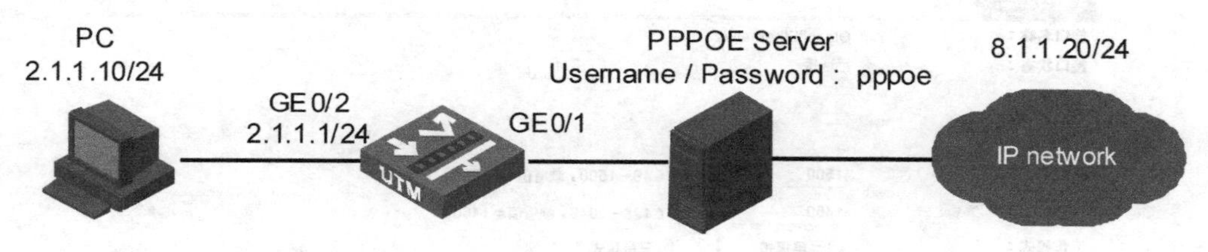

图 4.43 项目组网

[背景需求]

UTM PPPoE 主要用于中小企业 ADSL 宽带接入服务。用户通过 UTM 设备的 PPPoE 拨号功能接入 ADSL 网络，可以访问公网的网络资源。

[所需设备和器材]

本项目所需的主要设备和器材如表 4.4 所示。

表 4.4 所需设备和器材

名称和型号	版 本	数 量	描 述
U200S	CMW F5123P08	1	
PC	Windows XP SP3	1	
PPPoE Server	—	1	支持 PPPoE Server 的设备亦可
第 5 类 UTP 以太网连接线	—	3	

[任务实施]

任务 1 UTM 基本配置

步骤 1:配置接口 IP 地址

①在左侧导航栏中选择“设备管理”→“接口管理”,如图 4.44 所示。

名称 查询 | 高级查询

名称	IP地址	网络掩码	安全域	状态	操作
GigabitEthernet0/0	192.168.103.152	255.255.252.0	-		
GigabitEthernet0/1			-		
GigabitEthernet0/2			-		
GigabitEthernet0/3			-		
GigabitEthernet0/4			-		
NULL0			-		

共6条,每页 15 条 | 当前:1/1页,1~6条 | 首页 上一页 下一页 尾页 1 跳转

新建

图 4.44 配置页面

②单击 GE0/2 栏中的按钮,进入“接口编辑”界面。按照图 4.45 所示设置接口 GE0/2,单击“确定”按钮返回“接口管理”界面,如图 4.45 所示。

接口编辑
接口名称: GigabitEthernet0/2
接口状态: 已连接 关闭
接口类型: 不设置
VID:
MTU: 1500 (46-1500,缺省值=1500)
TCP MSS: 1460 (128-2048,缺省值=1460)
工作模式: 二层模式 三层模式
IP配置: 无IP配置 静态地址 DHCP BOOTP PPP协商 借用地址
IP地址: 2.1.1.1
网络掩码: 24 (255.255.255.0)
从IP地址: 添加 删除 ---从IP地址列表---
网络掩码: 24 (255.255.255.0)
其他接口: GigabitEthernet0/0
确定 返回

图 4.45 配置页面

步骤 2:配置 ACL

①在左侧导航栏中选择“防火墙”→“ACL”,单击页面的“新建”按钮,创建 ACL2000,如图 4.46 所示。

②单击 ACL2000 栏中的按钮,单击“新建”按钮创建规则,如图 4.47 所示。

任务 2 配置域和域间策略

步骤 1:接口安全区域配置

①在左侧导航栏选择“设备管理”→“安全域”,如图 4.48 所示。

新建ACL

访问控制列表ID： 2000 * 2000-2999 基本访问控制列表。3000-3999 高级访问控制列表。4000-4999 二层访问控制列表。

匹配规则： 用户配置

星号(*)为必须填写项

确定 取消

图4.46 配置页面

ACL=2000 新建基本规则

☑规则ID： 1 (0-65534。如果不输入规则ID，系统将会自动指定一个。)

操作： 允许 时间段： 无限制

☐分片报文 ☐记录日志

☐源IP地址： 源地址通配符：

VPN实例： 无

确定 取消

图4.47 配置页面

安全域ID	安全域名	优先级	共享	虚拟设备	操作
0	Management	100	no	--	
1	Local	100	no	Root	
2	Trust	85	no	Root	
3	DMZ	50	no	Root	
4	Untrust	5	no	Root	

新建

图4.48 配置页面

②单击Trust栏中的按钮，进入“修改安全域”界面。按照图4.49所示将接口GE0/2加入Trust域，单击“确定”按钮返回“安全域”界面。

修改安全域

ID： 2

域名： Trust

优先级： 85 (1-100)

共享： No

虚拟设备： Root

接口： 接口 查询 | 高级查询

☐	接口	所属VLAN
☐	GigabitEthernet0/1	
☑	GigabitEthernet0/2	
☐	GigabitEthernet0/3	
☐	GigabitEthernet0/4	
☐	NULL0	

所输入的VLAN范围应以“,”及“-”连接，例如：3,5-10

星号(*)为必须填写项

确定 取消

图4.49 配置页面

步骤 2:域间策略配置

①在左侧导航栏中选择“防火墙”→“安全域”→“域间策略”,如图 4.50 所示。

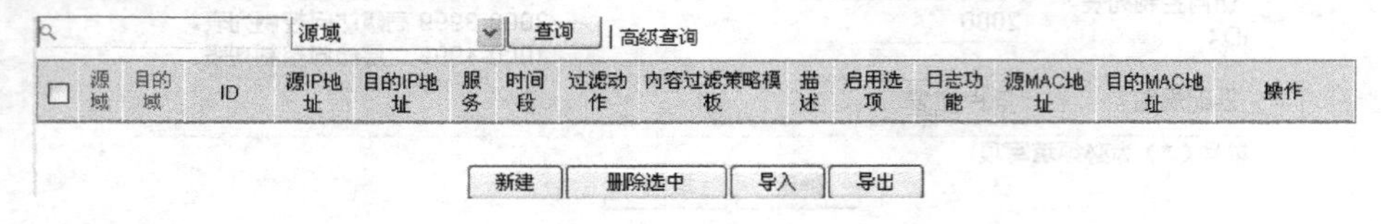

图 4.50　配置页面

②单击“新建”按钮,按照图 4.51 配置 Untrust 域到 Trust 域的域间策略。

新建域间策略规则
源域 Untrust
目的域 Trust
描述 (1-31字符)
源IP地址
新建IP地址 / * IP地址通配符需要配置为反掩码方式
源IP地址 any_address 多选
目的IP地址
新建IP地址 / * IP地址通配符需要配置为反掩码方式
目的IP地址 any_address 多选
服务
名称 any_service 多选
• 每一个服务代表了一种使用工业标准的IP流,创建一条防火墙策略时,相应地必须为其指定一种服务。
• 过滤动作可以是Permit或Deny,表示防火墙设备对指定的服务所采取的策略。
过滤动作 Permit
时间段
内容过滤策略模板 新建
启用MAC匹配
开启Syslog日志功能 启用规则 确定后继续添加下一条规则
星号(*)为必须填写项
确定 取消

图 4.51　配置页面

步骤 3:PPPoE 配置

在左侧导航栏中选择“网络管理”→“PPPoE”→“Client 信息”,在页面中单击“新建”按钮,按照图 4.52 所示进行配置,单击“确定”按钮。

新建PPPoE Client
Dialer 接口: 1 *(1-64)
用户名: pppoe (1-80字符)
密码: ●●●●● (1-48字符)
IP配置: 无IP配置 静态地址 PPP协商 借用地址
IP地址:
网络掩码: 24 (255.255.255.0)
其他接口: GigabitEthernet0/0
接口所属安全域: Untrust
绑定接口: GigabitEthernet0/1
连接方式: 永久在线
超时时间: 秒(1-65535)
星号(*)为必须填写项
确定 取消

图 4.52　配置页面

步骤 4:出接口 NAT 配置

①选择“防火墙”→“NAT”→“动态地址转换”,单击“地址转换关联”下的“新建”按钮,如图 4.53 所示。

地址转换关联

接口	ACL	地址池索引	地址转换方式	外网VPN实例	操作

新建

图 4.53　配置页面

②按照图 4.54 所示配置出接口 Dialer1 的 NAT,单击“确定”按钮。

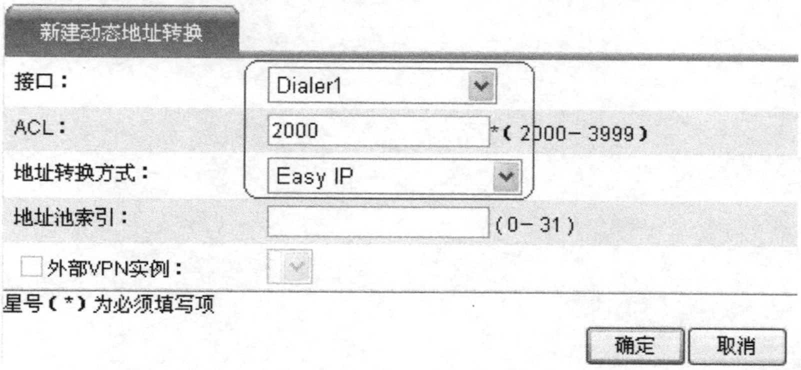

新建动态地址转换

接口： Dialer1
ACL： 2000 *(2000-3999)
地址转换方式： Easy IP
地址池索引： (0-31)
外部VPN实例：
星号(*)为必须填写项
确定 取消

图 4.54　配置页面

任务 3　验证结果

如果 PPPoE 正好和密码设置正确,可以在串口看到如下信息:

```
< Device >
% Apr   2 16:43:59:349 2009 Device IFNET/4/LINK UPDOWN:
Dialer1:0: link status is UP
% Apr   2 16:44:02:340 2009 Device IFNET/4/UPDOWN:
Line protocol on the interface Dialer1:0 is UP
% Apr   2 16:44:02:497 2009 Device IFNET/4/UPDOWN:
Protocol PPP IPCP on the interface Dialer1:0 is UP
< Device > dis i i br
* down: administratively down
(s): spoofing
Interface                    Physical Protocol IP Address       Description
Dialer1                      up       up       8.1.1.227        Dialer1
I...
GigabitEthernet0/0           up       up       192.168.103.152 GigabitEt...
GigabitEthernet0/1           up       down     unassigned
GigabitEt...
```

```
GigabitEthernet0/2            up      up      2.1.1.1
GigabitEt...
GigabitEthernet0/3            down    down    unassigned
GigabitEt...
GigabitEthernet0/4            down    down    unassigned
GigabitEt...
```

表示 Dialer1 接口状态和协议均 UP,则此时 PPPoE 连接已经建立。PC 通过 PPPoE 拨号能够访问公网 8.1.1.20。

项目16 SecPath UTM NAT配置

［项目内容与目标］

- 掌握 UTM NAT 功能的使用方法。

［项目组网图］

项目组网如图 4.55 所示：PC1 与 UTM 设备 G0/2 接口连接，代表内网设备；PC2 与 UTM 设备 G0/1 接口连接，代表公网设备。

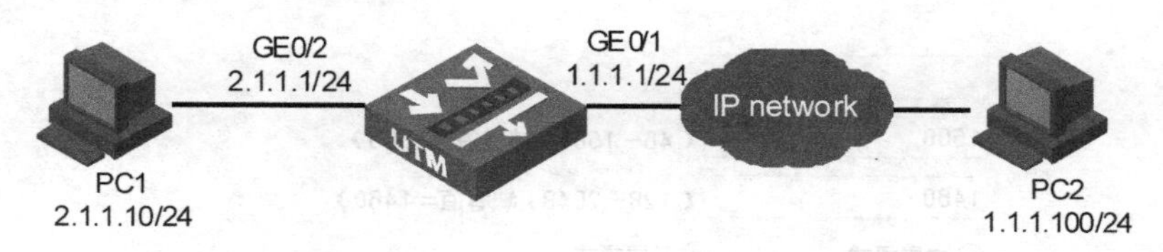

图 4.55 项目组网

［背景需求］

它用于校园网或企业内部，NAT 主要用于实现私有网络访问公共网络的功能。

［所需设备和器材］

本项目所需的主要设备和器材如表 4.5 所示。

表 4.5 所需设备和器材

名称和型号	版 本	数 量	描 述
U200S	CMW F5123P08	1	
PC	Windows XP SP3	2	
第 5 类 UTP 以太网连接线	—	2	

［任务实施］

任务 1 UTM 基本配置

步骤 1：配置接口 IP 地址

①在左侧导航栏中选择“设备管理”→“接口管理”，如图 4.56 所示。

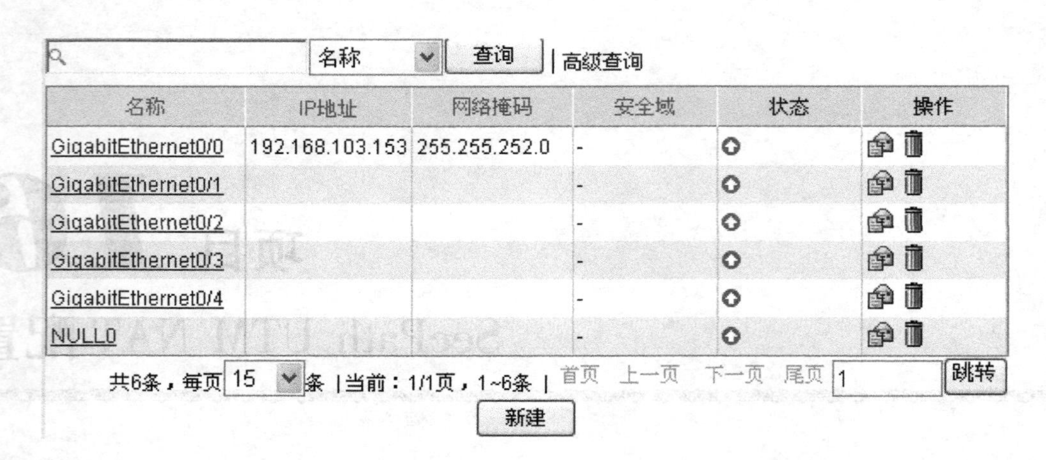

图 4.56　配置页面

②单击 GE0/1 栏中的按钮，进入“接口编辑”界面。按照图 4.57 设置接口 GE0/1，单击“确定”返回“接口管理”界面。

接口编辑
接口名称：GigabitEthernet0/1
接口状态：未连接　关闭
接口类型：不设置
VID：
MTU：1500　(46－1500，缺省值＝1500)
TCP MSS：1460　(128－2048，缺省值＝1460)
工作模式：○二层模式　⊙三层模式
IP配置：○无IP配置　⊙静态地址　○DHCP　○BOOTP　○PPP协商　○借用地址
IP地址：1.1.1.1
网络掩码：24 (255.255.255.0)
从IP地址：　添加　删除　---从IP地址列表---
网络掩码：24 (255.255.255.0)
其他接口：GigabitEthernet0/0
确定　返回

图 4.57　配置页面

③单击 GE0/2 栏中的按钮，进入“接口编辑”界面。按照图 4.58 设置接口 GE0/2，单击“确定”按钮返回“接口管理”界面。

步骤 2：配置 ACL

①在左侧导航栏中选择“防火墙”→“ACL”，单击页面中的“新建”按钮，创建 ACL2000，如图 4.59 所示。

②单击 ACL2000 栏中的按钮，单击“新建”按钮创建规则，如图 4.60 所示，单击“确定”按钮。

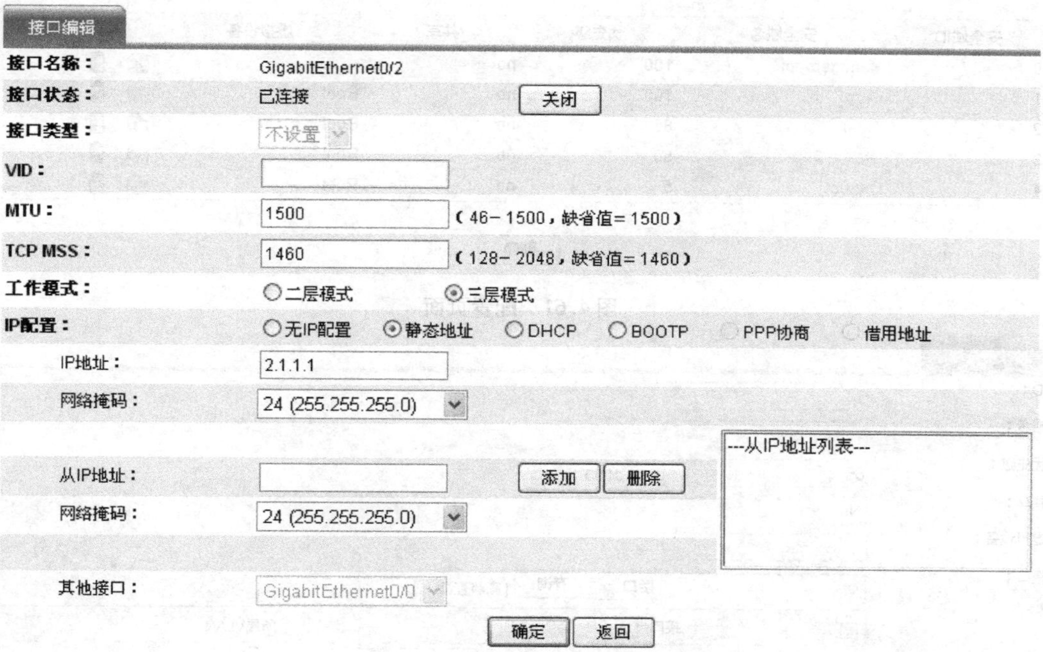

接口编辑
接口名称：GigabitEthernet0/2
接口状态：已连接　关闭
接口类型：不设置
VID：
MTU：1500（46-1500，缺省值=1500）
TCP MSS：1460（128-2048，缺省值=1460）
工作模式：○二层模式　⊙三层模式
IP配置：○无IP配置　⊙静态地址　○DHCP　○BOOTP　○PPP协商　○借用地址
IP地址：2.1.1.1
网络掩码：24 (255.255.255.0)
从IP地址：　添加　删除　---从IP地址列表---
网络掩码：24 (255.255.255.0)
其他接口：GigabitEthernet0/0
确定　返回

图 4.58　配置页面

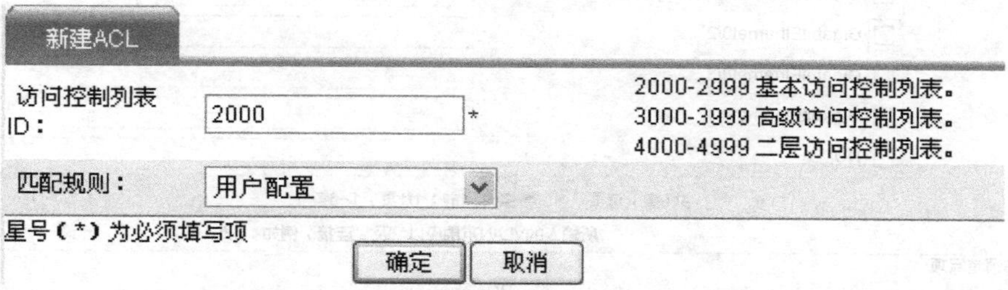

新建ACL
访问控制列表ID：2000 *
2000-2999 基本访问控制列表。
3000-3999 高级访问控制列表。
4000-4999 二层访问控制列表。
匹配规则：用户配置
星号（*）为必须填写项
确定　取消

图 4.59　配置页面

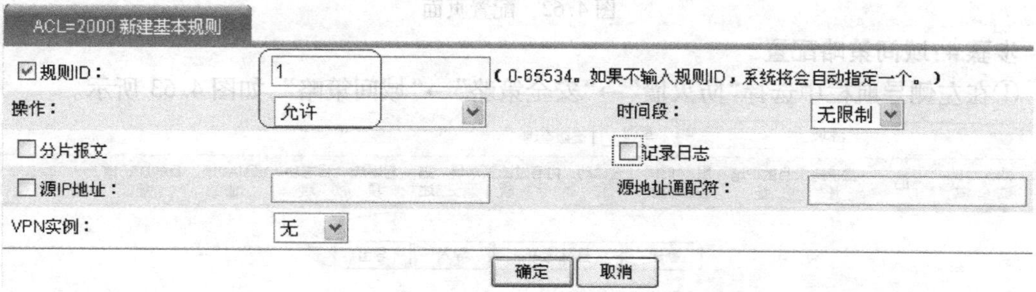

ACL=2000 新建基本规则
☑规则ID：1（0-65534。如果不输入规则ID，系统将会自动指定一个。）
操作：允许　时间段：无限制
☐分片报文　☐记录日志
☐源IP地址：　源地址通配符：
VPN实例：无
确定　取消

图 4.60　配置页面

步骤 3：接口安全区域配置

①在左侧导航栏中选择“设备管理”→“安全域”，如图 4.61 所示。

②单击 Trust 栏中的按钮，进入“修改安全域”界面。按照图 4.62 将接口 GE0/2 加入 Trust 域，单击“确定”返回“安全域”界面。

③按照同样操作，将 GE0/1 接口加入到 Untrust 域。

安全域ID	安全域名	优先级	共享	虚拟设备	操作
0	Management	100	no	--	
1	Local	100	no	Root	
2	Trust	85	no	Root	
3	DMZ	50	no	Root	
4	Untrust	5	no	Root	

新建

图 4.61　配置页面

修改安全域

ID： 2

域名： Trust

优先级： 85 （1－100）

共享： No

虚拟设备： Root

接口： 接口 查询 | 高级查询

接口	所属VLAN
☐ GigabitEthernet0/0	
☐ GigabitEthernet0/1	
☑ GigabitEthernet0/2	
☐ GigabitEthernet0/3	
☐ GigabitEthernet0/4	
☐ NULL0	

共6条，每页 15 条 | 当前：1/1页，1~6条 | 首页 上一页 下一页 尾页 1 跳转

所输入的VLAN范围应以","及"-"连接，例如：3,5-10

星号（*）为必须填写项

确定　取消

图 4.62　配置页面

步骤 4:域间策略配置

①在左侧导航栏中选择“防火墙”→“安全策略”→“域间策略”,如图 4.63 所示。

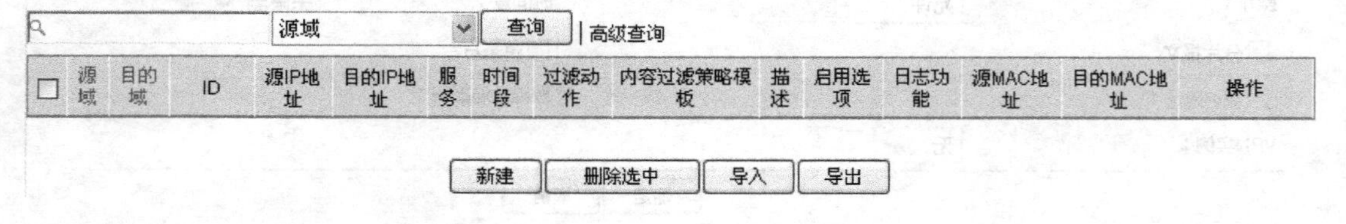

图 4.63　配置页面

②单击“新建”按钮,按照图 4.64 配置 Untrust 域到 Trust 域的域间策略。

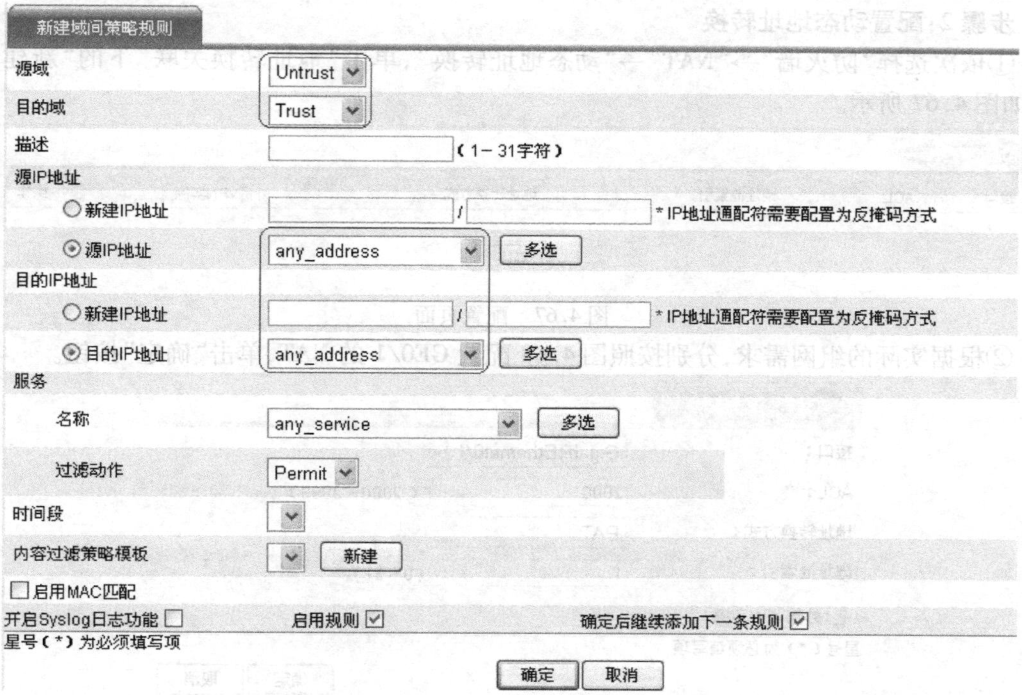

新建域间策略规则

源域 Untrust

目的域 Trust

描述 (1－31字符)

源IP地址

○新建IP地址 / *IP地址通配符需要配置为反掩码方式

⊙源IP地址 any_address 多选

目的IP地址

○新建IP地址 / *IP地址通配符需要配置为反掩码方式

⊙目的IP地址 any_address 多选

服务

名称 any_service 多选

过滤动作 Permit

时间段

内容过滤策略模板 新建

☐启用MAC匹配

开启Syslog日志功能 ☐　启用规则 ☑　确定后继续添加下一条规则 ☑

星号(*)为必须填写项

确定　取消

图 4.64　配置页面

任务 2　NAT 配置

步骤 1:配置地址池

①选择“防火墙”→“NAT”→“动态地址转换”,单击“地址池”下面的“新建”按钮,如图 4.65所示。

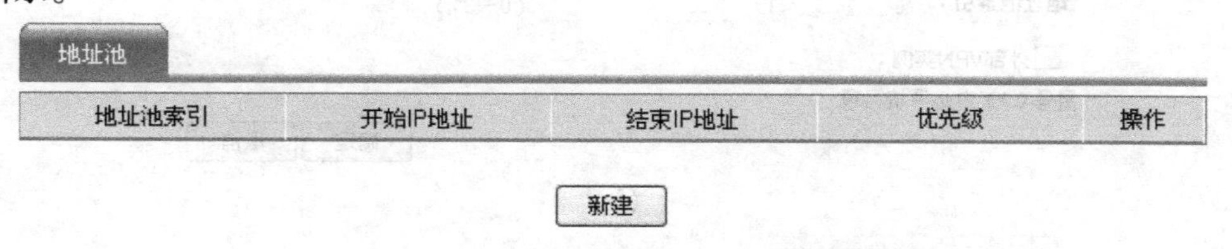

图 4.65　配置页面

②创建一个地址范围为 1.1.1.10 至 1.1.1.20 的地址池资源,单击“确定”按钮,如图4.66所示。

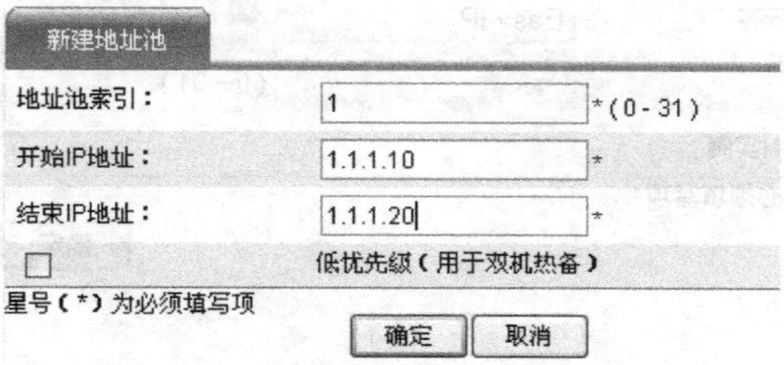

新建地址池

地址池索引: 1 *(0-31)

开始IP地址: 1.1.1.10 *

结束IP地址: 1.1.1.20 *

☐ 低优先级(用于双机热备)

星号(*)为必须填写项

确定　取消

图 4.66　配置页面

步骤 2:配置动态地址转换

①依次选择“防火墙”→“NAT”→“动态地址转换”,单击“地址转换关联”下的“新建”按钮,如图 4.67 所示。

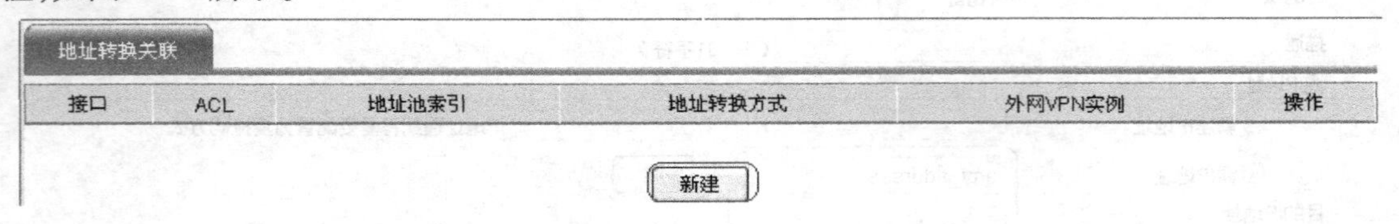

图 4.67　配置页面

②根据实际的组网需求,分别按照图 4.68 配置 GE0/1 的 NAT,单击“确定”按钮。

新建动态地址转换
接口：GigabitEthernet0/1
ACL：2000 *(2000-3999)
地址转换方式：PAT
地址池索引：1 (0-31)
外部VPN实例：
星号(*)为必须填写项
确定　取消

(a)

新建动态地址转换
接口：GigabitEthernet0/1
ACL：2000 *(2000-3999)
地址转换方式：No-PAT
地址池索引：1 (0-31)
外部VPN实例：
星号(*)为必须填写项
确定　取消

(b)

新建动态地址转换
接口：GigabitEthernet0/1
ACL：2000 *(2000-3999)
地址转换方式：Easy IP
地址池索引： (0-31)
外部VPN实例：
星号(*)为必须填写项
确定　取消

(c)

图 4.68　配置页面

步骤 3:配置静态地址转换

①依次选择“防火墙”→“NAT”→“静态地址转换”,单击“新建地址映射”下面的“新建”按钮,如图 4.69 所示。

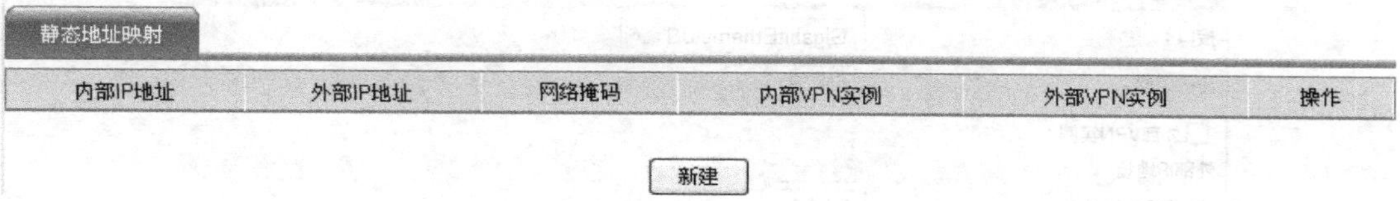

静态地址映射
内部IP地址
外部IP地址
网络掩码
内部VPN实例
外部VPN实例
操作
新建

图 4.69　配置页面

②设置 2.1.1.20 到 1.1.1.120 地址的静态映射,如图 4.70 所示。

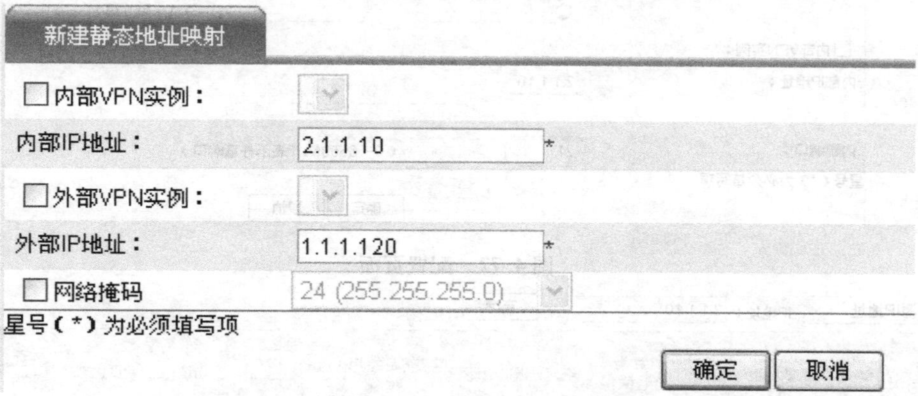

新建静态地址映射
内部VPN实例:
内部IP地址:
2.1.1.10
*
外部VPN实例:
外部IP地址:
1.1.1.120
*
网络掩码
24 (255.255.255.0)
星号(*)为必须填写项
确定
取消

图 4.70　配置页面

③依次选择“防火墙”→“NAT”→“静态地址转换”,单击“接口静态转换”下面的“新建”按钮。“接口”选择 GE0/1 接口,再单击“确定”按钮,如图 4.71 所示。

新建接口静态转换
接口:
GigabitEthernet0/1
确定
取消

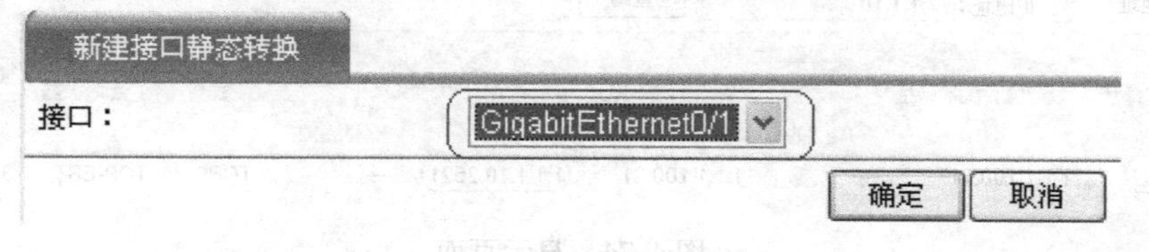

图 4.71　配置页面

步骤 4:配置内部服务器

依次选择“防火墙”→“NAT”→“内部服务器”,单击“内部服务器转换”下面的“新建”按钮,按照图 4.72 设置通过公网接口可以访问内部 PC1 上的 ftp 服务器。

任务 3　验证结果

步骤 1:PAT 方式

在 PC1 上通过 FTP 访问 PC2。选择“防火墙”→“会话管理”→“会话列表”,可以查看到如图 4.73 所示的会话信息。源地址 2.1.1.10 转换成地址池中的一个地址 1.1.1.20,源端口号 2357 转换成 1027。

步骤 2:NO PAT

在 PC1 上通过 FTP 访问 PC2。选择“防火墙”→“会话管理”→“会话列表”,可以查看到如图 4.74 所示的会话信息。源地址 2.1.1.10 转换成地址池中的一个地址 1.1.1.10,源端口号没有发生变化。

新建内部服务器

接口：GigabitEthernet0/1

协议类型：6(TCP)

☐外部VPN实例：

外部IP地址

◉指定IP地址：1.1.1.1 *

○使用接口的IP地址：当前接口

外部端口：◉ 21 *（0－65535，0表示任意端口）

○ -（1－65535）

☐内部VPN实例：

内部IP地址：2.1.1.10 *

内部端口：21 *（0－65535，0表示任意端口）

星号（*）为必须填写项

确定 取消

图 4.72　配置页面

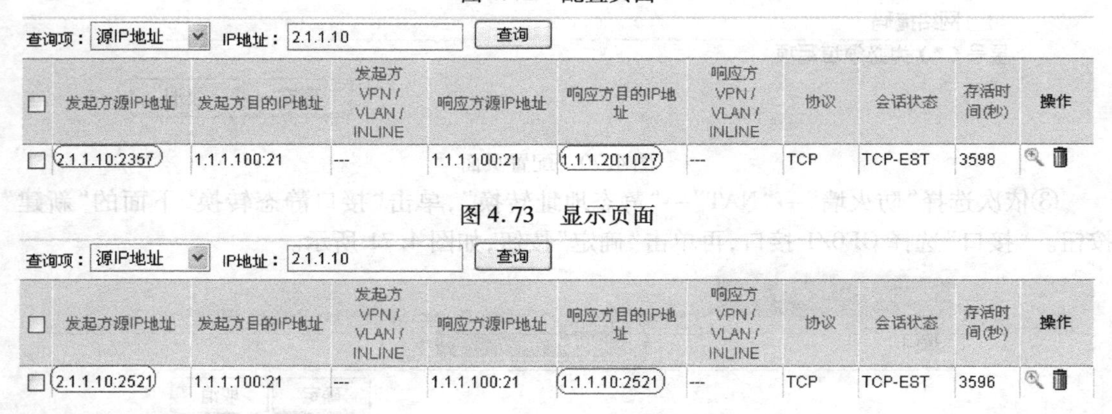

查询项：源IP地址　IP地址：2.1.1.10　查询

☐	发起方源IP地址	发起方目的IP地址	发起方VPN/VLAN/INLINE	响应方源IP地址	响应方目的IP地址	响应方VPN/VLAN/INLINE	协议	会话状态	存活时间(秒)	操作
☐	2.1.1.10:2357	1.1.1.100:21	---	1.1.1.100:21	1.1.1.20:1027	---	TCP	TCP-EST	3598	

图 4.73　显示页面

查询项：源IP地址　IP地址：2.1.1.10　查询

☐	发起方源IP地址	发起方目的IP地址	发起方VPN/VLAN/INLINE	响应方源IP地址	响应方目的IP地址	响应方VPN/VLAN/INLINE	协议	会话状态	存活时间(秒)	操作
☐	2.1.1.10:2521	1.1.1.100:21	---	1.1.1.100:21	1.1.1.10:2521	---	TCP	TCP-EST	3596	

图 4.74　显示页面

步骤 3:Easy IP 方式

在 PC1 上通过 FTP 访问 PC2。选择“防火墙”→“会话管理”→“会话列表”,可以查看到如图 4.75 所示的会话信息。源地址转换成公网出接口地址 1.1.1.1,源端口号 2575 转换成 1024。

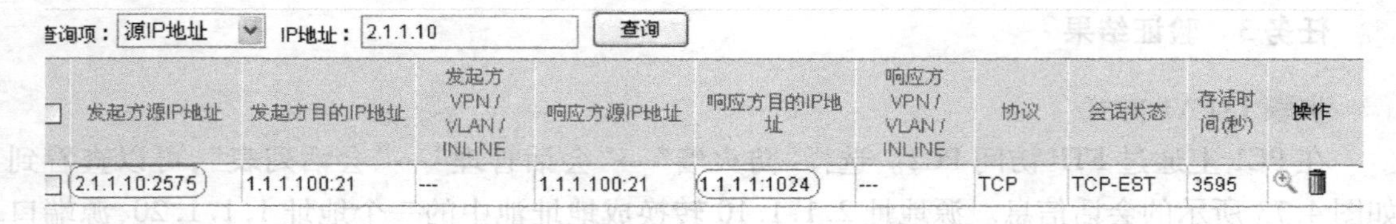

查询项：源IP地址　IP地址：2.1.1.10　查询

☐	发起方源IP地址	发起方目的IP地址	发起方VPN/VLAN/INLINE	响应方源IP地址	响应方目的IP地址	响应方VPN/VLAN/INLINE	协议	会话状态	存活时间(秒)	操作
☐	2.1.1.10:2575	1.1.1.100:21	---	1.1.1.100:21	1.1.1.1:1024	---	TCP	TCP-EST	3595	

图 4.75　显示页面

步骤 4:静态地址方式

在 PC2 上 ftp 到 1.1.1.120,实际是 ftp 到内部的 PC1(2.1.1.10)。选择“防火墙”→“会

话管理"→"会话列表",可以查看到如图4.76所示的会话信息。

查询项：源IP地址　IP地址：1.1.1.100　查询

□	发起方源IP地址	发起方目的IP地址	发起方VPN / VLAN / INLINE	响应方源IP地址	响应方目的IP地址	响应方VPN / VLAN / INLINE	协议	会话状态	存活时间(秒)	操作
□	1.1.1.100:1026	1.1.1.120:21	---	2.1.1.10:21	1.1.1.100:1026	---	TCP	TCP-EST	3578	

图4.76　显示页面

步骤5:内部服务器方式

在PC2上ftp到1.1.1.1,实际是ftp到内部的PC1(2.1.1.10)。选择"防火墙"→"会话管理"→"会话列表",可以查看到如图4.77所示的会话信息。

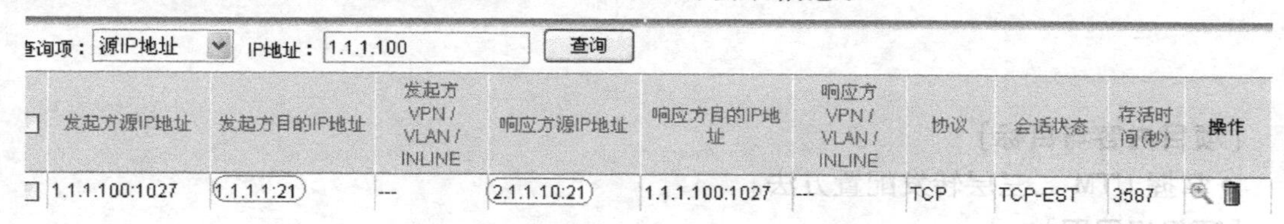

查询项：源IP地址　IP地址：1.1.1.100　查询

□	发起方源IP地址	发起方目的IP地址	发起方VPN / VLAN / INLINE	响应方源IP地址	响应方目的IP地址	响应方VPN / VLAN / INLINE	协议	会话状态	存活时间(秒)	操作
□	1.1.1.100:1027	1.1.1.1:21	---	2.1.1.10:21	1.1.1.100:1027	---	TCP	TCP-EST	3587	

图4.77　显示页面

项目 17

SecPath UTM 二三层转发配置

[项目内容与目标]

- 掌握 UTM 二三层转发配置方法。

[项目组网图]

项目组网 A 如图 4.78 所示：PC1 与 PC2 直接连接在 UTM 设备的 G0/1 和 G0/2 接口。

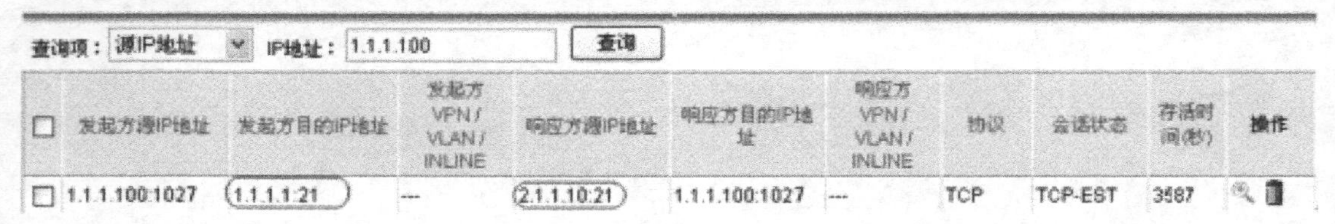

查询项：源IP地址 IP地址：1.1.1.100 查询

	发起方源IP地址	发起方目的IP地址	发起方VPN/VLAN/INLINE	响应方源IP地址	响应方目的IP地址	响应方VPN/VLAN/INLINE	协议	会话状态	存活时间(秒)	操作
□	1.1.1.100:1027	1.1.1.1:21	---	2.1.1.10:21	1.1.1.100:1027	---	TCP	TCP-EST	3587	

图 4.78　项目组网 A

项目组网 B 如图 4.79 所示：PC1 与 PC2 直接连接在交换机 G1/0/1 和 G1/0/10 接口，UTM 的 G0/1 接口与交换机 G1/0/16 相连。

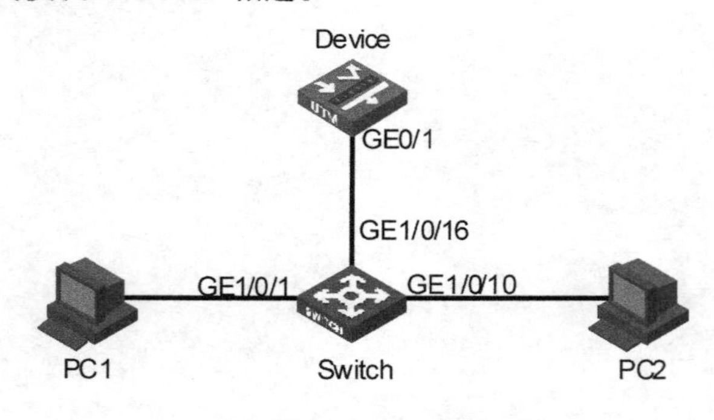

图 4.79　项目组网 B

[背景需求]

它应用在目前流行的多层交换网络中。透明模式适用于原有宽带接入的企业用户。企业已有宽带接入设备，仅利用 UTM 实现应用安全防护功能和安全审计功能，可以最大程度地减小安全网关对现有网络的影响。路由模式或混合模式适用于新增企业用户，本身无接入网关，利用 UTM 作为防护和接入设备。

[所需设备和器材]

本项目所需的主要设备和器材如表 4.6 所示。

表 4.6　所需设备和器材

名称和型号	版　本	数　量	描　述
U200S	CMW F5123P08	1	
S3600	CMW R1702P28	1	
PC	Windows XP SP3	2	
第 5 类 UTP 以太网连接线	—	3	

[任务实施]

任务 1　透明模式配置

步骤 1:普通 VLAN 二层转发

这是指处于相同 VLAN 且 IP 地址配置为同一网段的主机实现互通(图 4.78)。

①在导航栏中选择“设备管理”→“接口管理”,配置接口为二层模式,如图 4.80 所示。

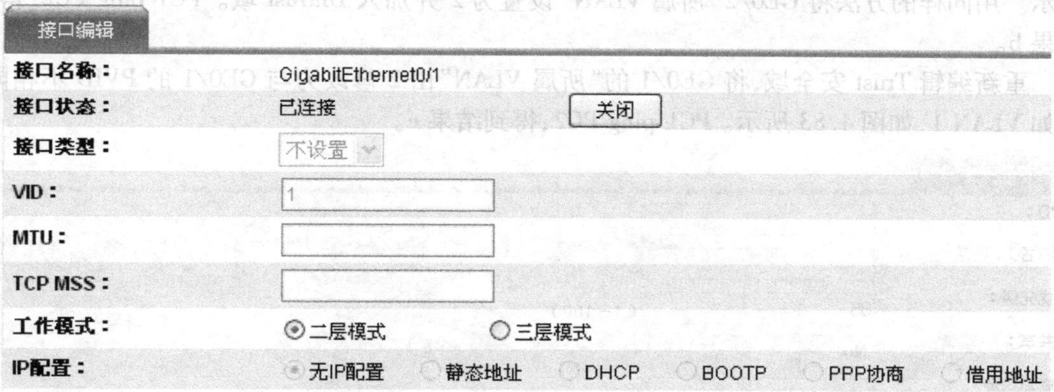

接口编辑
接口名称:GigabitEthernet0/1
接口状态:已连接　关闭
接口类型:不设置
VID:1
MTU:
TCP MSS:
工作模式:⦿二层模式　○三层模式
IP配置:⦿无IP配置　○静态地址　○DHCP　○BOOTP　○PPP协商　○借用地址

(a)

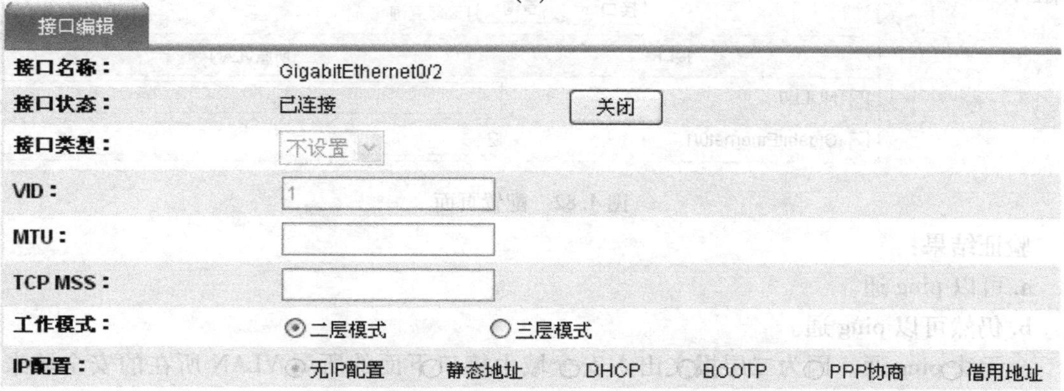

接口编辑
接口名称:GigabitEthernet0/2
接口状态:已连接　关闭
接口类型:不设置
VID:1
MTU:
TCP MSS:
工作模式:⦿二层模式　○三层模式
IP配置:⦿无IP配置　○静态地址　○DHCP　○BOOTP　○PPP协商　○借用地址

(b)

图 4.80　配置页面

②在导航栏中选择“网络管理”→“VLAN”→“VLAN”，新建 VLAN 2，并将接口 GE0/1 和 GE0/2 加入 VLAN 2，如图 4.81 所示。

修改VLAN

ID：2

描述：VLAN 0002 *（1－32字符）

端口	Untagged 成员端口	Tagged 成员端口	非成员
GigabitEthernet0/1	◉	○	○
GigabitEthernet0/2	◉	○	○

图 4.81　配置页面

PC 机 IP 配置如下：

PC1：192.168.2.10/24

PC2：192.168.2.11/24

③在导航栏中选择“设备管理”→“安全域”，编辑 root 虚拟设备下的 Trust 安全域，将 GE0/1 加入 Trust 安全域，将 GE0/2 加入 Untrust 安全域。PC1 ping PC2，得到结果 a。

重新编辑 Trust 安全域，将 GE0/1 的“所属 VLAN”由默认的 1－4094 修改为 2，如图 4.82 所示。用同样的方法将 GE0/2“所属 VLAN”设置为 2 并加入 Untrust 域。PC1 ping PC2，得到结果 b。

重新编辑 Trust 安全域，将 GE0/1 的“所属 VLAN”由 2 修改为与 GE0/1 的 PVID 不相同，比如 VLAN 1，如图 4.83 所示。PC1 ping PC2，得到结果 c。

修改安全域

ID：2

域名：Trust

优先级：85 （1－100）

共享：No

虚拟设备：Root

接口：　接口　查询 | 高级查询

☐ 接口	所属VLAN
☐ NULL0	
☑ GigabitEthernet0/1	2

图 4.82　配置页面

验证结果：

a. 可以 ping 通。

b. 仍然可以 ping 通。

c. 无法 ping 通。因为二层报文出入安全域由接口下面的所属 VLAN 所在的安全域来决定，本典型配置中因为 GE0/1 收上来的是 VLAN 2 的报文，而将 GE0/1 加入 Trust 域时，没有将 GE0/2 的所属 VLAN 2 加入 Trust 域。

注意：

修改安全域

ID：2

域名：Trust

优先级：85 (1-100)

共享：No

虚拟设备：Root

接口：接口 查询 | 高级查询

接口	所属VLAN
NULL0	
GigabitEthernet0/1	1

图4.83　配置页面

当编辑二层接口的所属VLAN时，应对其严格限制，之所以不把其他的VLAN也加入"所属VLAN"里来的原因是二层口可能被本虚拟设备的其他安全域用到。

步骤2：INLINE转发

①配置INLINE转发组(图4.78)。在导航栏中选择"网络管理"→"Inline转发"，配置"策略ID"为"1"，将端口GigabitEthernet0/1和GigabitEthernet0/2设置为同一转发组(须事先配置该两个端口为二层口)，如图4.84所示。

新建二层INLINE转发策略

策略ID：1 *(1-100)

策略类型：Forward

端口：GigabitEthernet0/1

对端端口：GigabitEthernet0/2

星号(*)为必须填写项

确定　取消

图4.84　配置页面

PC机IP配置如下：

PC1：192.168.2.10/24

PC2：192.168.2.11/24

②将GigabitEthernet0/1加入Trust安全域，将GigabitEthernet0/2加入Untrust安全域。从PC1 ping PC2，得到结果a。配置GigabitEthernet0/1属于VLAN 2，GigabitEthernet0/2属于VLAN 3，再从PC1 ping PC2，得到结果b。配置GigabitEthernet0/1为access端口，GigabitEthernet0/2为trunk端口，再从PC1 ping PC2，得到结果c。

验证结果：

a. 可以ping通。

b. 仍然可以ping通。

c. 能够ping通(配置INLINE转发后，端口下VLAN的配置及端口类型配置对流量转发均无影响)。

注意：

a. INLINE 转发依赖于所配置的 INLINE 转发组进行转发,不按 MAC 地址转发。

b. INLINE 转发只能在二层物理接口上配置,不支持子接口及虚接口。

c. INLINE 转发只在入口处检查报文 Tag,目的是检查是否要走三层转发,所以报文发起方所在接口的"所属 VLAN"影响报文的转发,注意不是端口的 PVID,是 Web 页面上的配置。即:INLINE 转发仅判断入报文的 VLAN Tag 是否为本虚拟设备安全域中的 VLAN 成员;若是则放行,否则则不通。

d. 入端口如果是 Access 端口,一样可以接收带不同 VLAN Tag 的报文,并不检查 VLAN Tag 是否与自身 PVID 一致;而纯二层转发时,端口只接收与自身 PVID 相同的带 Tag 或不带 Tag 的报文。

e. 在 trunk 口上配置 INLINE 转发,入口配置的 permit vlan 不影响转发。而纯二层转发时,trunk 端口只转发允许的 VLAN。

f. 报文经过 G0/2 转出时 Tag 并没有去掉,而是直接透传。流量在配置好的 INLINE 组内两接口上转发,经过安全模块处理后透传出去,出接口对报文不作任何修改。

步骤 3:跨 VLAN 二层转发

这是指处于不同 VLAN 但是 IP 地址配置为同一网段的主机实现互通(图 4.79)。

①命令行配置(交换机):

```
#
interface GigabitEthernet1/0/1
 port access vlan 102
#
interface GigabitEthernet1/0/10
 port access vlan 103
#
interface GigabitEthernet1/0/16
port link-type trunk
undo port trunk permit vlan 1
port trunk permit vlan 102 to 103
#
```

②命令行配置(UTM):

```
#
vlan 102 to 103
#
vlan 1000
#
interface GigabitEthernet0/1
port link-mode bridge
port link-type trunk
port trunk permit vlan 1 102 to 103
#
```

③Web 配置(UTM):

a. 在导航栏中选择“设备管理”→“接口管理”，新建二层子接口 GE0/1.102 和 GE0/1.103，如图 4.85 所示。

接口创建

接口名称：GigabitEthernet0/1 . 102 *(1－4094)

VID：(1－4094)

MTU：

TCP MSS：

IP配置：无IP配置　静态地址　DHCP　BOOTP　PPP协商　借用地址

图 4.85　配置页面

b. 在导航栏中选择“网络管理”→“VLAN”→“VLAN”，将接口 GE0/1.102 和 GE0/1.103 都加入 VLAN 1000，如图 4.86。

修改VLAN

ID：1000

描述：VLAN 1000 *(1－32字符)

端口	Untagged 成员端口	Tagged 成员端口	非成员
GigabitEthernet0/1	○	○	◉
GigabitEthernet0/2	○	○	◉
GigabitEthernet0/1.102	◉	○	○
GigabitEthernet0/1.103	◉	○	○

图 4.86　配置页面

c. 在导航栏中选择“设备管理”→“安全域”，将 GE0/1 和 GigabitEthernet0/1.102 加入 Trust 安全域(所属 VLAN 应包含 1000)，将 GigabitEthernet0/1.103 加入 Untrust 安全域(所属 VLAN 应包含 1000)，如图 4.87 所示。

PC 机 IP 配置如下：

修改安全域

ID：2

域名：Trust

优先级：85 (1－100)

共享：No

虚拟设备：Root

接口：接口 查询 | 高级查询

☐	接口	所属VLAN
☐	NULL0	
☑	GigabitEthernet0/1	1-4094
☑	GigabitEthernet0/1.102	1-4094

图 4.87　配置页面

PC1:192.168.2.10/24

PC2:192.168.2.11/24

从 PC1 ping PC2 地址:192.168.2.10,得到结果 a;

从 PC2 ping PC1 地址:192.168.2.11,得到结果 b;

再将 GigabitEthernet0/1 加入 Untrust 域后,PC1 ping PC2,得到结果 c;

Device 删除 VLAN 1000,只有 VLAN 102 103,PC1 ping PC2,得到结果 d;

Device 删除 VLAN 102 103,只有 VLAN 1000,PC1 ping PC2,得到结果 e。

④在非默认虚拟设备中配置跨 VLAN 二层转发。

a. 在导航栏中选择“设备管理”→“虚拟设备管理”→“虚拟设备配置”,单击“新建”按钮,创建新的虚拟设备“H3C”,如图 4.88 所示。

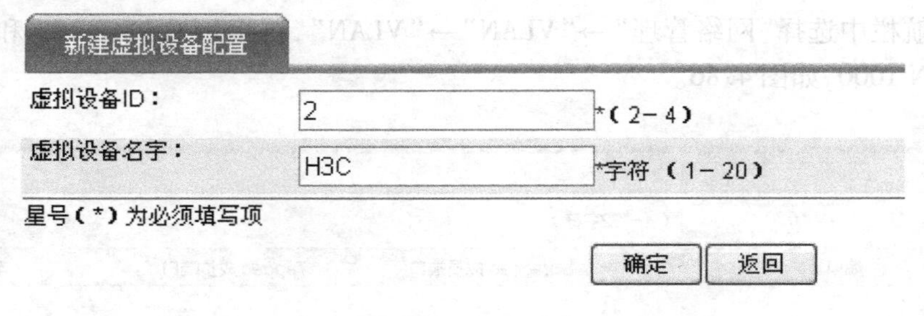

图 4.88　配置页面

b. 在导航栏中选择“设备管理”→“虚拟设备管理”→“VLAN 成员”,将 VLAN 1000 设置为虚拟设备 H3C 的 VLAN 成员,如图 4.89 所示。

所属虚拟设备	VLAN范围	操作
Root	1-4094	
H3C	1000	

VLAN范围为（1－4094），且多个VLAN之间应以","及"-"连接，例如：3,5-10

确定　取消

图 4.89　配置页面

c. 在导航栏中选择“设备管理”→“安全域管理”,分别创建属于虚拟设备 H3C 的安全域 H3C_trust 和 H3C_untrust,如图 4.90 所示。

将 GE0/1.102 加入 H3C_trust 安全域,GE0/1.103 加入 H3C_untrust 安全域。PC1 ping PC2,得到结果 f。

验证结果:

a. PC1 能够 ping 通 PC2。

b. PC2 不能够 ping 通 PC1(PC2 处于 Untrust 安全域,PC1 处于 Trust 安全域,Trust 域优先级高于 Untrust 域优先级)。

c. PC1 能够 ping 通 PC2(物理口工作在桥模式,使用二层子接口实现跨 VLAN 转发,出入报文域由二层子接口所在安全域确定,将 GigabitEthernet0/1 加入 untrust 域不影响互通)。

d. PC1 能够 ping 通 PC2(删除 VLAN 1000 后,子接口 GE0/1.102,GE0/1.103 默认属于 VLAN 1,所以流量能通过)。

e. PC1 不能够 ping 通 PC2(vlan 不存在,无法建立二层转发表)。

f. PC1 能够 ping 通 PC2。

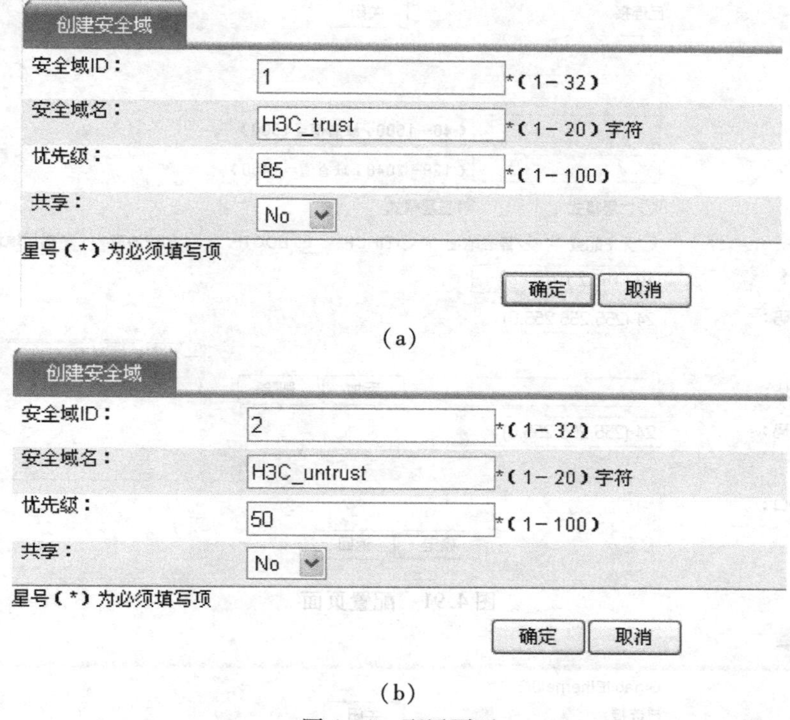

(b)

图 4.90　配置页面

注意事项:

a. 配置跨 VLAN 二层转发时,要保证存在与二层子接口 ID 相同的 VLAN 才能正常转发。

b. 物理口工作在桥模式,使用二层子接口实现跨 VLAN 转发,出入报文域由二层子接口所在安全域确定,不受物理口所在安全域的影响。

c. 跨 VLAN 二层转发时,加入安全域的子接口的 VLAN 范围要包含子接口的 PVID,才能通流量。

d. 子接口下若不配置 VLAN,则 PVID 为 1,在设置加入域的 VLAN 范围时要包含 VLAN 1。

e. 跨 VLAN 二层转发时,不要将子接口 PVID 配置为和子接口 ID 相同,否则下游交换机 MAC 学习可能会产生问题,该问题已列为缺陷。

任务 2　路由模式配置

步骤 1:三层接口转发

这是指处于不同网段的主机通过路由的方式实现互通(图 4.78)。

①在导航栏中选择“设备管理”→“接口管理”,配置 G0/1 接口为三层模式,并配置 IP 地址为 192.168.2.1/24,如图 4.91 所示;配置 G0/2 接口为三层模式,并配置 IP 地址为 192.168.3.1/24,如图 4.92 所示。

②在导航栏中选择“设备管理”→“安全域”,将 G0/1 接口加入 Trust 安全域,如图 4.93 所示;将 G0/2 接口加入 Untrust 安全域,如图 4.94 所示。

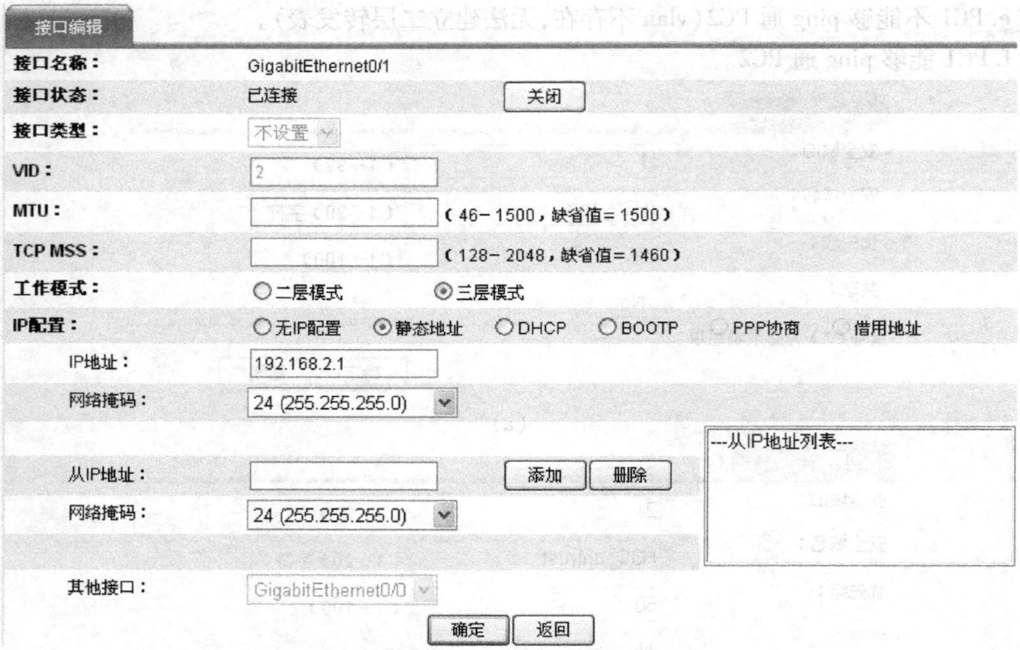

接口编辑

接口名称： GigabitEthernet0/1

接口状态： 已连接 关闭

接口类型： 不设置

VID： 2

MTU： （46－1500，缺省值＝1500）

TCP MSS： （128－2048，缺省值＝1460）

工作模式： ○二层模式 ⊙三层模式

IP配置： ○无IP配置 ⊙静态地址 ○DHCP ○BOOTP ○PPP协商 ○借用地址

IP地址： 192.168.2.1

网络掩码： 24 (255.255.255.0)

---从IP地址列表---

从IP地址： 添加 删除

网络掩码： 24 (255.255.255.0)

其他接口： GigabitEthernet0/0

确定 返回

图 4.91 配置页面

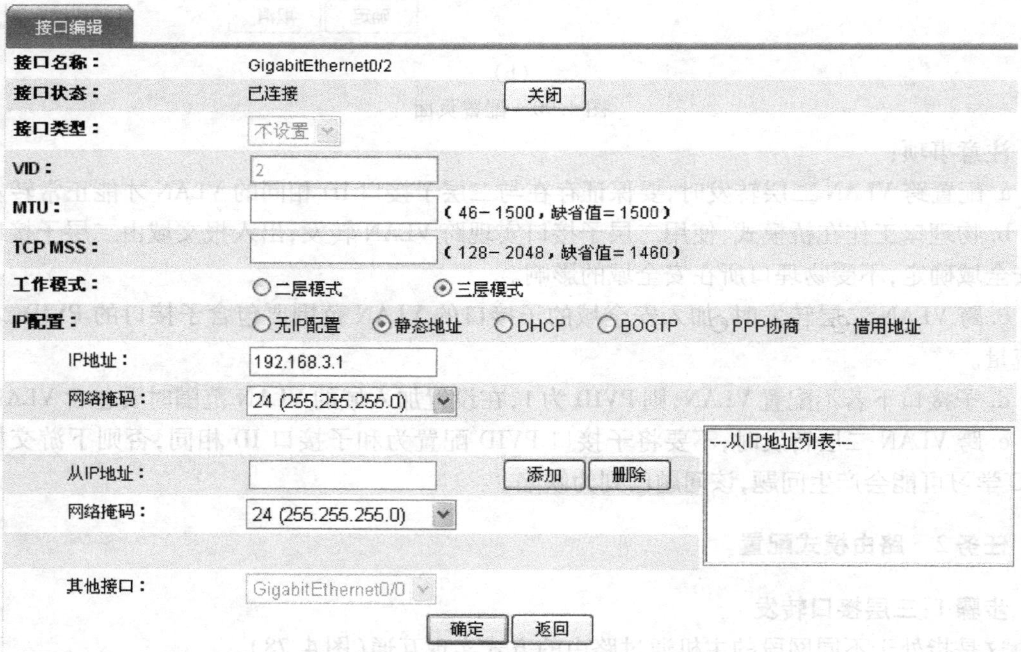

接口编辑

接口名称： GigabitEthernet0/2

接口状态： 已连接 关闭

接口类型： 不设置

VID： 2

MTU： （46－1500，缺省值＝1500）

TCP MSS： （128－2048，缺省值＝1460）

工作模式： ○二层模式 ⊙三层模式

IP配置： ○无IP配置 ⊙静态地址 ○DHCP ○BOOTP ○PPP协商 ○借用地址

IP地址： 192.168.3.1

网络掩码： 24 (255.255.255.0)

---从IP地址列表---

从IP地址： 添加 删除

网络掩码： 24 (255.255.255.0)

其他接口： GigabitEthernet0/0

确定 返回

图 4.92 配置页面

③在导航栏中选择“防火墙”→“NAT”→“动态地址转换”，在 G0/2 接口上配置动态地址转换，ACL 策略为 3000，地址转换方式为 Easy IP，如图 4.95 所示。其中，ACL3000 的规则为允许源地址为 192.168.2.0/24 的报文通过，如图 4.96 所示。

验证结果：

修改安全域

ID： 2

域名： Trust

优先级： 85 （1－100）

共享： No

虚拟设备： Root

接口： 接口 查询 | 高级查询

接口	所属VLAN
☑ GigabitEthernet0/1	
☐ NULL0	

所输入的VLAN范围应以","及"-"连接，例如：3,5-10

星号（*）为必须填写项

确定　取消

图 4.93　配置页面

修改安全域

ID： 4

域名： Untrust

优先级： 5 （1－100）

共享： No

虚拟设备： Root

接口： 接口 查询 | 高级查询

接口	所属VLAN
☑ GigabitEthernet0/2	
☐ NULL0	

所输入的VLAN范围应以","及"-"连接，例如：3,5-10

星号（*）为必须填写项

确定　取消

图 4.94　配置页面

地址转换关联

接口	ACL	地址池索引	地址转换方式	外网VPN实例	操作
GigabitEthernet0/2	3000		Easy IP		

图 4.95　配置页面

高级ACL3000

规则ID	操作	描述	时间段	操作
0	permit	ip source 192.168.2.0 0.0.0.255	无限制	

图 4.96　配置页面

PC1 配置 IP 地址为 192. 168. 2. 10/24，网关为 192. 168. 2. 1；PC2 配置 IP 地址为 192. 168. 3. 11/24，网关为 192. 168. 3. 1。PC1 可以 ping 通 PC2，并且 Device 上显示相应的会话信息，如图 4.97 所示。

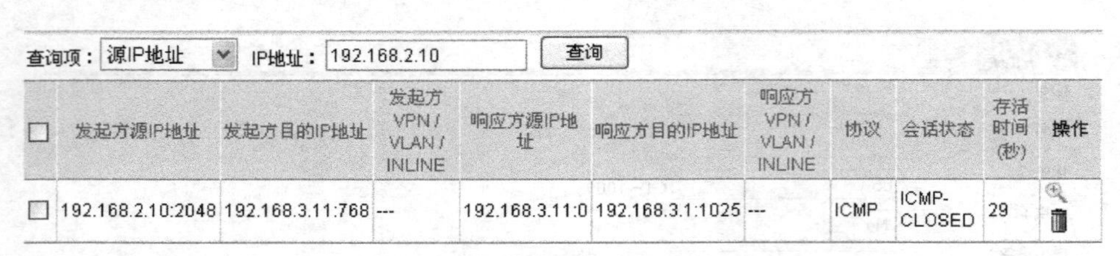

查询项：源IP地址 IP地址：192.168.2.10 查询

☐	发起方源IP地址	发起方目的IP地址	发起方VPN / VLAN / INLINE	响应方源IP地址	响应方目的IP地址	响应方VPN / VLAN / INLINE	协议	会话状态	存活时间(秒)	操作
☐	192.168.2.10:2048	192.168.3.11:768	---	192.168.3.11:0	192.168.3.1:1025	---	ICMP	ICMP-CLOSED	29	

图 4.97　配置页面

步骤 2：跨 VLAN 三层转发（通过 VLAN 虚接口转发）

这是指通过 VLAN 虚接口转发（图 4.78）。

①在导航栏中选择“设备管理”→“接口管理”，配置 GE0/1 接口为二层模式 access 接口，加入 VLAN 2，新建 Vlan-interface 2，并配置 IP 地址为 192.168.2.1/24，如图 4.99 所示；配置 GE0/2 接口为二层模式 access 接口，加入 VLAN 3，新建 Vlan-interface 3，并配置 IP 地址为 192.168.3.1/24，如图 4.99 所示。

接口创建
接口名称：Vlan-interface 2 *（1－4094）
VID：
MTU：
TCP MSS：
IP配置：○无IP配置 ⊙静态地址 ○DHCP ○BOOTP ○PPP协商 ○借用地址
IP地址：192.168.2.1
网络掩码：24 (255.255.255.0)
从IP地址： 添加 删除 ---从IP地址列表---
网络掩码：24 (255.255.255.0)
其他接口：GigabitEthernet0/0
星号（*）为必须填写项
确定 返回

图 4.98　配置页面

接口创建
接口名称：Vlan-interface 3 *（1－4094）
VID：
MTU：
TCP MSS：
IP配置：○无IP配置 ⊙静态地址 ○DHCP ○BOOTP ○PPP协商 ○借用地址
IP地址：192.168.3.1
网络掩码：24 (255.255.255.0)
从IP地址： 添加 删除 ---从IP地址列表---
网络掩码：24 (255.255.255.0)
其他接口：GigabitEthernet0/0
星号（*）为必须填写项
确定 返回

图 4.99　配置页面

②在导航栏中选择“设备管理”→“安全域”，将 Vlan-interface2 接口加入 Trust 安全域，如图4.100所示；将 Vlan-interface3 加入 Untrust 安全域，如图4.101所示。

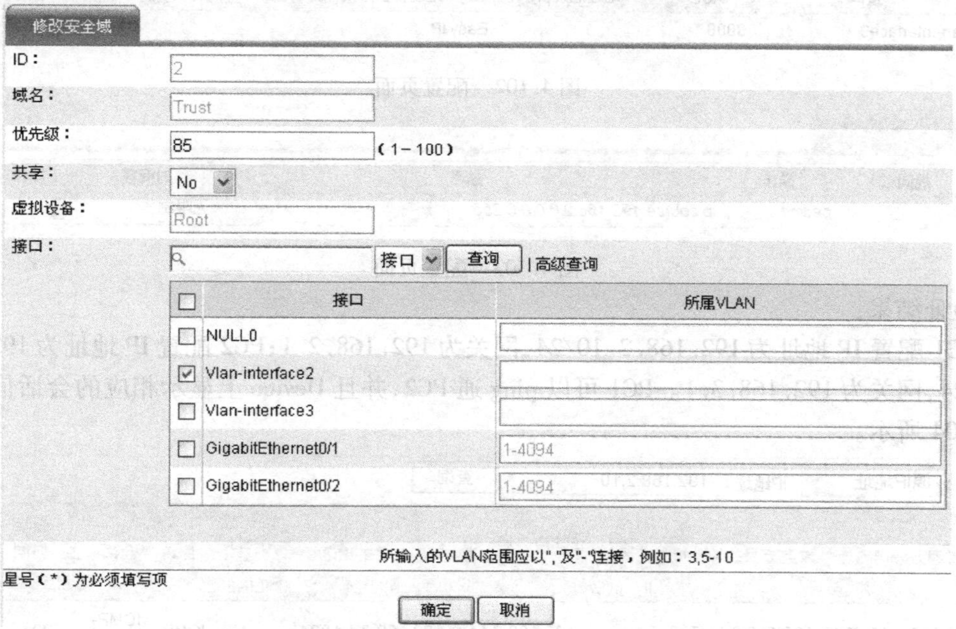

修改安全域

ID：2

域名：Trust

优先级：85 （1－100）

共享：No

虚拟设备：Root

接口：　接口　查询 | 高级查询

	接口	所属VLAN
☐	NULL0	
☑	Vlan-interface2	
☐	Vlan-interface3	
☐	GigabitEthernet0/1	1-4094
☐	GigabitEthernet0/2	1-4094

所输入的VLAN范围应以","及"-"连接，例如：3,5-10

星号（*）为必须填写项

确定　取消

图4.100 配置页面

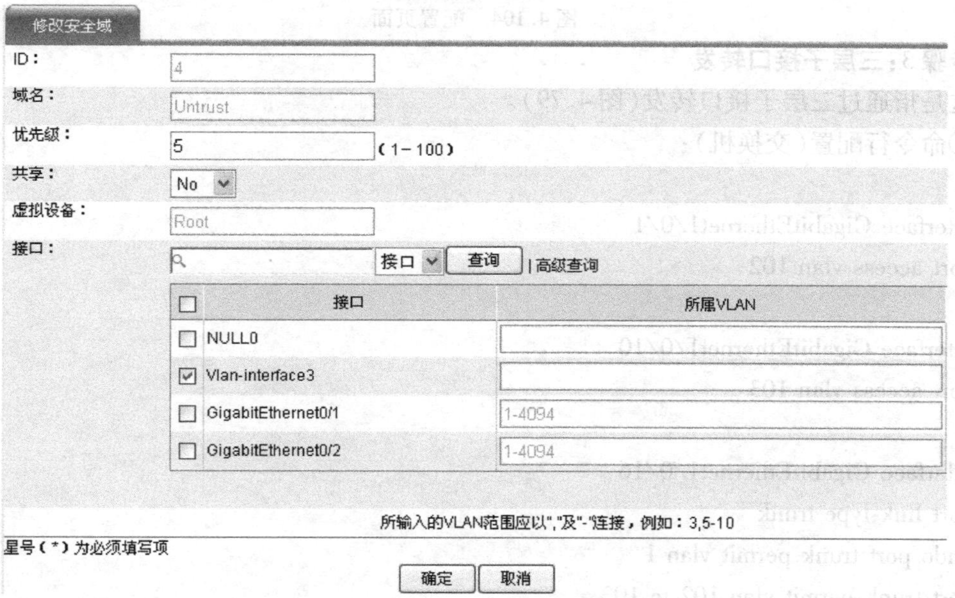

修改安全域

ID：4

域名：Untrust

优先级：5 （1－100）

共享：No

虚拟设备：Root

接口：　接口　查询 | 高级查询

	接口	所属VLAN
☐	NULL0	
☑	Vlan-interface3	
☐	GigabitEthernet0/1	1-4094
☐	GigabitEthernet0/2	1-4094

所输入的VLAN范围应以","及"-"连接，例如：3,5-10

星号（*）为必须填写项

确定　取消

图4.101 配置页面

③在导航栏中选择“防火墙”→“NAT”→“动态地址转换”，在 Vlan-interface3 接口上配置动态地址转换，ACL 策略为3000，地址转换方式为 Easy IP，如图4.102所示。其中，ACL3000 的规则为允许源地址为192.168.2.0/24的报文通过，如图4.103所示。

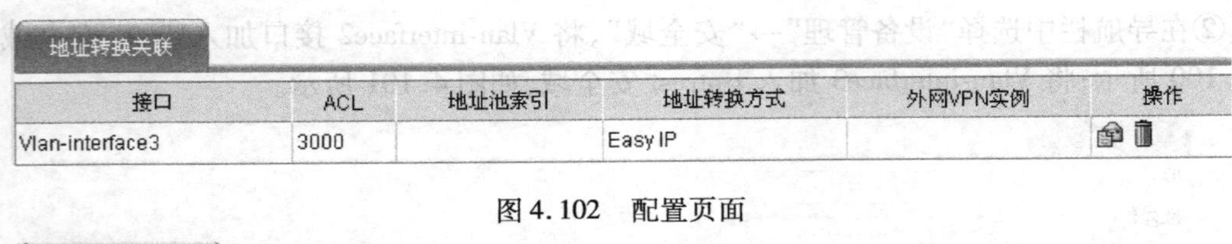

地址转换关联

接口	ACL	地址池索引	地址转换方式	外网VPN实例	操作
Vlan-interface3	3000		Easy IP		

图 4.102　配置页面

高级ACL3000

规则ID	操作	描述	时间段	操作
0	permit	ip source 192.168.2.0 0.0.0.255	无限制	

图 4.103　配置页面

验证结果：

PC1 配置 IP 地址为 192.168.2.10/24，网关为 192.168.2.1；PC2 配置 IP 地址为 192.168.3.11/24，网关为 192.168.3.1。PC1 可以 ping 通 PC2，并且 Device 上显示相应的会话信息，如图 4.104 所示。

查询项：源IP地址　IP地址：192.168.2.10　查询

	发起方源IP地址	发起方目的IP地址	发起方VPN / VLAN / INLINE	响应方源IP地址	响应方目的IP地址	响应方VPN / VLAN / INLINE	协议	会话状态	存活时间(秒)	操作
□	192.168.2.10:2048	192.168.3.11:768	---	192.168.3.11:0	192.168.3.1:1024	---	ICMP	ICMP-CLOSED	29	

图 4.104　配置页面

步骤 3：三层子接口转发

这是指通过三层子接口转发（图 4.79）。

①命令行配置（交换机）：

```
#
interface GigabitEthernet1/0/1
port access vlan 102
#
interface GigabitEthernet1/0/10
port access vlan 103
#
interface GigabitEthernet1/0/16
port link-type trunk
undo port trunk permit vlan 1
port trunk permit vlan 102 to 103
#
```

②UTM 配置：在导航栏中选择“设备管理”→“接口管理”，如图 4.105 所示；配置 GE0/1 口为三层模式，新建子接口 GE0/1.1，配置 VID 为 102，IP 地址为 192.168.2.1/24，如图 4.106 所示；新建子接口 GE0/1.2，配置 VID 为 103，IP 地址为 192.168.3.1/24，如图 4.107 所示。

③在导航栏中选择“设备管理”→“安全域”，编辑 Trust 安全域，将 GigabitEthernet0/1.1 加

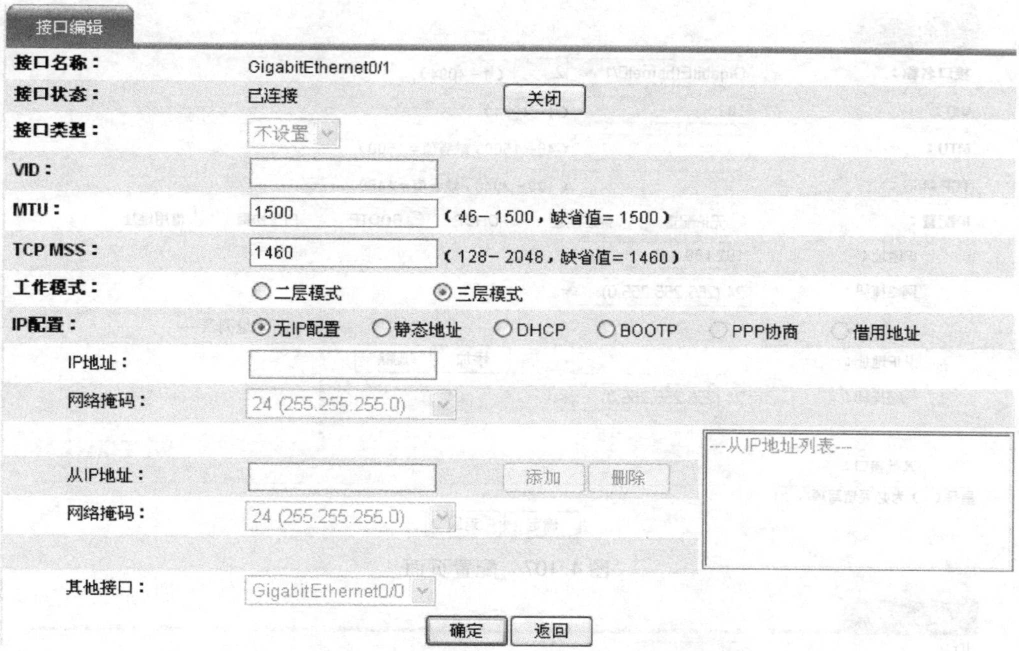

接口编辑

接口名称:	GigabitEthernet0/1	
接口状态:	已连接	关闭
接口类型:	不设置	
VID:		
MTU:	1500	(46－1500,缺省值=1500)
TCP MSS:	1460	(128－2048,缺省值=1460)
工作模式:	○二层模式　⊙三层模式	
IP配置:	⊙无IP配置　○静态地址　○DHCP　○BOOTP　○PPP协商　○借用地址	
IP地址:		
网络掩码:	24 (255.255.255.0)	
从IP地址:		添加　删除　---从IP地址列表---
网络掩码:	24 (255.255.255.0)	
其他接口:	GigabitEthernet0/0	

确定　返回

图4.105　配置页面

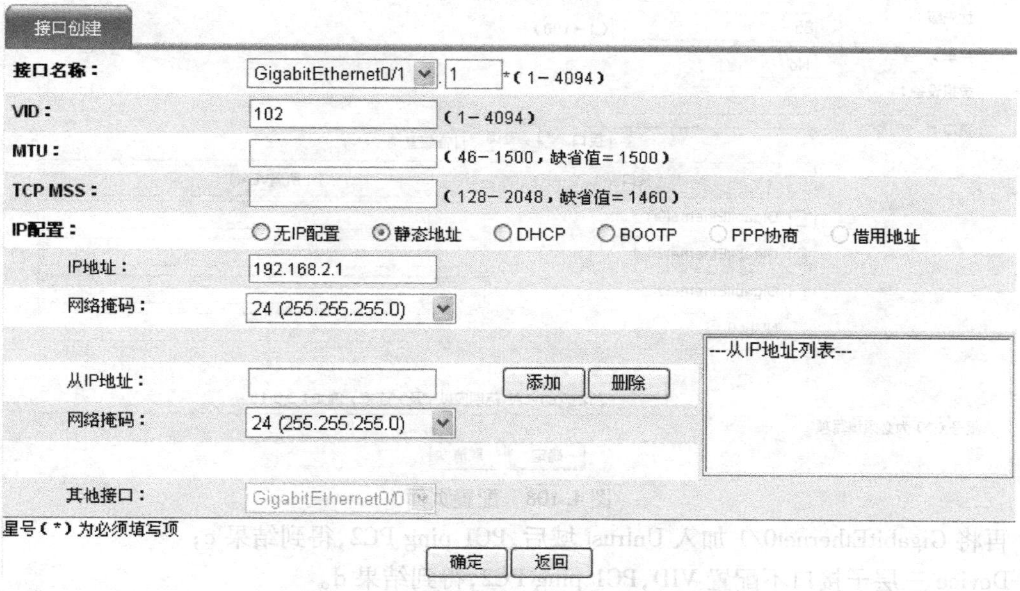

接口创建

接口名称:	GigabitEthernet0/1 . 1	*(1－4094)
VID:	102	(1－4094)
MTU:		(46－1500,缺省值=1500)
TCP MSS:		(128－2048,缺省值=1460)
IP配置:	○无IP配置　⊙静态地址　○DHCP　○BOOTP　○PPP协商　○借用地址	
IP地址:	192.168.2.1	
网络掩码:	24 (255.255.255.0)	
从IP地址:		添加　删除　---从IP地址列表---
网络掩码:	24 (255.255.255.0)	
其他接口:	GigabitEthernet0/0	

星号(*)为必须填写项

确定　返回

图4.106　配置页面

入该域,如图4.108所示;将GigabitEthernet0/1.2加入Untrust安全域。

PC IP地址配置:

PC1:192.168.2.10,默认网关:192.168.2.1。

PC2:192.168.3.11,默认网关:192.168.3.1。

从PC1 ping PC2地址:192.168.2.1, 得到结果a;

从PC2 ping PC1地址:192.168.3.1,得到结果b;

接口创建

接口名称：GigabitEthernet0/1 . 2 *（1－4094）

VID：103（1－4094）

MTU：（46－1500，缺省值=1500）

TCP MSS：（128－2048，缺省值=1460）

IP配置：无IP配置 静态地址 DHCP BOOTP PPP协商 借用地址

IP地址：192.168.3.1

网络掩码：24 (255.255.255.0)

从IP地址：添加 删除 ---从IP地址列表---

网络掩码：24 (255.255.255.0)

其他接口：GigabitEthernet0/0

星号（*）为必须填写项

确定 返回

图 4.107　配置页面

修改安全域

ID：2

域名：Trust

优先级：85（1－100）

共享：No

虚拟设备：Root

接口：接口 查询 | 高级查询

	接口	所属VLAN
☐	GigabitEthernet0/1	
☑	GigabitEthernet0/1.1	
☐	GigabitEthernet0/2	
☐	NULL0	

所输入的VLAN范围应以","及"-"连接，例如：3,5-10

星号（*）为必须填写项

确定 取消

图 4.108　配置页面

再将 GigabitEthernet0/1 加入 Untrust 域后，PC1 ping PC2，得到结果 c；

Device 三层子接口不配置 VID，PC1 ping PC2，得到结果 d。

④在非默认虚拟设备中配置三层子接口转发，创建虚拟设备 H3C，并添加属于虚拟设备 H3C 的两个安全域：H3C_trust 和 H3C_untrust，将子接口 GE0/1.1 和 GE0/1.2 加入虚拟设备 H3C 的接口成员中，如图 4.109 所示。

将 GE0/1.1 和 GE0/1.2 分别加入到 H3C_trust 和 H3C_untrust 安全域，PC1 ping PC2，得到结果 e。

验证结果：

a. 能够 ping 通。

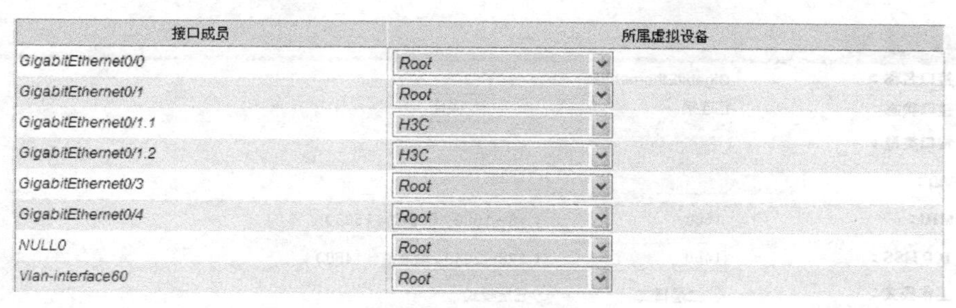

接口成员	所属虚拟设备
GigabitEthernet0/0	Root
GigabitEthernet0/1	Root
GigabitEthernet0/1.1	H3C
GigabitEthernet0/1.2	H3C
GigabitEthernet0/3	Root
GigabitEthernet0/4	Root
NULL0	Root
Vlan-interface60	Root

图4.109　配置页面

b. 不能 ping 通。

c. 能够 ping 通(物理口工作在路由模式,使用三层子接口转发,出入报文域由三层子接口所在安全域确定)。

d. 不能 ping 通(需要使用 VID 来指定 Tag 类型及 VLAN)。

e. 能够 ping 通。

注意:

a. 物理口工作在路由模式,使用三层子接口转发,报文出入安全域由三层子接口所在的安全域确定。

b. 在非默认虚拟设备中实现三层子接口转发时,参与转发的子接口要成为该虚拟设备的接口成员,关于此项不再详细说明。

任务3　混合模式配置

步骤1:普通混合模式

这是指 VLAN 虚接口与三层接口混合组网(图4.78)。

①在导航栏中选择"设备管理"→"接口管理",配置 G0/1 接口为二层模式 access 接口,加入 VLAN 2,新建 Vlan-interface 2,并配置 IP 地址为 192.168.2.1/24,如图4.110 所示;配置 G0/2 接口为三层模式,并配置 IP 地址为 192.168.3.1/24,如图4.111 所示。

接口创建
接口名称: Vlan-interface 2 *(1-4094)
VID:
MTU:
TCP MSS:
IP配置: ○无IP配置 ⦿静态地址 ○DHCP ○BOOTP ○PPP协商 ○借用地址
IP地址: 192.168.2.1
网络掩码: 24 (255.255.255.0)
从IP地址: 添加 删除 ---从IP地址列表---
网络掩码: 24 (255.255.255.0)
其他接口: GigabitEthernet0/0
星号(*)为必须填写项
确定 返回

图4.110　配置页面

②在导航栏中选择"设备管理"→"安全域",将 Vlan-interface2 接口加入 Trust 安全域,如图4.112 所示;将 GE0/2 接口加入 Untrust 安全域,如图4.113 所示。

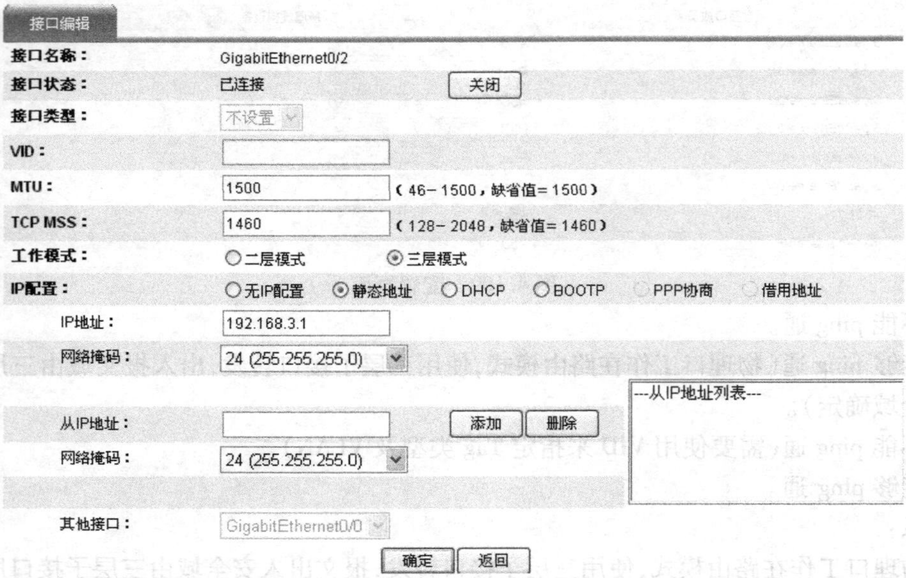

接口编辑

接口名称：GigabitEthernet0/2

接口状态：已连接　关闭

接口类型：不设置

VID：

MTU：1500（46－1500，缺省值＝1500）

TCP MSS：1460（128－2048，缺省值＝1460）

工作模式：○二层模式　⦿三层模式

IP配置：○无IP配置　⦿静态地址　○DHCP　○BOOTP　PPP协商　借用地址

IP地址：192.168.3.1

网络掩码：24 (255.255.255.0)

---从IP地址列表---

从IP地址：　添加　删除

网络掩码：24 (255.255.255.0)

其他接口：GigabitEthernet0/0

确定　返回

图 4.111　配置页面

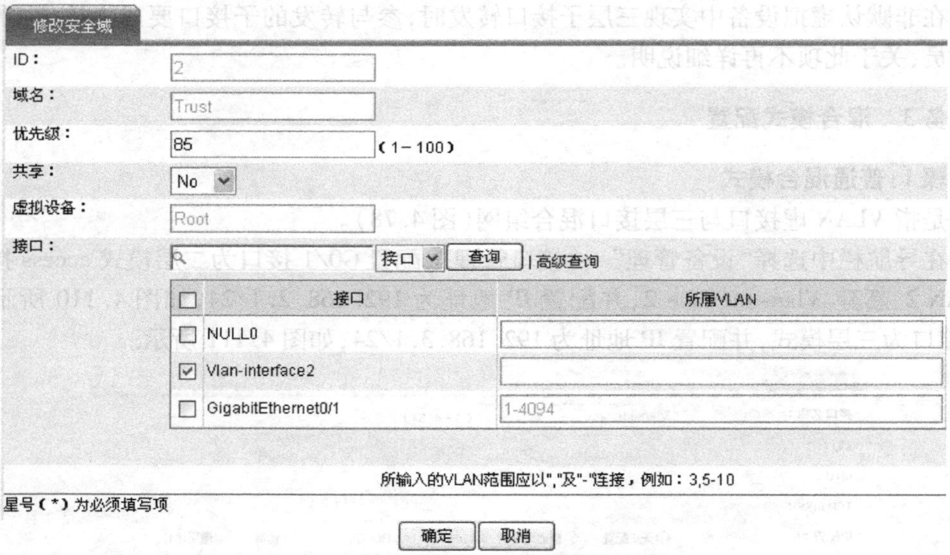

修改安全域

ID：2

域名：Trust

优先级：85（1－100）

共享：No

虚拟设备：Root

接口：　接口　查询　| 高级查询

☐	接口	所属VLAN
☐	NULL0	
☑	Vlan-interface2	
☐	GigabitEthernet0/1	1-4094

所输入的VLAN范围应以","及"-"连接，例如：3,5-10

星号（*）为必须填写项

确定　取消

图 4.112　配置页面

③在导航栏中选择“防火墙”→“NAT”→“动态地址转换”，在 GE0/2 接口上配置动态地址转换，ACL 策略为 3000，地址转换方式为 Easy IP，如图 4.114 所示。其中，ACL3000 的规则为允许源地址为 192.168.2.0/24 的报文通过，如图 4.115 所示。

验证结果：

PC1 配置 IP 地址为 192.168.2.10/24，网关为 192.168.2.1；PC2 配置 IP 地址为 192.168.3.11/24，网关为 192.168.3.1。PC1 可以 ping 通 PC2，并且 Device 上显示相应的会话信息如图 4.116 所示。

步骤 2：二三层混合转发模式

①命令行配置（交换机）：

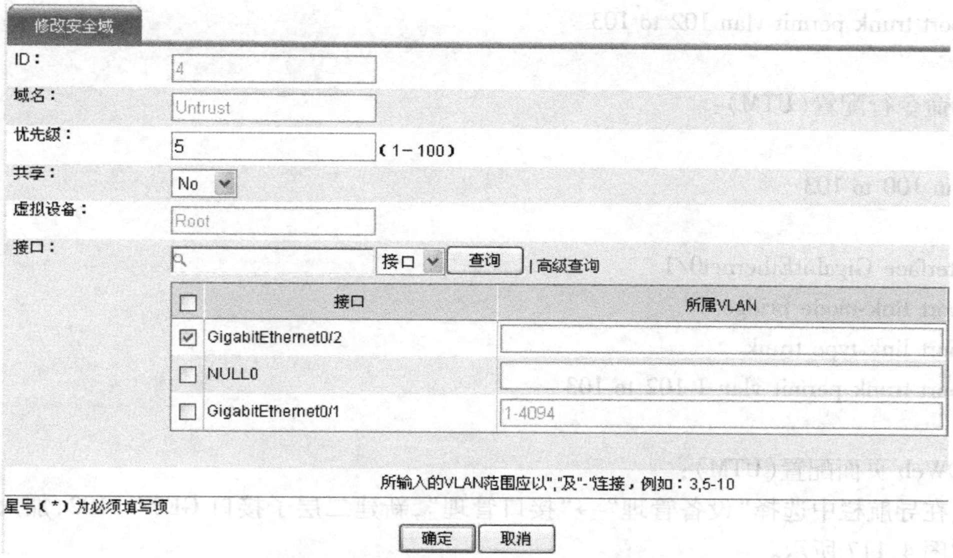

修改安全域

ID：4

域名：Untrust

优先级：5 (1－100)

共享：No

虚拟设备：Root

接口：接口 查询 | 高级查询

☐	接口	所属VLAN
☑	GigabitEthernet0/2	
☐	NULL0	
☐	GigabitEthernet0/1	1-4094

所输入的VLAN范围应以","及"-"连接，例如：3,5-10

星号(*)为必须填写项

确定　取消

图4.113　配置页面

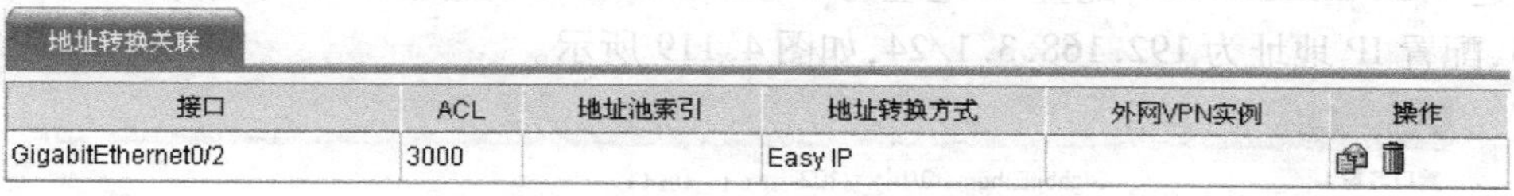

地址转换关联

接口	ACL	地址池索引	地址转换方式	外网VPN实例	操作
GigabitEthernet0/2	3000		Easy IP		

图4.114　配置页面

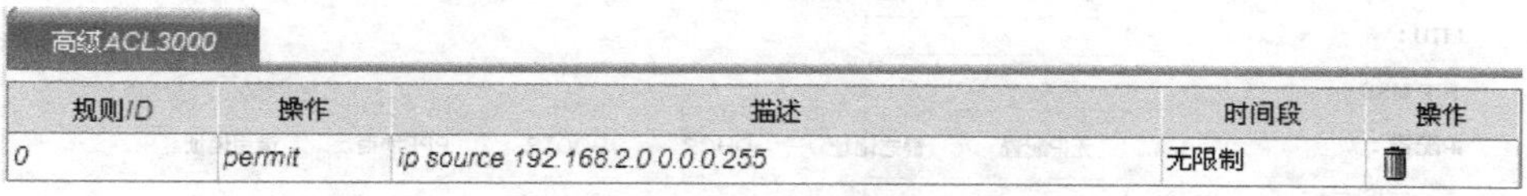

高级ACL3000

规则ID	操作	描述	时间段	操作
0	permit	ip source 192.168.2.0 0.0.0.255	无限制	

图4.115　配置页面

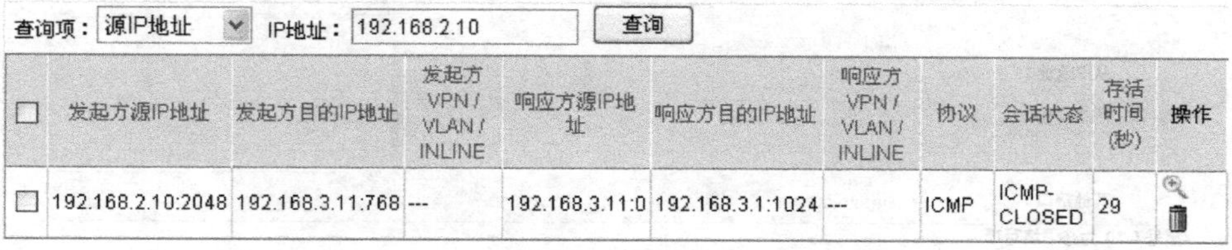

查询项：源IP地址　IP地址：192.168.2.10　查询

☐	发起方源IP地址	发起方目的IP地址	发起方VPN/VLAN/INLINE	响应方源IP地址	响应方目的IP地址	响应方VPN/VLAN/INLINE	协议	会话状态	存活时间(秒)	操作
☐	192.168.2.10:2048	192.168.3.11:768	---	192.168.3.11:0	192.168.3.1:1024	---	ICMP	ICMP-CLOSED	29	

图4.116　配置页面

```
#
interface GigabitEthernet1/0/1
port access vlan 102
#
interface GigabitEthernet1/0/10
port access vlan 103
#
interface GigabitEthernet1/0/16
 port link-type trunk
 undo port trunk permit vlan 1
```

```
 port trunk permit vlan 102 to 103
#
```

②命令行配置(UTM):

```
#
vlan 100 to 103
#
interface GigabitEthernet0/1
 port link-mode bridge
 port link-type trunk
 port trunk permit vlan 1 102 to 103
#
```

③Web 页面配置(UTM):

a. 在导航栏中选择“设备管理”→“接口管理”,新建二层子接口 GE0/1.102,加入 VLAN 100,如图 4.117 所示。

新建 Vlan-interface100,配置 IP 地址为 192.168.2.1/24,如图 4.118 所示;新建 Vlan-interface103,配置 IP 地址为 192.168.3.1/24,如图 4.119 所示。

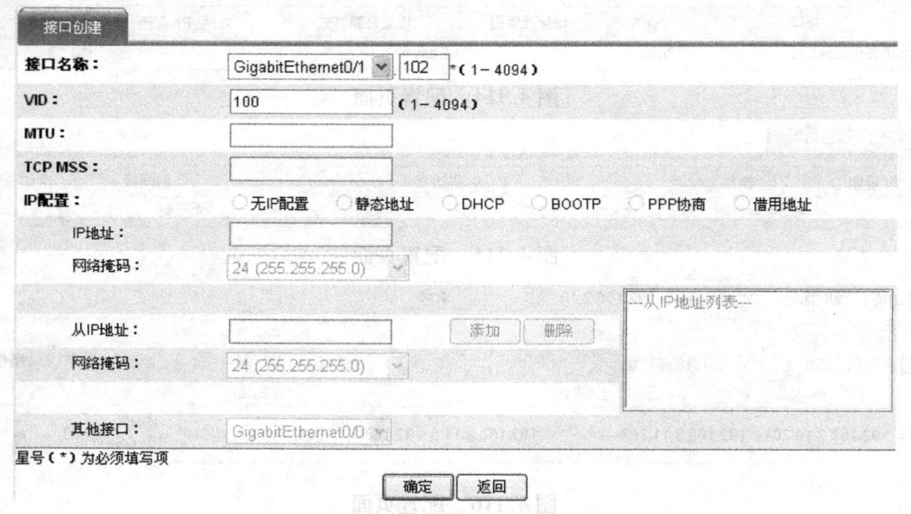

图 4.117　配置页面

b. 在导航栏中选择“设备管理”→“安全域”,编辑 Trust 安全域,将 Vlan-interface100 加入该安全域,如图 4.120 所示;编辑 Untrust 安全域,将 Vlan-interface103 加入 Untrust 安全域,如图 4.121 所示。

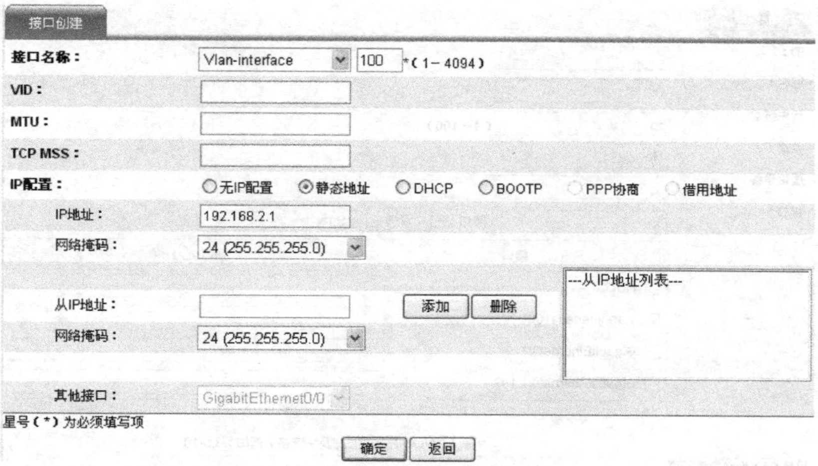

接口创建

接口名称：	Vlan-interface 100 *(1－4094)
VID：	
MTU：	
TCP MSS：	
IP配置：	○无IP配置 ⊙静态地址 ○DHCP ○BOOTP ○PPP协商 ○借用地址
IP地址：	192.168.2.1
网络掩码：	24 (255.255.255.0)
从IP地址：	添加 删除 ---从IP地址列表---
网络掩码：	24 (255.255.255.0)
其他接口：	GigabitEthernet0/0

星号(*)为必须填写项

确定　返回

图4.118　配置页面

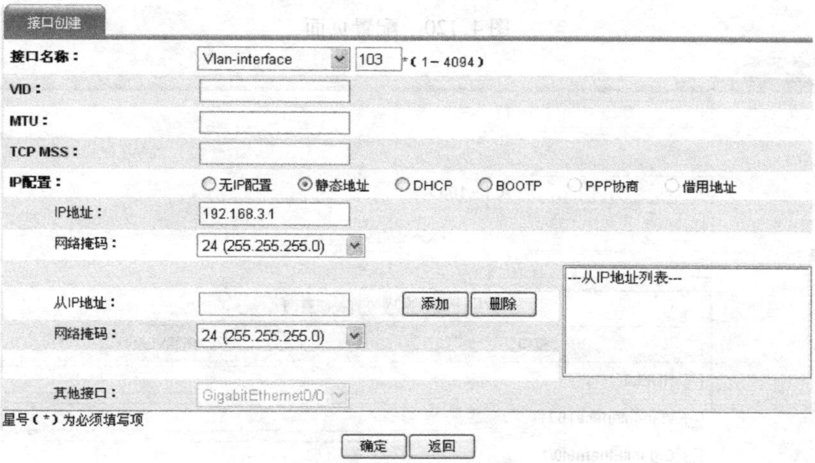

接口创建

接口名称：	Vlan-interface 103 *(1－4094)
VID：	
MTU：	
TCP MSS：	
IP配置：	○无IP配置 ⊙静态地址 ○DHCP ○BOOTP ○PPP协商 ○借用地址
IP地址：	192.168.3.1
网络掩码：	24 (255.255.255.0)
从IP地址：	添加 删除 ---从IP地址列表---
网络掩码：	24 (255.255.255.0)
其他接口：	GigabitEthernet0/0

星号(*)为必须填写项

确定　返回

图4.119　配置页面

PC IP 地址配置如下：

PC1:192.168.2.10/24 缺省网关:192.168.2.1

PC2:192.168.3.11/24 缺省网关:192.168.3.1

从 PC1 ping PC2 地址:192.168.3.11,得到结果 a。

在导航栏中选择“防火墙”→“安全策略”→“域间策略”,建立从 Untrust 到 Trust 域的 permit all策略,如图4.122 所示。然后从 PC2 ping PC1 地址:192.168.2.1,得到结果 b。

在非默认虚拟设备中配置跨二三层混合转发,创建虚拟设备 H3C,使 VLAN 100 和 VLAN 103 成为虚拟设备 H3C 的成员,将 Vlan-interface100 加入 H3C_trust 安全域,将 Vlan-interface103 加入 H3C_untrust 安全域。PC1 ping PC2,得到结果 c。

验证结果：

a. 能够 ping 通。

b. 能够 ping 通。

c. 能够 ping 通。

注意事项：

修改安全域

ID： 2

域名： Trust

优先级： 85 （1－100）

共享： No

虚拟设备： Root

接口： 接口 查询 | 高级查询

	接口	所属VLAN
☐	NULL0	
☑	Vlan-interface100	
☐	GigabitEthernet0/1	1-4094
☐	GigabitEthernet0/1.102	1-4094

所输入的VLAN范围应以","及"-"连接，例如：3,5-10

星号（*）为必须填写项

确定 取消

图 4.120 配置页面

修改安全域

ID： 4

域名： Untrust

优先级： 5 （1－100）

共享： No

虚拟设备： Root

接口： 接口 查询 | 高级查询

	接口	所属VLAN
☐	NULL0	
☑	Vlan-interface103	
☐	GigabitEthernet0/1	1-4094
☐	GigabitEthernet0/1.102	1-4094

所输入的VLAN范围应以","及"-"连接，例如：3,5-10

星号（*）为必须填写项

确定 取消

图 4.121 配置页面

☐	源域	目的域	ID	源IP地址	目的IP地址	服务	时间段	过滤动作	内容过滤策略模板	描述	启用选项	日志功能	源MAC地址	目的MAC地址	操作
☐	Untrust	Trust	0	any_address	any_address	any_service		Permit			禁止	未开启			

图 4.122 配置页面

二层子接口的 PVID 不能与接口 ID 相同，也不能与三层 VLAN 虚接口所在 VLAN 相同。本项目中，二层子接口 ID 102，PVID 为 100，三层虚接口 VLAN ID 为 103。

项目18 SecPath UTM DHCP配置

[项目内容与目标]

- 掌握 UTM DHCP 功能的使用方法。

[项目组网图]

项目组网 A 如图 4.123 所示：客户端 Router 和 PC 分别通过 GE0/1 接口和网络接口卡连接到 DHCP 服务器所在的网络；DHCP 服务器的 GE0/1 接口 IP 地址为 10.1.1.1/24。

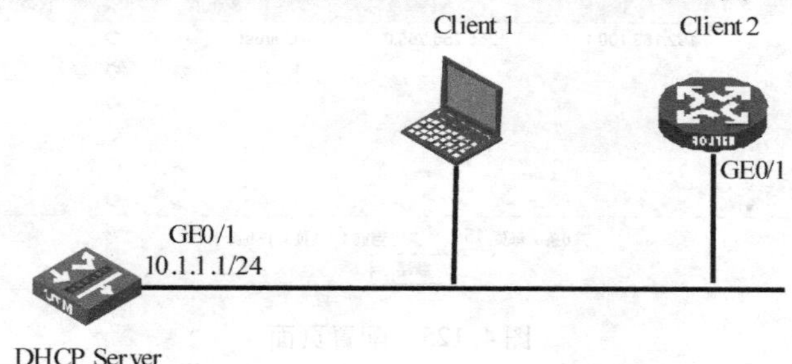

图 4.123　同一子网内动态地址分配组网图

项目组网 B 如图 4.124 所示：Device B 通过 GE0/1 接口连接到 DHCP 客户端所在的网络，通过 GE0/2 口连接到 DHCP 服务器 Device A。GE0/1 接口的 IP 地址为 10.1.1.1/24，GE0/2 的 IP 地址为 2.1.1.2/24。DHCP 服务器的 IP 地址为 2.1.1.1/24。需要通过具有 DHCP 中继功能的 Device B 转发 DHCP 报文，使 DHCP 客户端 PC 可以从 DHCP 服务器上申请到 IP 地址等相关配置信息。

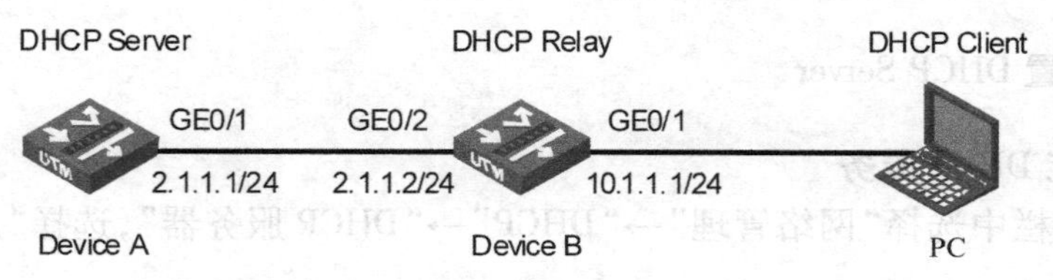

图 4.124　不同子网内的动态地址分配组网图

[背景需求]

随着便携机及无线网络的广泛使用，计算机的位置也经常变化，相应的 IP 地址也必须经常更新,从而导致网络配置越来越复杂。这种情况下,DHCP 应运而生,它采用客户端/服务器通信模式,一定程度上解决了动态自动地址分配问题。

[所需设备和器材]

本项目所需的主要设备和器材如表 4.7 所示。

表 4.7　所需设备和器材

名称和型号	版　本	数　量	描　述
U200S	CMW F5123P08	1	
PC	Windows XP SP3	1	
第 5 类 UTP 以太网连接线	—	3	

[任务实施]

任务 1　UTM 基本配置

步骤 1:配置接口 IP 地址

①在左侧导航栏中选择"设备管理"→"接口管理",如图 4.125 所示。

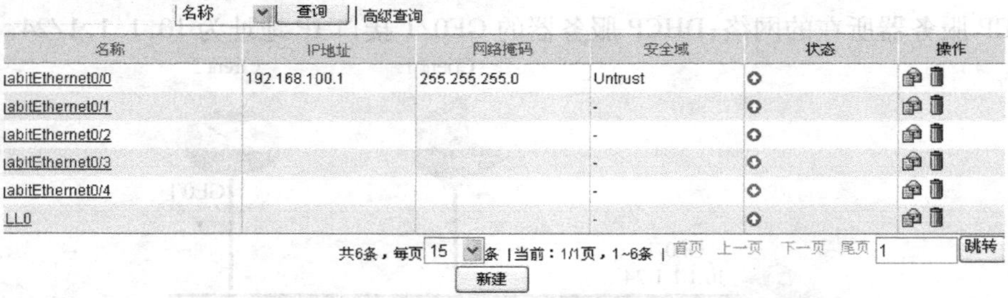

名称　查询　高级查询

名称	IP地址	网络掩码	安全域	状态	操作
ıabitEthernet0/0	192.168.100.1	255.255.255.0	Untrust		
ıabitEthernet0/1			-		
ıabitEthernet0/2			-		
ıabitEthernet0/3			-		
ıabitEthernet0/4			-		
LL0			-		

共6条,每页 15 条 | 当前:1/1页,1~6条 | 首页　上一页　下一页　尾页　1　跳转

新建

图 4.125　配置页面

②单击 GE0/1 栏中的按钮,进入"接口编辑"界面。按照图 4.126 设置接口 GE0/1,单击"确定"按钮,返回"接口管理"界面。

步骤 2:接口安全区域配置

①在左侧导航栏中选择"设备管理"→"安全域",如图 4.127 所示。

②单击 Trust 栏中的按钮,进入"修改安全域"界面。按照图 4.128 将接口 GE0/1 加入 Trust 域,单击"确定"按钮返回"安全域"界面。

任务 2　配置 DHCP Server

步骤 1:使能 DHCP 服务

在左侧导航栏中选择"网络管理"→"DHCP"→"DHCP 服务器",选择"启动"单选项,如图 4.129 所示。

步骤 2:配置动态地址池

在"DHCP 服务器"页面中选择"地址池"页签下的"动态"选项,单击"新建"按钮,进入如图 4.130 所示页面。

接口编辑

接口名称：GigabitEthernet0/1

接口状态：已连接　关闭

接口类型：不设置

VID：

MTU：1500（46－1500，缺省值＝1500）

TCP MSS：1460（128－2048，缺省值＝1460）

工作模式：○二层模式　⊙三层模式

IP配置：○无IP配置　⊙静态地址　○DHCP　○BOOTP　○PPP协商　○借用地址

IP地址：10.1.1.1

网络掩码：24 (255.255.255.0)

---从IP地址列表---

从IP地址：　添加　删除

网络掩码：24 (255.255.255.0)

其他接口：GigabitEthernet0/0

确定　返回

图 4.126　配置页面

安全域ID	安全域名	优先级	共享	虚拟设备	操作
0	Management	100	no	--	
1	Local	100	no	Root	
2	Trust	85	no	Root	
3	DMZ	50	no	Root	
4	Untrust	5	no	Root	

新建

图 4.127　配置页面

修改安全域

ID：2

域名：Trust

优先级：85（1－100）

共享：No

虚拟设备：Root

接口：　接口　查询　|高级查询

	接口	所属VLAN
☑	GigabitEthernet0/1	
☐	GigabitEthernet0/2	
☐	GigabitEthernet0/3	
☐	GigabitEthernet0/4	
☐	NULL0	

所输入的VLAN范围应以","及"-"连接，例如：3,5-10

星号（*）为必须填写项

确定　取消

图 4.128　配置页面

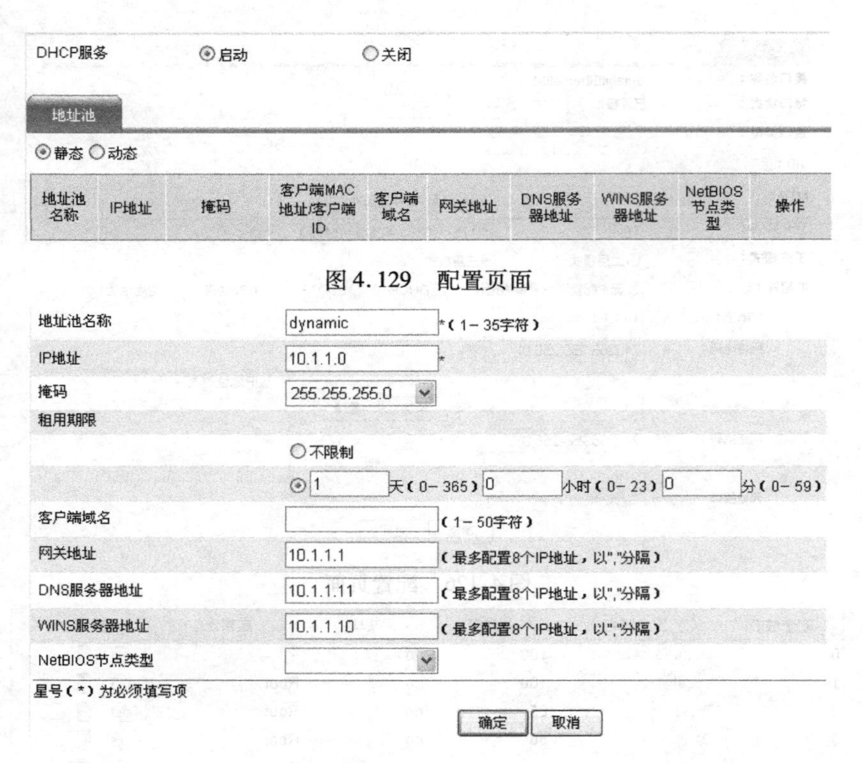

图 4.129　配置页面

图 4.130　配置页面

步骤 3:配置静态地址池

在“DHCP 服务器”页面中选择“地址池”页签下的“静态”选项,单击“新建”按钮,如图 4.131所示。

地址池名称	static	*(1-35字符)
IP地址	10.1.1.5	*
掩码	255.255.255.0	
○客户端MAC地址 ⊙客户端ID	030-3066-2e65-3265-	*
客户端域名		(1-50字符)
网关地址	10.1.1.1	(最多配置8个IP地址,以","分隔)
DNS服务器地址	10.1.1.11	(最多配置8个IP地址,以","分隔)
WINS服务器地址	10.1.1.10	(最多配置8个IP地址,以","分隔)
NetBIOS节点类型		

星号(*)为必须填写项

确定　取消

图 4.131　配置页面

步骤 4:DHCP Client

①路由器 Router 作为客户端:配置接口 GE0/1 以 DHCP 方式获取 IP 地址,如图 4.132 所示。

②PC 主机(以 Windows XP 为例)作为客户端:右键单击桌面“网上邻居”,在菜单中选择“属性”,进入“网络连接”窗口,右键单击“本地连接”,进入“本地连接属性”窗口,选择适当

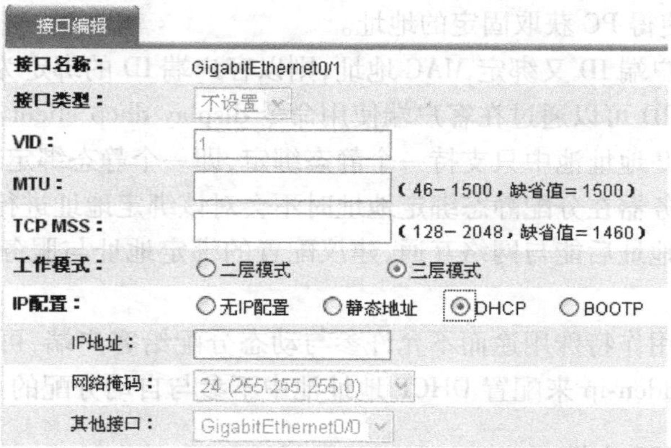

接口编辑

接口名称：GigabitEthernet0/1
接口类型：不设置
VID：1
MTU：（46-1500，缺省值=1500）
TCP MSS：（128-2048，缺省值=1460）
工作模式：○二层模式　⊙三层模式
IP配置：○无IP配置　○静态地址　⊙DHCP　○BOOTP
IP地址：
网络掩码：24 (255.255.255.0)
其他接口：GigabitEthernet0/0

图4.132　配置页面

的"连接时使用"的网卡，选择"Internet 协议(TCP/IP)"，单击"属性"按钮后进入"Internet 协议(TCP/IP)属性"窗口，选择"自动获得 IP 地址"和"自动获得 DNS 服务器地址"即可。

验证结果：

在网络可通的情况下，按照如上配置，可以看到 Router 已获得固定地址 10.1.1.5，PC 也获得 10.1.1.0/24 网段的一个地址。

在 Router 上查看接口 GE0/1 的详细信息，可以看到其获取到的静态地址，如图 4.133 所示。

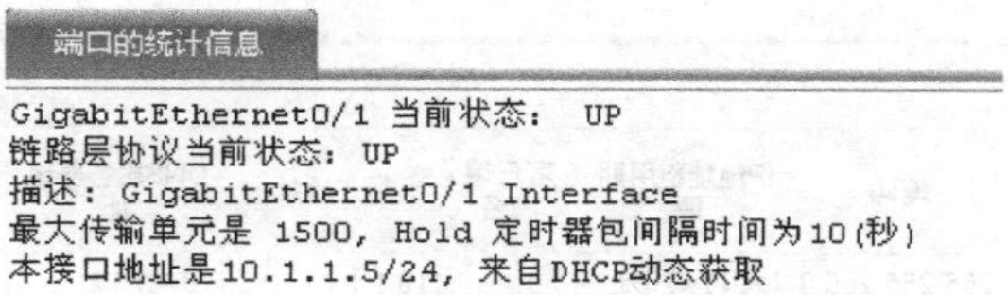

端口的统计信息

```
GigabitEthernet0/1 当前状态： UP
链路层协议当前状态： UP
描述： GigabitEthernet0/1 Interface
最大传输单元是 1500, Hold 定时器包间隔时间为10(秒)
本接口地址是10.1.1.5/24, 来自DHCP动态获取
```

图4.133　显示页面

在 PC 的 DOS 模式下，执行命令 ipconfig/all 可以查看到对应的网卡已经从 DHCP 服务器获取到地址 10.1.1.6 和其他配置信息，如图 4.134 所示。

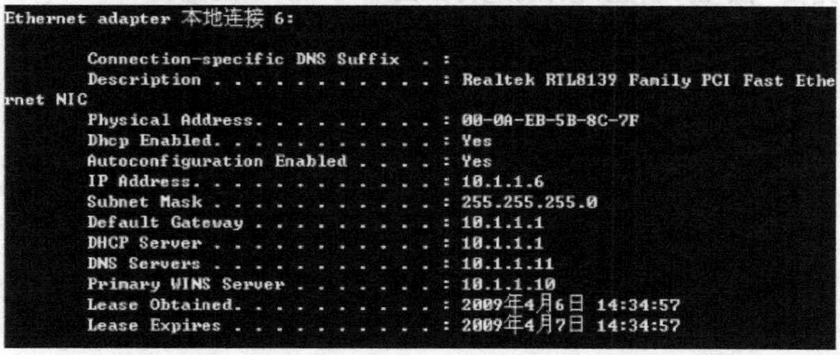

```
Ethernet adapter 本地连接 6:

        Connection-specific DNS Suffix  . :
        Description . . . . . . . . . . . : Realtek RTL8139 Family PCI Fast Ethe
rnet NIC
        Physical Address. . . . . . . . . : 00-0A-EB-5B-8C-7F
        Dhcp Enabled. . . . . . . . . . . : Yes
        Autoconfiguration Enabled . . . . : Yes
        IP Address. . . . . . . . . . . . : 10.1.1.6
        Subnet Mask . . . . . . . . . . . : 255.255.255.0
        Default Gateway . . . . . . . . . : 10.1.1.1
        DHCP Server . . . . . . . . . . . : 10.1.1.1
        DNS Servers . . . . . . . . . . . : 10.1.1.11
        Primary WINS Server . . . . . . . : 10.1.1.10
        Lease Obtained. . . . . . . . . . : 2009年4月6日 14:34:57
        Lease Expires . . . . . . . . . . : 2009年4月7日 14:34:57
```

图4.134　配置页面

注意事项：

①在同一网段时，为保证客户端获取地址后能够与服务器互通，建议服务器与客户端相连接口的地址应为地址池网段的地址并且掩码相同。

②静态绑定时必须绑定 IP 和 MAC 或客户端 ID，绑定才生效。在此例中，也可以静态绑

定 PC 的 MAC 地址,使得 PC 获取固定的地址。

③如果既绑定客户端 ID 又绑定 MAC 地址,则以客户端 ID 的绑定为优先。

④设备的客户端 ID 可以通过在客户端使用命令 display dhcp client verbose 查看到。

⑤目前一个 DHCP 地址池中只支持一个静态绑定,即一个静态绑定地址占用一个地址池。

⑥由于 DHCP 服务器在分配静态绑定地址时不会对该绑定地址进行冲突检测,因此,为保证客户端获取到绑定地址后能与网络互通,建议配置的绑定地址与服务器接口的地址在同一网段。

⑦有时某些地址用作特殊用途而不允许参与动态分配给客户端,可以在系统视图下执行命令 dhcp server forbidden-ip 来配置 DHCP 地址池中不参与自动分配的 IP 地址。

任务 3　配置 DHCP 中继

步骤 1:配置 DHCP Server

①设置 Device A 的接口 GE0/1 的 IP 地址为 2.1.1.1/24,并加入 Trust 安全域。具体操作步骤同项目任务 2。

②在左侧导航栏选择“网络管理”→“DHCP”→“DHCP 服务器”,选择“启动”单选项并配置动态地址池,如图 4.135。

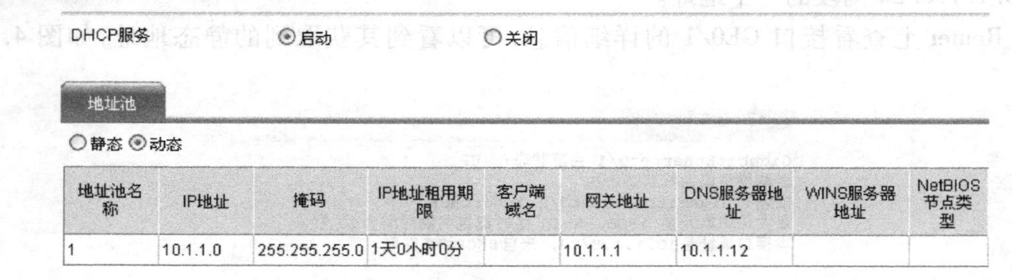

DHCP服务　⦿启动　○关闭

地址池

○静态 ⦿动态

地址池名称	IP地址	掩码	IP地址租用期限	客户端域名	网关地址	DNS服务器地址	WINS服务器地址	NetBIOS节点类型
1	10.1.1.0	255.255.255.0	1天0小时0分		10.1.1.1	10.1.1.12		

图 4.135　配置页面

③添加能够到达 10.1.1.0 网段的静态路由。在左侧导航栏中选择“网络管理”→“路由管理”→“静态路由”,单击“新建”按钮,进行如图 4.136 所示配置。

图 4.136　配置页面

步骤 2:配置 DHCP Realy

具体来说是配置 Device B 连接 Server 的接口 GE0/2 的地址为 2.1.1.2/24,连接 Client 的接口 GE0/1 的地址为 10.1.1.1/24。

①根据实际情况将 GE0/1 和 GE0/2 加入安全域。

②在左侧导航栏中选择"网络管理"→"DHCP"→"DHCP 中继",选择"启动"单选项,单击"确定"按钮。并新建服务器组,IP 地址为 DHCP Server 的接口地址 2.1.1.1,如图 4.137 所示。

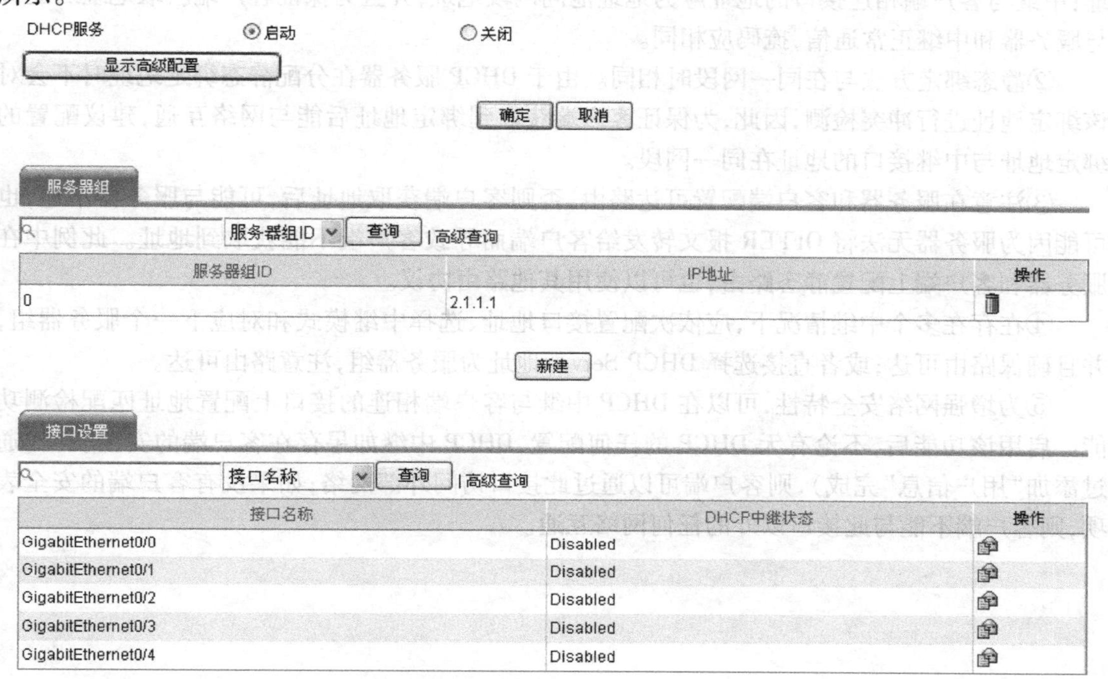

图 4.137 配置页面

③继续在该页面中选择"接口设置"页签,单击 GE0/1 栏中的按钮,修改状态为启动 DHCP 中继,并选择上一步配置好的服务器组 0,单击"确定",如图 4.138 所示。

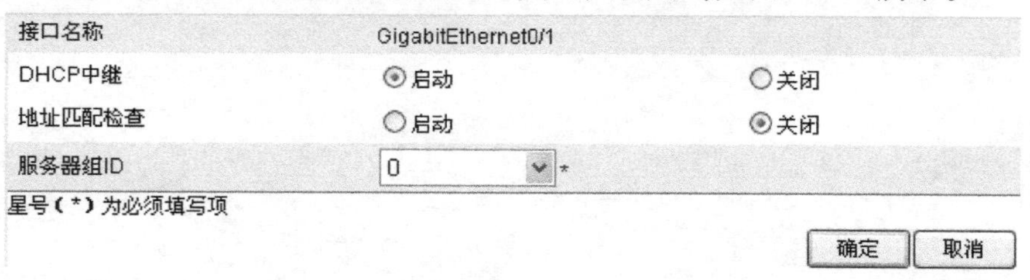

图 4.138 配置页面

步骤 3:配置 DHCP Client

PC 主机(以 WINDOWS XP 为例)作为客户端,右键单击桌面"网上邻居",在菜单中选择"属性",进入"网络连接"窗口;右键单击"本地连接",并选择"属性",选择"此连接使用下列项目"中的"Internet 协议(TCP/IP)",单击"属性"按钮进入"Internet 协议(TCP/IP)属性"窗口,选择"自动获得 IP 地址"和"自动获得 DNS 服务器地址"即可。

验证结果:

在网络可通的情况下,按照如上配置,可以查看到 PC 获得作为 DHCP 服务器的 Device A 的地址池网段的地址。在 DOS 模式下通过 ipconfig /all 命令可以看到详细信息。

注意事项：

①在不同网段时，DHCP 服务器与中继相连接口的地址可为与地址池不同网段的任意地址；中继与客户端相连接口的地址应为地址池同网段地址，并且为保证客户端获取地址后能够与服务器和中继正常通信，掩码应相同。

②静态绑定方法与在同一网段时相同。由于 DHCP 服务器在分配静态绑定地址时不会对该绑定地址进行冲突检测，因此，为保证客户端获取到绑定地址后能与网络互通，建议配置的绑定地址与中继接口的地址在同一网段。

③注意在服务器和客户端配置可达路由，否则客户端获取地址后，可能与服务器不通，也可能因为服务器无法将 OFFER 报文转发给客户端而导致客户端不能获取到地址。此例中在服务器和客户端上配置静态路由，也可以使用其他路由协议。

④在存在多个中继情况下，应依次配置接口地址、选择中继模式和对应下一个服务器组，并且确保路由可达；或者直接选择 DHCP Server 地址为服务器组，注意路由可达。

⑤为增强网络安全特性，可以在 DHCP 中继与客户端相连的接口上配置地址匹配检测功能。启用该功能后，不论有无 DHCP 的任何配置，DHCP 中继如果存在客户端的安全表项（通过添加“用户信息”完成），则客户端可以通过此接口访问外部网络；如果没有客户端的安全表项，则客户端不能与此接口以外的任何网络互通。

项目19 SecPath UTM域间策略配置

[项目内容与目标]

- 掌握UTM域间策略配置方法。

[项目组网图]

项目组网如图4.139所示:内部网络通过PC与Internet互连。内部网络属于Trust安全域,外部网络属于Untrust安全域。要求正确配置域间策略,允许内部主机Public(IP地址为10.1.1.12/24)在任何时候访问外部网络;禁止内部其他主机在上班时间(星期一至星期五的8:00—18:00)访问外部网络。

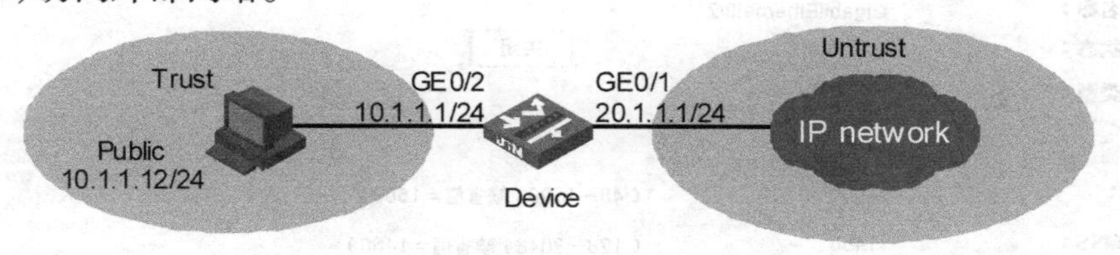

图4.139 项目组网

[背景需求]

它可用于防火墙安全区域间互访控制。

[所需设备和器材]

本项目所需的主要设备和器材如表4.8所示。

表4.8 所需设备和器材

名称和型号	版 本	数 量	描 述
U200S	CMW F5123P08	1	
PC	Windows XP SP3	2	
第5类UTP以太网连接线	—	2	

[任务实施]

任务1　UTM 基本配置

步骤1:配置接口 G0/2 地址

①在左侧导航栏中选择“设备管理”→“接口管理”,如图4.140所示。

名称 ▼ 查询 | 高级查询

名称	IP地址	网络掩码	安全域	状态	操作
GigabitEthernet0/0	192.168.251.20	255.255.255.0	-		
GigabitEthernet0/1			-		
GigabitEthernet0/2			-		
GigabitEthernet0/3			-		
GigabitEthernet0/4			-		
NULL0			-		

共6条，每页 15 条 | 当前：1/1页，1~6条 | 首页 上一页 下一页 尾页 1 跳转

新建

图4.140　配置页面

②点击 GE0/2 栏中的按钮,进入“接口编辑”界面。按照图4.141所示设置接口GE0/2,单击“确定”按钮返回“接口管理”界面。

接口编辑

接口名称：	GigabitEthernet0/2
接口状态：	已连接 关闭
接口类型：	不设置
VID：	
MTU：	1500 (46－1500，缺省值＝1500)
TCP MSS：	1460 (128－2048，缺省值＝1460)
工作模式：	○二层模式 ⊙三层模式
IP配置：	○无IP配置 ⊙静态地址 ○DHCP ○BOOTP ○PPP协商 ○借用地址
IP地址：	10.1.1.1
网络掩码：	24 (255.255.255.0)
从IP地址：	添加 删除 ---从IP地址列表---
网络掩码：	24 (255.255.255.0)
其他接口：	GigabitEthernet0/0

确定 返回

图4.141　配置页面

步骤2:配置接口 G0/1 地址

同理配置 GE0/1 的 IP 地址为 20.1.1.1。完成接口地址配置后,接口管理界面显示如图4.142所示。

名称↑	IP地址	网络掩码	安全域	状态	操作
GigabitEthernet0/0	192.168.251.20	255.255.255.0	-		
GigabitEthernet0/1	20.1.1.1	255.255.255.0	-		
GigabitEthernet0/2	10.1.1.1	255.255.255.0	-		
GigabitEthernet0/3			-		
GigabitEthernet0/4			-		
NULL0			-		

图4.142　配置页面

任务2　配置管理

步骤1:接口G0/2加入Trust区域

①在左侧导航栏中选择“设备管理”→“安全域”,如图4.143所示。

安全域ID	安全域名	优先级	共享	虚拟设备	操作
0	Management	100	no	--	
1	Local	100	no	Root	
2	Trust	85	no	Root	
3	DMZ	50	no	Root	
4	Untrust	5	no	Root	

图4.143　配置页面

②单击Trust栏中的按钮,进入“修改安全域”界面。按照图4.144所示将接口GE0/2加入Trust域,单击“确定”按钮完成配置。

修改安全域

ID：2

域名：Trust

优先级：85 (1-100)

共享：No

虚拟设备：Root

接口：　接口　查询　| 高级查询

	接口	所属VLAN
☐	GigabitEthernet0/1	
☑	GigabitEthernet0/2	
☐	GigabitEthernet0/3	
☐	GigabitEthernet0/4	
☐	NULL0	

所输入的VLAN范围应以","及"-"连接，例如：3,5-10

星号(*)为必须填写项

确定　取消

图4.144　配置页面

任务3　配置时间段

步骤1:配置上班时间段(星期一至星期五的8:00—18:00)

①在导航栏中选择“资源管理”→“时间段”,单击“新建”按钮,进行如图4.145所示配置。

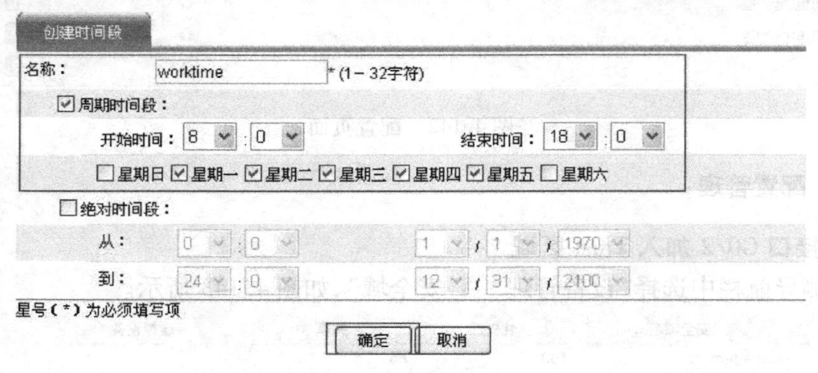

图4.145　配置页面

②输入名称为“worktime”,选中“周期时间段”前的复选框,设置始时间为“8:00”,设置结束时间为“18:00”,选中“星期一”至“星期五”前的复选框。单击“确定”按钮完成操作。

任务4　配置地址对象

①在导航栏中选择“资源管理”→“地址”→“IP地址”,默认进入“主机地址”页签的页面,单击“新建”按钮,进行如图4.146所示配置。

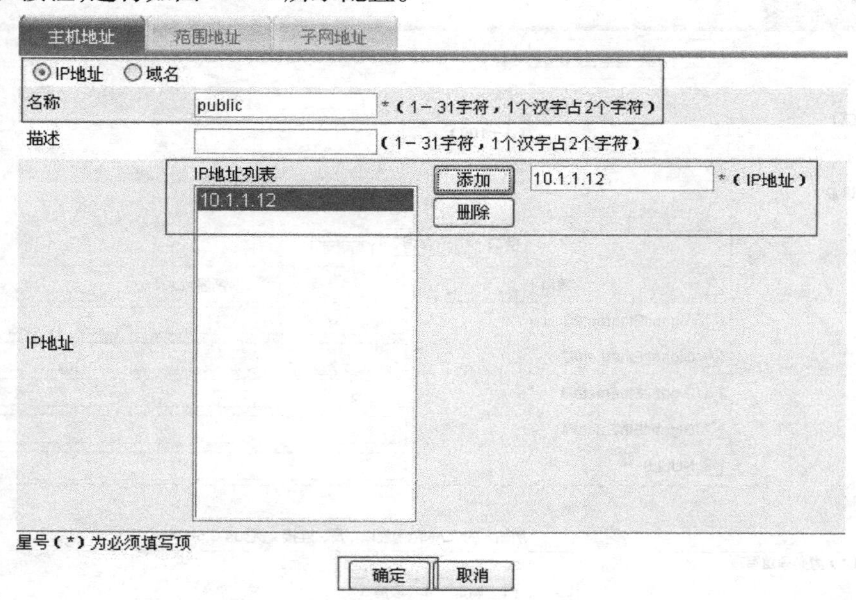

图4.146　配置页面

②选中“IP地址”前的单选按钮,输入名称为“public”,输入IP地址为“10.1.1.12”,单击“添加”按钮将其添加到IP地址列表框中。单击“确定”按钮完成操作。

任务5　配置域间策略

步骤1:配置允许主机 Public 在任何时候访问外部网络的域间策略规则

①在导航栏中选择“防火墙”→“安全策略”→“域间策略”,单击“新建”按钮,进行如图4.147所示配置。

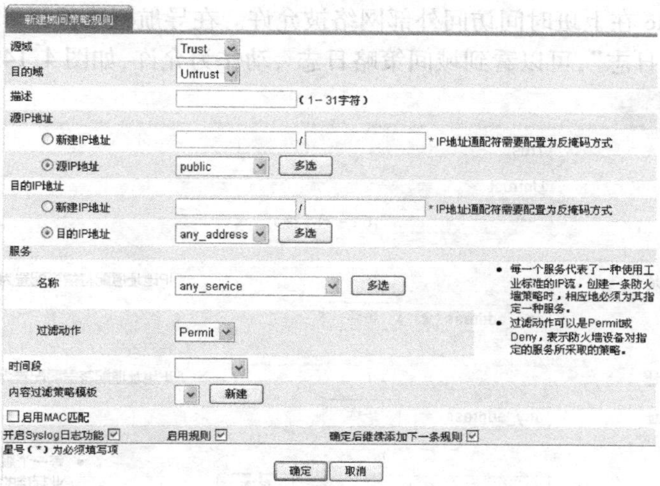

图4.147　配置页面

②选择源域为“Trust”,选择目的域为“Untrust”,选择源 IP 地址为“public”,选择过滤动作为“Permit”,选中“开启 Syslog 日志功能”复选框,选中“启用规则”复选框,选中“确定后续添加下一条规则”复选框。单击“确定”按钮完成操作。

步骤2:配置禁止其他主机在上班时间访问外部网络的域间策略规则

①完成上述配置后,页面自动跳转到“新建域间策略规则”的配置页面,源域和目的域保持之前的选择不变,进行如图4.148所示配置。

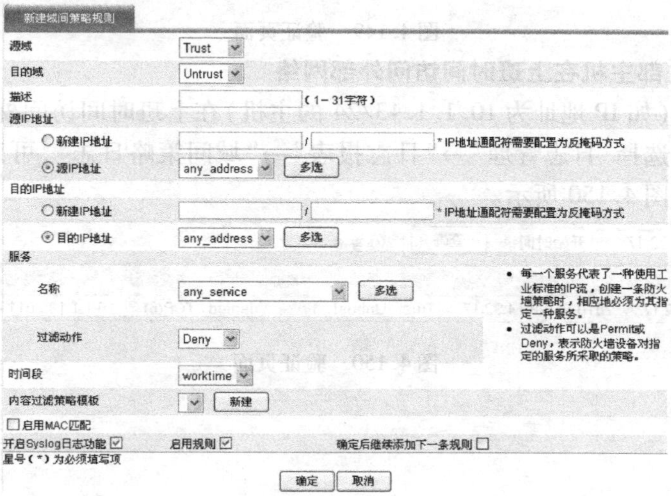

图4.148　配置页面

②选择过滤动作为"Deny",选择时间段为"worktime",选中"开启 Syslog 日志功能"复选框,选中"启用规则"复选框。单击"确定"按钮完成操作。

任务6　验证结果

步骤1:内部主机 Public 在上班时间访问外部网络

内部主机 Public 在上班时间访问外部网络被允许。在导航栏中选择"日志管理"→"日志报表"→"域间策略日志",可以看到域间策略日志 ,动作为允许,如图 4.149 所示。

新建域间策略规则

源域 Trust
目的域 Untrust
描述 （1－31字符）
源IP地址
○新建IP地址 / * IP地址通配符需要配置为反掩码方式
⊙源IP地址 any_address 多选
目的IP地址
○新建IP地址 / * IP地址通配符需要配置为反掩码方式
⊙目的IP地址 any_address 多选
服务
名称 any_service 多选
过滤动作 Deny
时间段 worktime
内容过滤策略模板 新建
☐启用MAC匹配
开启Syslog日志功能 ☑ 启用规则 ☑ 确定后继续添加下一条规则 ☐
星号（*）为必须填写项
确定 取消

• 每一个服务代表了一种使用工业标准的IP流，创建一条防火墙策略时，相应地必须为其指定一种服务。
• 过滤动作可以是Permit或Deny，表示防火墙设备对指定的服务所采取的策略。

图 4.149　验证页面

步骤2:其他内部主机在上班时间访问外部网络

其他内部主机(如 IP 地址为 10.1.1.13/24 的主机)在上班时间访问外部网络时,访问被拒绝。在导航栏中选择"日志管理"→"日志报表"→"域间策略日志",可以看到域间策略日志,动作为拒绝,如图 4.150 所示。

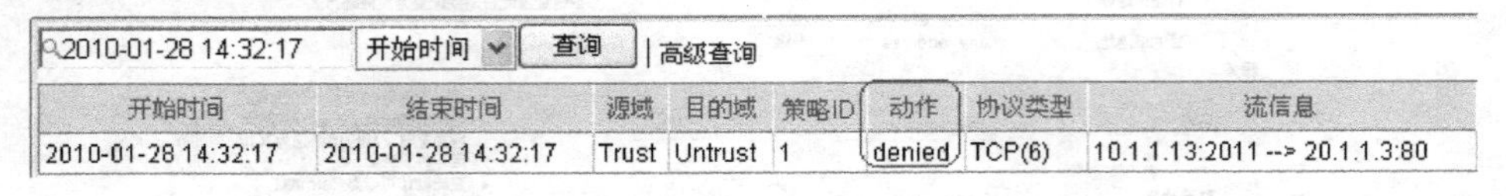

2010-01-28 14:32:17 开始时间 查询 | 高级查询

开始时间	结束时间	源域	目的域	策略ID	动作	协议类型	流信息
2010-01-28 14:32:17	2010-01-28 14:32:17	Trust	Untrust	1	denied	TCP(6)	10.1.1.13:2011 --> 20.1.1.3:80

图 4.150　验证页面

项目20 SecPath UTM 带宽管理策略配置

[项目内容与目标]

- 掌握 UTM 带宽管理功能的使用方法。

[项目组网图]

项目组网如图4.151所示：内网网段为10.1.1.0/24。在UTM上配置带宽管理策略，对该公司的用户（除IP地址为10.1.1.12的主机外）发送和接收的流量所涉及的服务执行相应的动作：对FTP服务执行阻断动作，对BitTorrent服务执行限速动作。

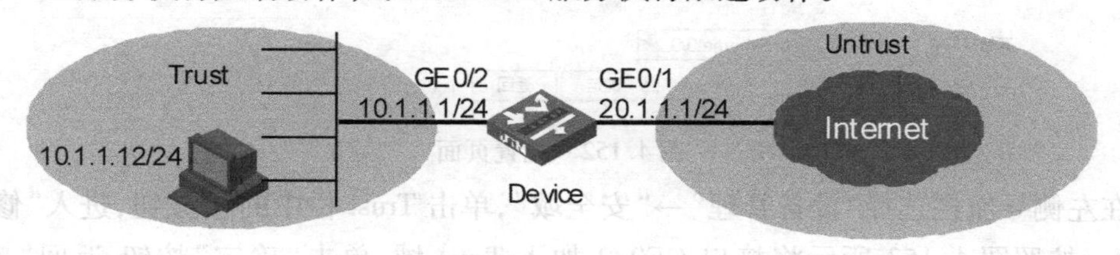

图4.151 项目组网

[背景需求]

带宽管理通过对各种应用进行灵活的带宽控制，限制非关键应用，并保证了客户网络上关键应用的带宽，用于企业、校园等场合。

[所需设备和器材]

本项目所需的主要设备和器材如表4.9所示。

表4.9 所需设备和器材

名称和型号	版本	数量	描述
U200S	CMW F5123P08	1	
PC	Windows XP SP3	2	
第5类UTP以太网连接线	—	3	

[任务实施]

任务1　UTM基本配置

步骤1:配置接口G0/2

①在左侧导航栏中选择“设备管理”→“接口管理”,单击GE0/2栏中的按钮,进入“接口编辑”界面。按照图4.152所示设置接口GE0/2,然后单击“确定”按钮完成配置。

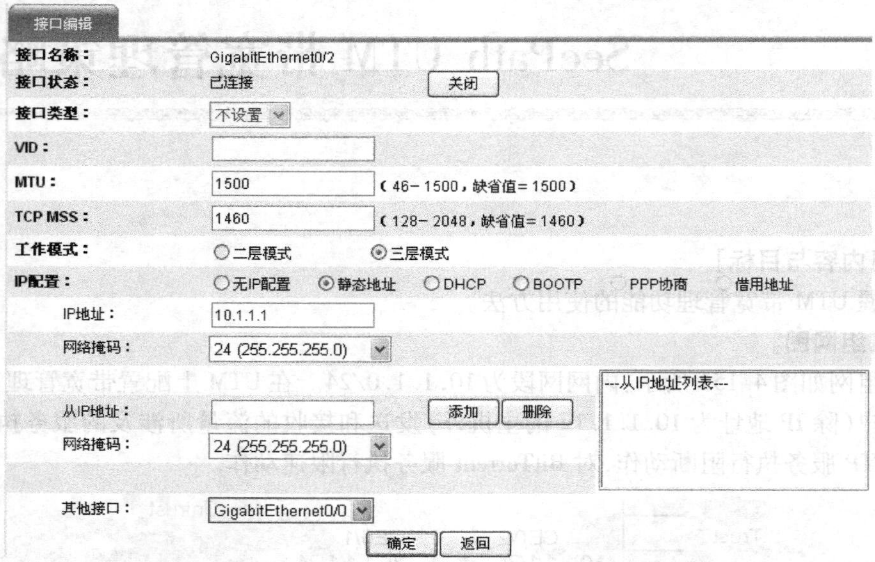

图4.152　配置页面

②在左侧导航栏选择“设备管理”→“安全域”,单击Trust栏中的按钮,进入“修改安全域”界面。按照图4.153所示将接口GE0/2加入Trust域,单击“确定”按钮 返回“安全域”界面。

步骤2:配置接口G0/1

同样配置接口GE0/1的IP地址为20.1.1.1/24并加入到安全域Untrust。选择“设备管理”→“接口管理”可看到配置完成后的界面,如图4.154所示。

步骤3:配置NAT

内网和外网处于不同的网段,为了使内网用户能够通过Device访问外网,需要在GE0/1接口上配置NAT策略,这里配置ACL 2000,地址转换方式为“Easy IP”。

①选择“防火墙”→“ACL”,新建ID为2000的ACL,在其中添加规则,定义需要配置的流量。这里允许源地址为10.1.1.0/24的报文通过,如图4.155所示。

②选择“防火墙”→“NAT”→“动态地址转换”,在“地址转换关联”页签下单击“新建”按钮,进行如图4.156所示配置。

步骤4:配置引流策略

配置引流策略,以进行流量深度检测,将Trust和Untrust之间匹配ACL 3000的流量都引到段0上。

①首先配置ACL。选择“防火墙”→“ACL”,新建ID为3000的ACL,在其中添加规则,定

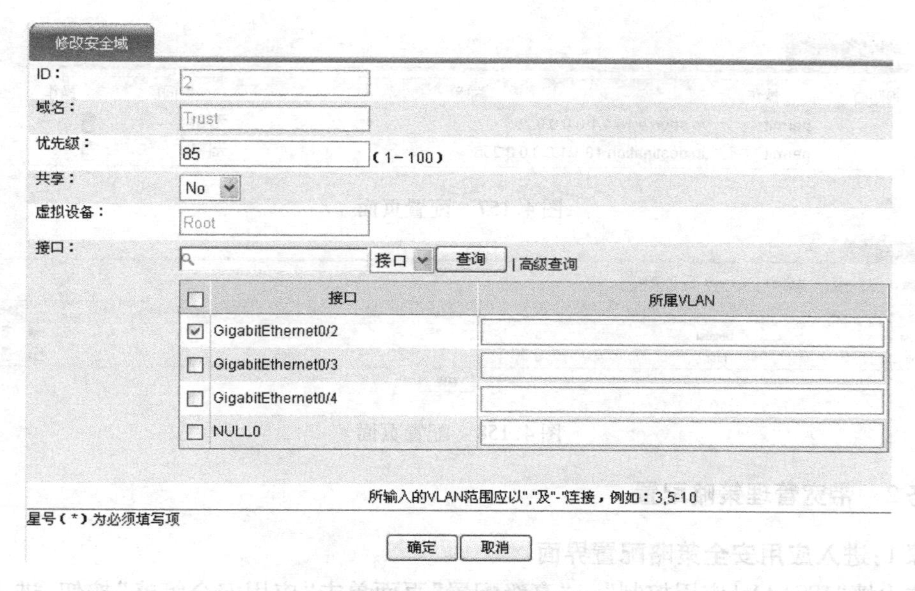

图 4.153 配置页面

名称 查询 | 高级查询

名称	IP地址	网络掩码	安全域	状态	操作
GigabitEthernet0/0	192.168.251.20	255.255.255.0	-		
GigabitEthernet0/1	20.1.1.1	255.255.255.0	Untrust		
GigabitEthernet0/2	10.1.1.1	255.255.255.0	Trust		
GigabitEthernet0/3			-		
GigabitEthernet0/4			-		
NULL0			-		

图 4.154 配置页面

基本ACL2000

规则ID	操作	描述	时间段	操作
0	permit	source 10.1.1.0 0.0.0.255	无限制	

图 4.155 配置页面

新建动态地址转换

接口：GigabitEthernet0/1

ACL：2000 *（2000-3999）

地址转换方式：Easy IP

地址池索引：（0-31）

外部VPN实例：

星号（*）为必须填写项

确定 取消

图 4.156 配置页面

义需要配置的流量，如图 4.157 所示。

②再选择“IPS | AV | 应用控制”→“高级设置”，新建引流策略，将匹配 ACL 3000 的流量引到段 0 上，如图 4.158 所示。

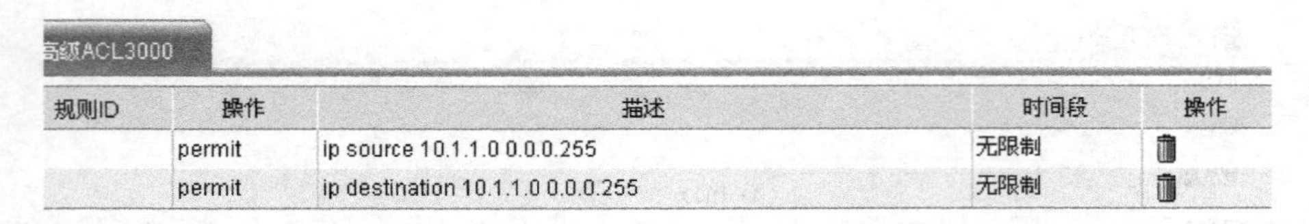

高级ACL3000

规则ID	操作	描述	时间段	操作
	permit	ip source 10.1.1.0 0.0.0.255	无限制	
	permit	ip destination 10.1.1.0 0.0.0.255	无限制	

图 4.157　配置页面

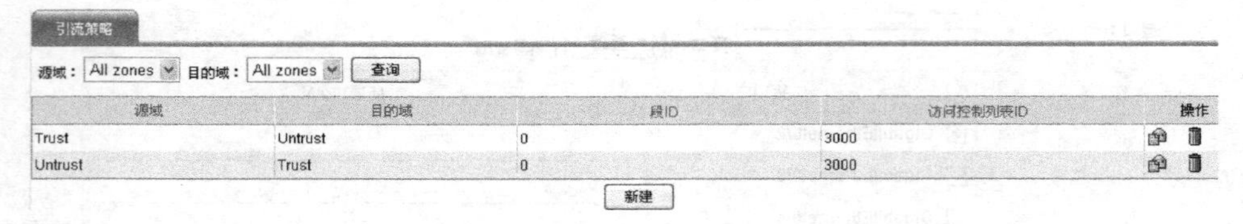

引流策略

源域：All zones　目的域：All zones　查询

源域	目的域	段ID	访问控制列表ID	操作
Trust	Untrust	0	3000	
Untrust	Trust	0	3000	

新建

图 4.158　配置页面

任务 2　带宽管理策略配置

步骤 1:进入应用安全策略配置界面

在防火墙“IPS|AV|应用控制”→“高级配置”页面单击“应用安全策略”按钮,进入应用安全策略配置页面,如图 4.159 所示。

应用安全策略

在应用安全策略配置中，您可以配置详细的AV/IPS/URL过滤、Anti-spam策略，并对IM/P2P等上百种应用软件进行控制和审计，并提供详细的日志信息。

- 应用安全策略

图 4.159　配置页面

步骤 2:配置带宽管理策略

配置缺省带宽管理策略“Service Control Policy”的规则,并在段 0 上应用该策略。

①在导航栏中选择“带宽管理”→“策略管理”,单击“Service Control Policy”对应的图标。

②在“规则配置”中单击“添加”按钮,单击新增表项的图标,在弹出的页面中选中“Internet”服务,单击“确定”按钮完成设置。

③在“规则配置”中单击“添加”按钮,单击新增表项的图标,在弹出的页面中选中“文件服务器”服务,单击“确定”按钮完成设置。

④在“规则配置”中选择“文件服务器”服务对应的动作集为“Block”。

⑤在“规则配置”中选择“BitTorrent”服务对应的动作集为“Rate Limit”,输入上行带宽和下行带宽均为“400”kbit/s。

⑥在“策略应用范围”中单击“添加”按钮,单击新增表项的图标,弹出策略应用范围高级配置页面,进行如图 4.160 所示配置。

⑦选择段为“0”,选择管理区域为“内部域”。在内部域 IP 地址列表中添加 IP 地址为“10.1.1.0/24”。在内部域例外 IP 地址列表中添加 IP 地址为“10.1.1.12/32”。单击“确定”按钮完成设置。完成上述设置后的带宽管理策略应用页面如图 4.161 所示,单击“确定”按钮完成操作。

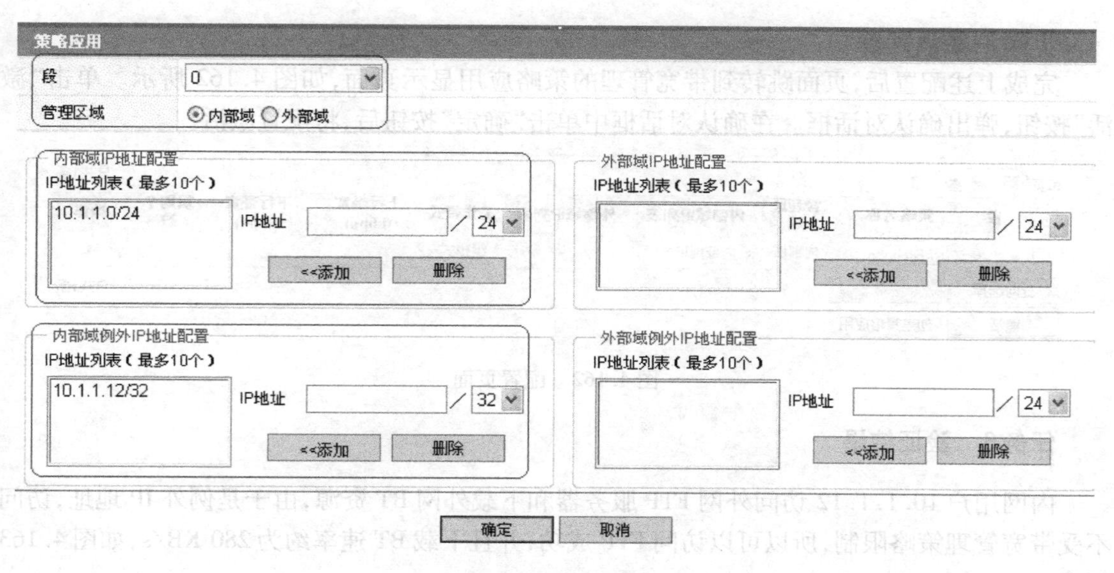

图 4.160　配置页面

带宽管理策略应用

带宽管理策略

*名称	Service Control Policy	(1-63 字符 注：中文占三个字符)
描述	Service Control Policy	(0-511 字符 注：中文占三个字符)
策略工作模式	⊙组模式 ○用户模式	
□本组规则总流量的上行带宽	kbps	(8- 1,000,000 kbps)
□本组规则总流量的下行带宽	kbps	(8- 1,000,000 kbps)

规则配置

□	服务	状态	时间表	动作集	上行带宽	下行带宽	操作
□	Default		所有	Permit	--	--	
□	文件服务器		所有	Block	--	--	
□	BitTorrent		所有	Rate Limit	400	400	

删除　添加

注：规则的上、下行带宽取值范围为0或8-1,000,000，单位为kbps。0表示不限速。

策略应用范围

□	段	管理区域	内部域IP	内部域例外IP	外部域IP	外部域例外IP	操作
□	0	内部域	- 内部域IP 10.1.1.0/24	- 内部域例外IP 10.1.1.12/32			

删除　添加

确定　取消

图 4.161　配置页面

步骤3:激活配置

完成上述配置后,页面跳转到带宽管理的策略应用显示页面,如图4.162所示。单击“激活”按钮,弹出确认对话框。在确认对话框中单击“确定”按钮后,将配置激活。

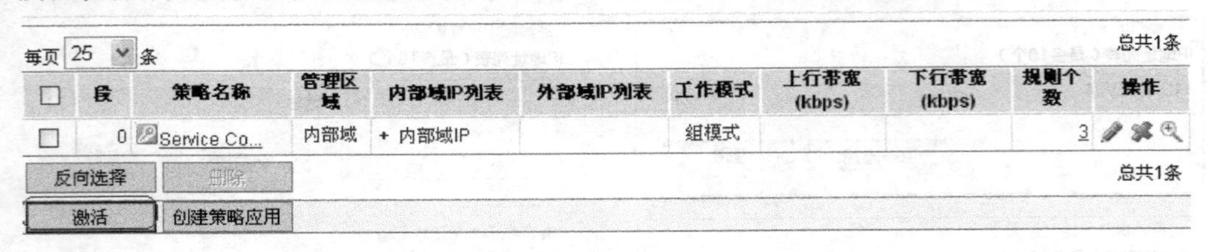

每页 25 条　　总共1条

	段	策略名称	管理区域	内部域IP列表	外部域IP列表	工作模式	上行带宽(kbps)	下行带宽(kbps)	规则个数	操作
	0	Service Co...	内部域	+ 内部域IP		組模式			3	

图4.162　配置页面

任务3　验证结果

内网用户10.1.1.12访问外网FTP服务器和下载外网BT资源,由于是例外IP地址,访问不受带宽管理策略限制,所以可以访问FTP成功,并且下载BT速率约为280 KB/s,如图4.163所示。

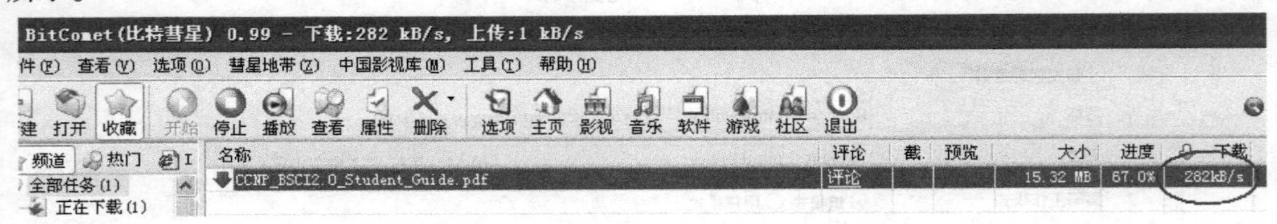

图4.163　配置页面

内网其他用户访问外网FTP服务器和下载外网BT资源,受到带宽管理策略限制,访问FTP失败,并且下载BT速率为50 KB左右,如图4.164所示。

图4.164　配置页面

项目 21
SecPath UTM 防病毒策略配置

[项目内容与目标]

- 掌握 UTM 防病毒功能的使用方法。

[项目组网图]

项目组网如图 4.165 所示:内网网段为 192.168.1.0/24。在 UTM 上配置防病毒策略,阻止公司内部的用户通过 FTP 向外网上传病毒,或者通过邮件附件向外发送病毒。

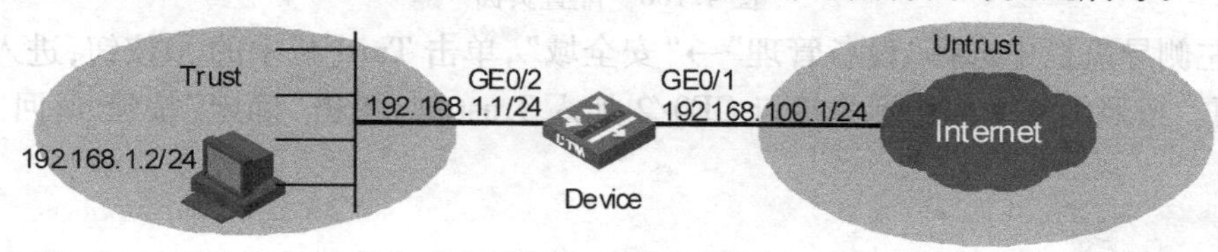

图 4.165　项目组网

[背景需求]

它可对网络中的异常流量进行分析和检测,预防病毒在网络中传播。

[所需设备和器材]

本项目所需的主要设备和器材如表 4.10 所示。

表 4.10　所需设备和器材

名称和型号	版　本	数　量	描　述
U200S	CMW F5123P08	1	
PC	Windows XP SP3	2	
第 5 类 UTP 以太网连接线	—	2	

[任务实施]

任务 1　UTM 基本配置

步骤 1:配置接口 G0/2

①在左侧导航栏中选择"设备管理"→"接口管理",单击 GE0/2 栏中的按钮,进入"接

口编辑”界面。按照图4.166所示设置接口GE0/2，然后单击“确定”按钮完成配置。

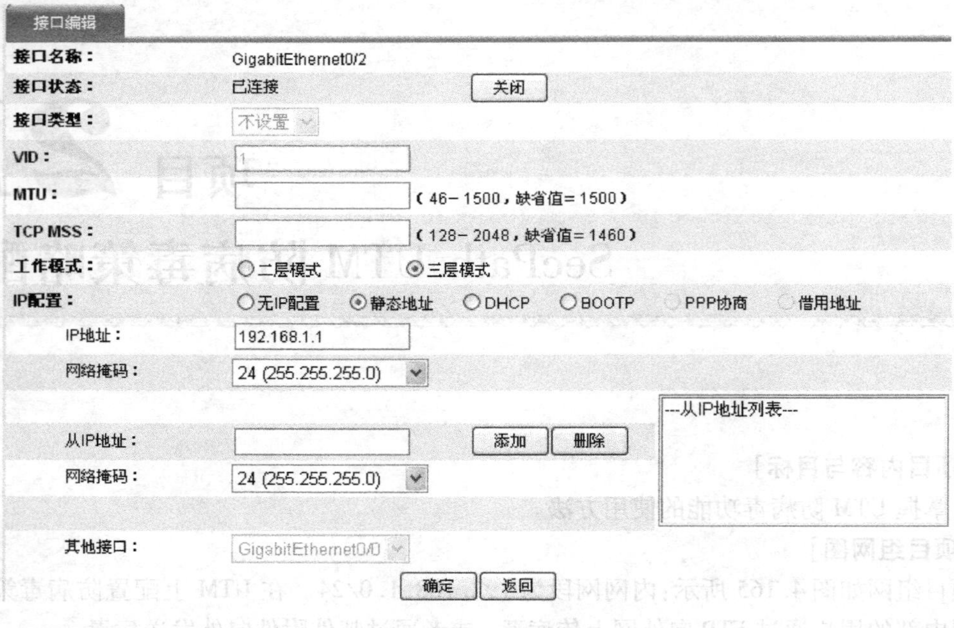

接口编辑
接口名称：GigabitEthernet0/2
接口状态：已连接 关闭
接口类型：不设置
VID：1
MTU：（46－1500，缺省值＝1500）
TCP MSS：（128－2048，缺省值＝1460）
工作模式：二层模式 三层模式
IP配置：无IP配置 静态地址 DHCP BOOTP PPP协商 借用地址
IP地址：192.168.1.1
网络掩码：24 (255.255.255.0)
从IP地址： 添加 删除 ---从IP地址列表---
网络掩码：24 (255.255.255.0)
其他接口：GigabitEthernet0/0
确定 返回

图4.166 配置页面

②在左侧导航栏中选择“设备管理”→“安全域”，单击Trust栏中的按钮，进入“修改安全域”界面。按照图4.167所示将接口GE0/2加入Trust域，单击“确定”按钮 返回“安全域”界面。

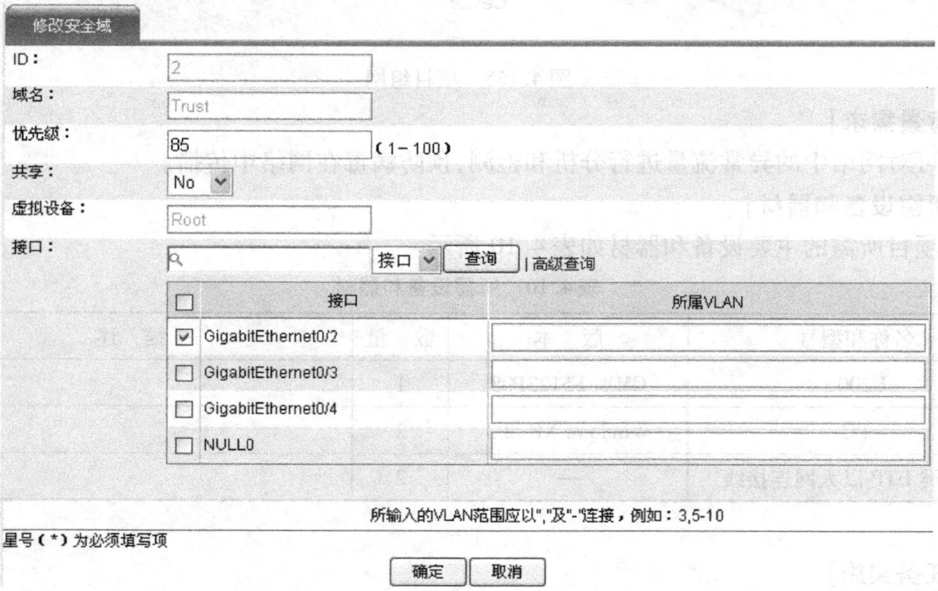

修改安全域
ID：2
域名：Trust
优先级：85（1－100）
共享：No
虚拟设备：Root
接口： 接口 查询 | 高级查询

	接口	所属VLAN
☑	GigabitEthernet0/2	
☐	GigabitEthernet0/3	
☐	GigabitEthernet0/4	
☐	NULL0	

所输入的VLAN范围应以","及"-"连接，例如：3,5-10
星号（*）为必须填写项
确定 取消

图4.167 配置页面

步骤2：配置接口G0/1

同样配置接口GE0/1的IP地址为192.168.100.1/24，并加入到安全域Untrust。选择“设备管理”→“接口管理”后可看到配置完成后的界面,如图4.168所示。

名称 查询 | 高级查询

名称	IP地址	网络掩码	安全域	状态	操作
GigabitEthernet0/0	192.168.251.2	255.255.255.0	-		
GigabitEthernet0/1	192.168.100.1	255.255.255.0	Untrust		
GigabitEthernet0/2	192.168.1.1	255.255.255.0	Trust		
GigabitEthernet0/3			-		
GigabitEthernet0/4			-		
NULL0			-		

图4.168　配置页面

步骤3:配置NAT

内网和外网处于不同的网段,为了使内网用户能够通过Device访问外网,需要在GE0/1接口上配置NAT策略,这里配置ACL2000,地址转换方式为“Easy IP”。

①选择“防火墙”→“ACL”,新建ID为2000的ACL,在其中添加规则,定义需要配置的流量。这里允许源地址为192.168.1.0/24的报文通过,如图4.169所示。

基本ACL2000

规则ID	操作	描述	时间段	操作
0	permit	source 192.168.1.0 0.0.0.255	无限制	

图4.169　配置页面

②选择“防火墙”→“NAT”→“动态地址转换”,在“地址转换关联”页签下单击“新建”按钮,进行如图4.170所示配置。

新建动态地址转换

接口:	GigabitEthernet0/1
ACL:	2000 *(2000-3999)
地址转换方式:	Easy IP
地址池索引:	(0-31)
外部VPN实例:	

星号(*)为必须填写项

确定　取消

图4.170　配置页面

步骤4:配置引流策略

配置引流策略,以进行流量深度检测,将Trust和Untrust之间匹配ACL 3000的流量都引到段0上。

①首先配置ACL,选择“防火墙”→“ACL”,新建ID为3000的ACL,在其中添加规则,定义需要配置的流量,如图4.171所示。

高级ACL3000

规则ID	操作	描述	时间段	操作
0	permit	ip source 192.168.1.0 0.0.0.255	无限制	
5	permit	ip destination 192.168.1.0 0.0.0.255	无限制	

图4.171　配置页面

②选择“IPS | AV | 应用控制”→“高级设置”，新建引流策略，将匹配ACL3000的流量引到段0上，如图4.172所示。

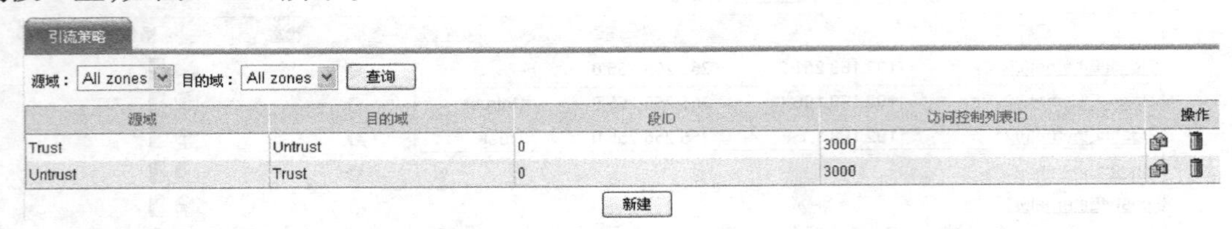

图4.172　配置页面

任务2　防病毒策略配置

步骤1：创建防病毒策略“RD”

①在左侧导航栏中选择“IPS|AV|应用控制”→“高级设置”，单击“应用安全策略”链接进入“应用安全策略”界面；选择“防病毒”→“策略管理”，进入防病毒策略的显示页面，单击“创建策略”按钮，进行如图4.173所示配置。

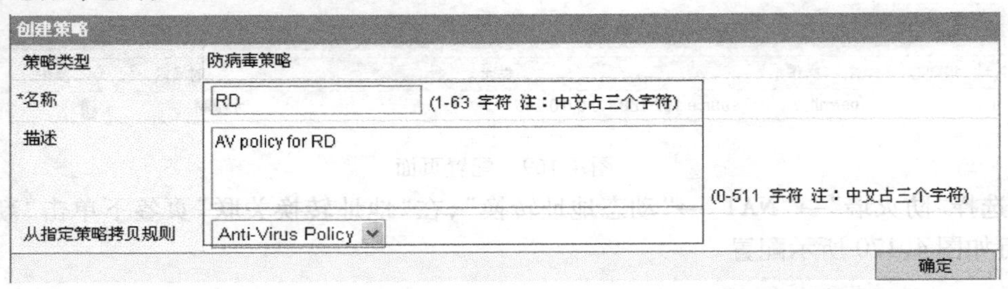

图4.173　配置页面

②输入名称为“RD”。输入描述为“AV policy for RD”，选择从指定策略拷贝规则为“Anti-Virus Policy”。单击“确定”按钮完成操作。

步骤2：修改防病毒策略“RD”的规则“Virus”

①完成上述配置后，页面跳转到“防病毒”→“规则管理”的页面，策略已默认选择为“RD”，进行如图4.174所示配置。

②选择策略“RD”，在搜索条件中输入名称为“virus”，单击“搜索”按钮，搜索到名称为“Virus”的规则。选中规则“Virus”前的复选框，选择动作集为“Block + Notify”，单击“修改动作集”按钮，单击“使能规则”按钮。

步骤3：在段“0”上应用防病毒策略“RD”

①在导航栏中选择“防病毒”→“段策略管理”，单击“创建策略应用”按钮，进行如图4.175所示配置。

②选择段为“0”，选择策略为“RD”，选择方向为“内部到外部”。单击“确定”按钮完成操作。

步骤4：激活配置

完成上述配置后，页面跳转到段策略的显示页面。单击“激活”按钮，弹出确认对话框。在确认对话框中单击“确定”按钮后，将配置激活，如图4.176所示。

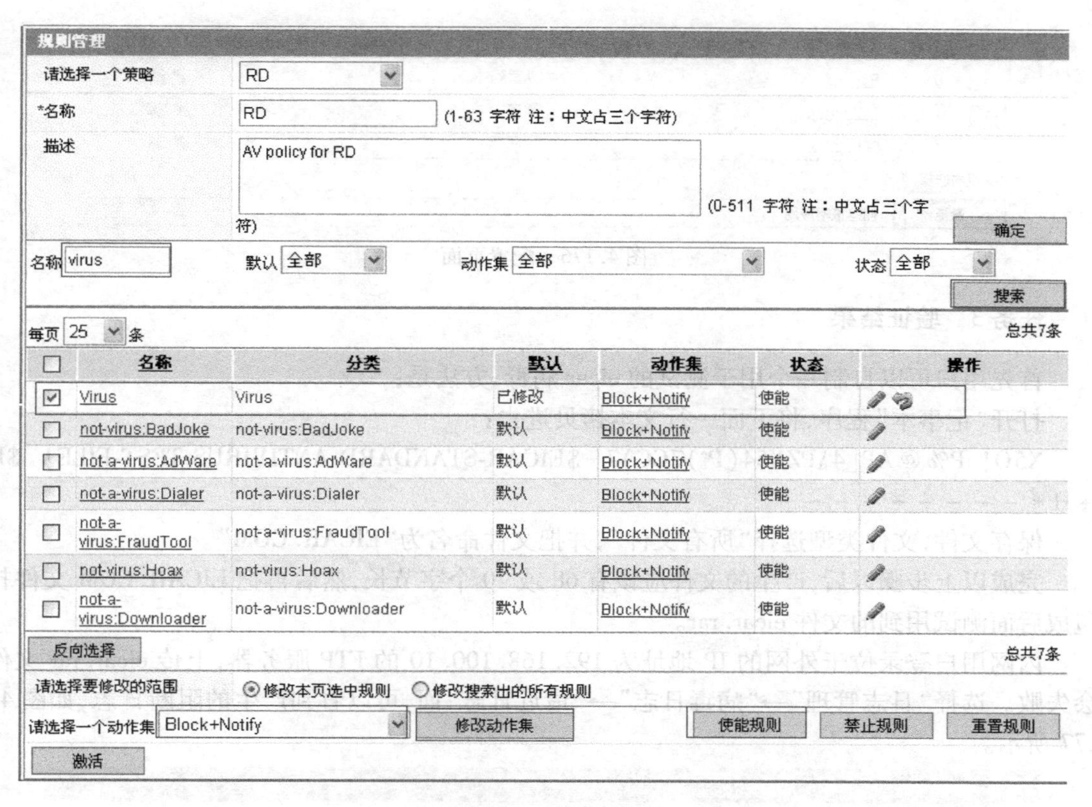

图 4.174　配置页面

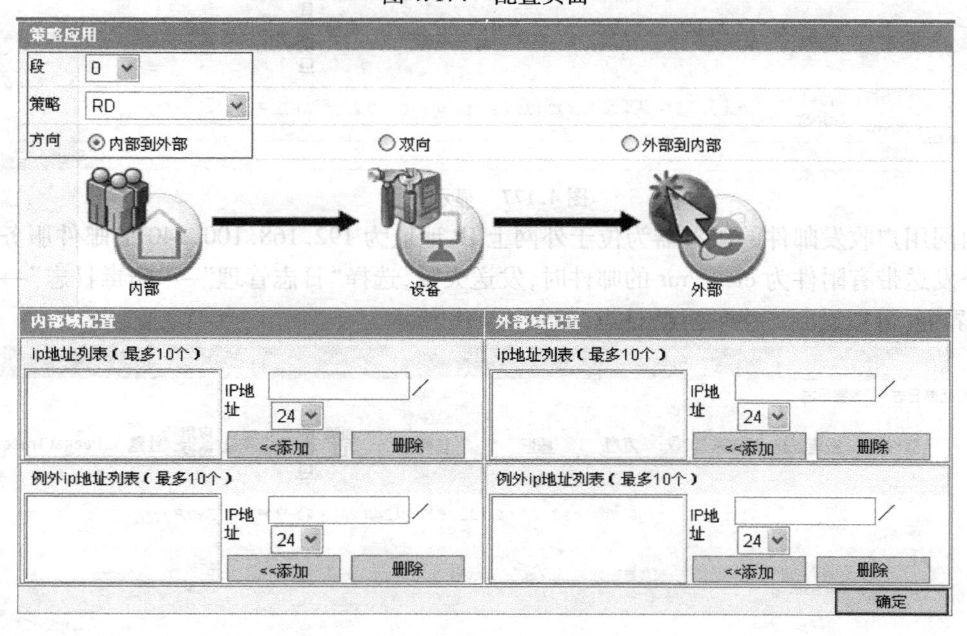

图 4.175　配置页面

☐	段	策略名称	内部域IP	内部域例外IP	方向	外部域IP	外部域例外IP	操作
☐	0	RD			从里到外			
☐	1	Anti-Virus...			双向			
☐	3	Anti-Virus...			双向			

反向选择

激活 创建策略应用 删除

图 4.176 配置页面

任务3 验证结果

首先用户可以自制一个用于测试的 eicar 病毒,方法是:

打开"记事本"程序,将下面一行文本拷贝进去:

X5O! P%@AP[4\PZX54(P^)7CC)7}$EICAR-STANDARD-ANTIVIRUS-TEST-FILE! $H+H*----------

保存文件,文件类型选择"所有文件",并把文件命名为"EICAR. COM"。

完成以上步骤以后,产生的文件应该有 68 或 70 个字节长,然后再把 EICAR. COM 文件打包成后面测试用到的文件 eicar. rar。

内网用户登录位于外网的 IP 地址为 192.168.100.10 的 FTP 服务器,上传 eicar. rar 文件会失败。选择"日志管理"→"病毒日志"→"最近日志"面,可以看到产生的阻断日志,如图 4.177 所示。

自动刷新:每隔 30 秒 手动刷新

◉阻断日志 ○告警日志

	时间戳	病毒名称	病毒类型	段	方向	源IP	目的IP	源端口	目的端口	协议类型	应用协议	计数	Packet Trace
1	2009-04-09 18:08:03	Virus.Eicar-Test-String	Virus	31	从里到外	192.168.1.2	192.168.100.10	2921	20	TCP	FTP Data	1	

导出到CSV

图 4.177 显示页面

内网用户收发邮件的服务器为位于外网上 IP 地址为 192.168.100.240 的邮件服务器,用户向外发送带有附件为 eicar. rar 的邮件时,发送失败,选择"日志管理"→"病毒日志"→"最近日志"界面,可以看到产生的阻断日志,如图 4.178 所示。

自动刷新:每隔 30 秒 手动刷新

◉阻断日志 ○告警日志

	时间戳	病毒名称	病毒类型	段	方向	源IP	目的IP	源端口	目的端口	协议类型	应用协议	计数	Packet Trace
1	2009-04-09 18:13:46	Virus.Eicar-Test-String	Virus	31	从里到外	192.168.1.2	192.168.100.240	2933	25	TCP	SMTP	1	
2	2009-04-09 18:08:03	Virus.Eicar-Test-String	Virus	31	从里到外	192.168.1.2	192.168.100.10	2921	20	TCP	FTP Data	1	

导出到CSV

图 4.178 显示页面

项目22

SecPath UTM 流日志配置

[项目内容与目标]

● 掌握 UTM 流日志功能的使用方法。

[项目组网图]

项目组网如图4.179所示,内部用户Client(4.1.1.2)连接在UTM的GE0/4接口上,通过Device设备访问外部网络。Device上配置流日志功能,发送到安装有UTM Manager的远端集中网管192.168.96.15进行详细的分析和统计。

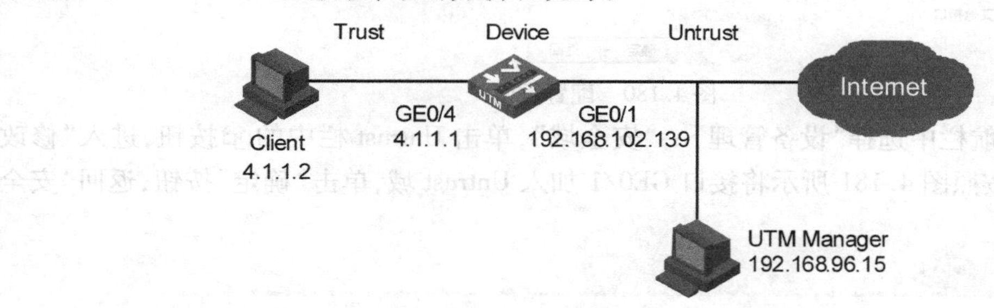

图4.179 项目组网

注意:目前仅U200-A、U200-M、U200-CA设备支持流日志功能。

[背景需求]

它可对网络中的实时流量进行统计,对各种应用程序进行分析和对用户访问的统计。

[所需设备和器材]

本项目所需的主要设备和器材如表4.11所示。

表4.11 所需设备和器材

名称和型号	版 本	数 量	描 述
U200S	CMW F5123P08	1	
PC	Windows XP SP3	2	
第5类UTP以太网连接线	—	3	

[任务实施]

任务1　UTM 基本配置

步骤1:配置接口 G0/1

①在左侧导航栏中选择“设备管理”→“接口管理”,单击 GE0/1 栏中的按钮,进入“接口编辑”界面。按照图4.180所示设置接口 GE0/1,然后单击“确定”按钮完成配置。

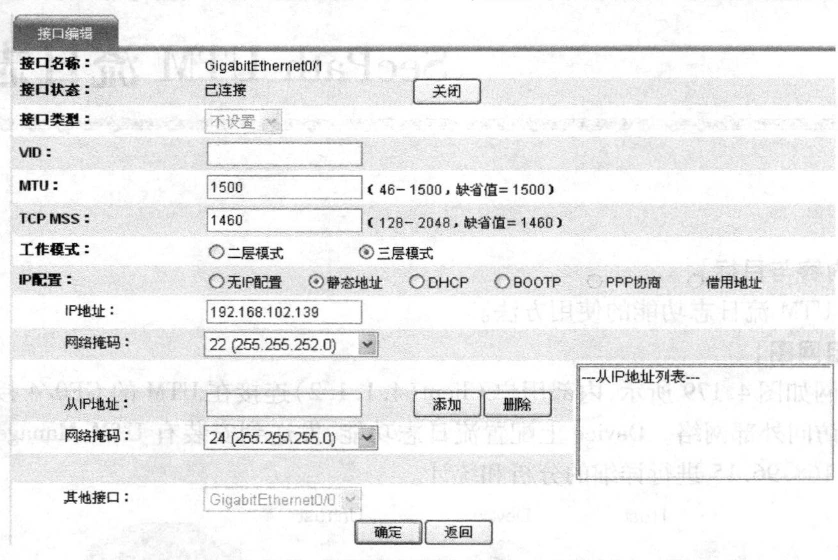

图4.180　配置页面

②在左侧导航栏中选择“设备管理”→“安全域”,单击 Untrust 栏中的按钮,进入“修改安全域”界面。按照图4.181所示将接口 GE0/1 加入 Untrust 域,单击“确定”按钮,返回“安全域”界面。

图4.181　配置页面

步骤2:配置接口 G0/4

同样配置接口 GE0/4 的 IP 地址为4.1.1.1/24,并加入安全域 Trust。选择“设备管理”→“接口管理”可看到配置完成后的界面,如图4.182 所示。

名称	IP地址	网络掩码	安全域	状态	操作
GigabitEthernet0/0	192.168.251.2	255.255.255.0	-		
GigabitEthernet0/1	192.168.102.139	255.255.252.0	Untrust		
GigabitEthernet0/2			-		
GigabitEthernet0/3			-		
GigabitEthernet0/4	4.1.1.1	255.255.255.0	Trust		

图4.182　显示页面

步骤3:配置 NAT

为了使内部的主机能够通过 Device 连接到外网,需在 GE0/1 接口上配置 NAT 策略,这里配置 ACL3004,地址转换方式为“Easy IP”。

①选择“防火墙”→“ACL”,新建 ID 为3004 的 ACL,在其中添加规则,定义需要配置的流量。这里允许源地址为4.1.1.0/24 的报文通过,如图4.183 所示。

高级ACL3004

规则ID	操作	描述	时间段
0	permit	ip source 4.1.1.0 0.0.0.255	无限制

新建　返回

图4.183　配置页面

②选择“防火墙”→“NAT”→“动态地址转换”,在“地址转换关联”页签下单击“新建”按钮,进行如图4.184 所示配置。

地址转换关联

接口	ACL	地址池索引	地址转换方式
GigabitEthernet0/1	3004		Easy IP

图4.184　配置页面

步骤4:配置路由

选择“网络管理”→“路由管理”→“静态路由”,配置静态默认路由,下一跳地址192.168.100.254为外网中的路由器与 GE0/1 在同一个网段的接口地址,如图4.185 所示。

目的IP地址	掩码	协议	优先级	下一跳	出接口	操作
0.0.0.0	0.0.0.0	Static	60	192.168.100.254	GigabitEthernet0/1	

图4.185　配置页面

步骤5:配置引流策略

配置将流量引进 iWare 平台,以进行深度分析的配置。将 Trust 和 Untrust 之间匹配 ACL 3000 的流量都引到段0 上。

①首先配置 ACL。选择击“防火墙”→“ACL”,新建 ID 为3000 的 ACL,在其中添加规则,定义需要配置的流量,如图4.186 所示。

②再选择“IPS | AV | 应用控制”→“高级设置”,新建引流策略,将 ACL 3000 的流量引到段0 上,如图4.187 所示。

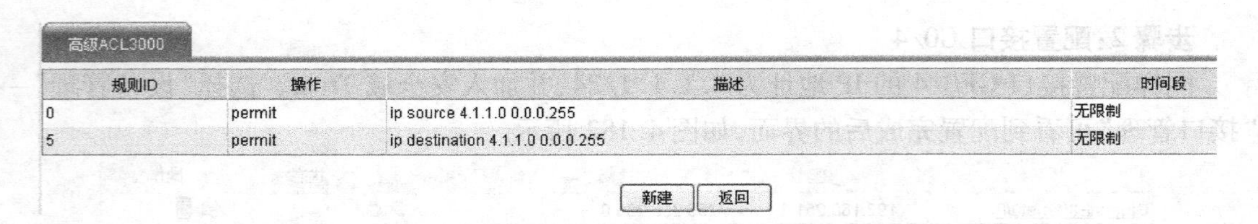

高级ACL3000

规则ID	操作	描述	时间段
0	permit	ip source 4.1.1.0 0.0.0.255	无限制
5	permit	ip destination 4.1.1.0 0.0.0.255	无限制

图 4.186　配置页面

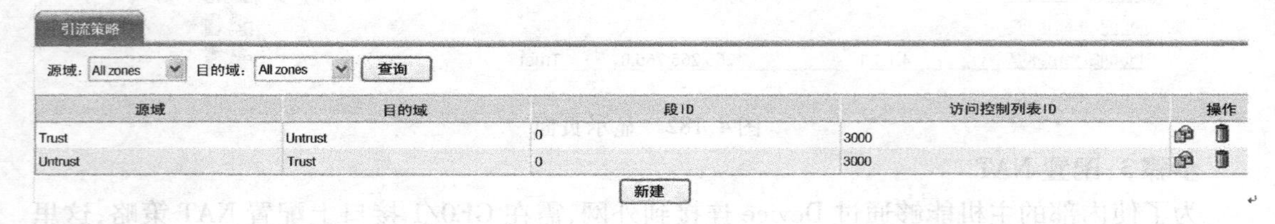

引流策略

源域：All zones　目的域：All zones　查询

源域	目的域	段 ID	访问控制列表 ID	操作
Trust	Untrust	0	3000	
Untrust	Trust	0	3000	

图 4.187　配置页面

步骤 6:SNMP 配置

[U200S] snmp-agent sys-info version all

[U200S] snmp-agent community read public

[U200S] snmp-agent community write private

任务 2　流日志配置

步骤 1:流日志通讯配置

在导航栏选择“日志管理”→“流日志”→“通讯配置”,进入通讯参数的配置页面,如图 4.188所示,这里可以设置远端网管 IP 地址、端口号和发送速率。

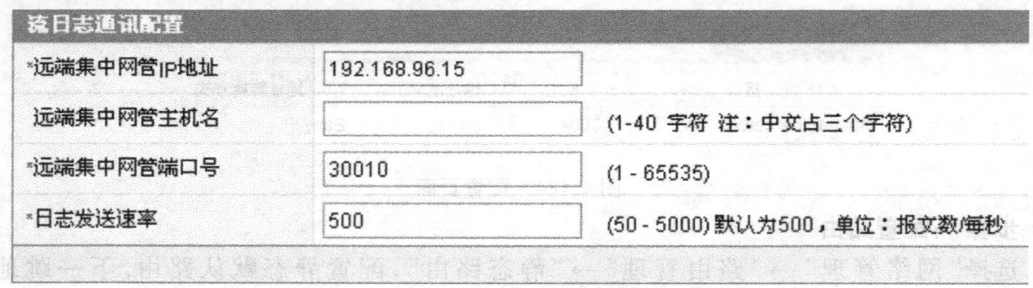

图 4.188　配置页面

步骤 2:流日志基本配置

在导航栏中选择“日志管理”→“流日志”→“流日志配置”,进入流日志的配置页面,如图 4.189 所示。选择复选框后,单击“确定”按钮和“激活”按钮,使配置生效。

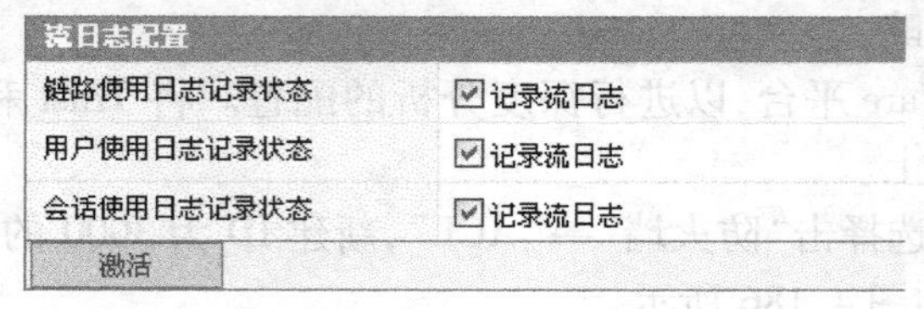

图 4.189　配置页面

其中,链路使用日志记录对整个链路上各种服务的流量,用户使用日志按用户对各种服务的流量进行记录,会话使用日志按会话对指定服务的流量进行记录。一般开启链路使用日志即可。

要实现“会话使用日志记录”功能还需要先在“带宽管理”→“服务管理”中将要统计的服务开启记录日志功能,如图4.190所示。

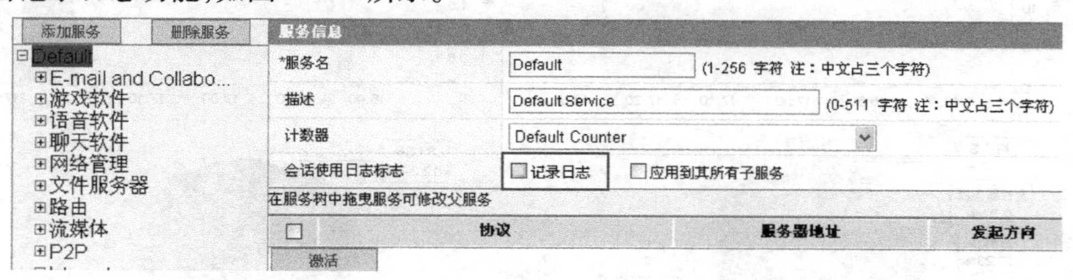

图4.190　配置页面

步骤3:在SecCenter UTM Manager中添加UTM设备

在SecCenter界面中选择“系统管理”→“设备管理”→“设备列表”→“添加设备”,“设备主机名或IP地址”为Device对外的接口IP地址。如果Device的系统时区为UTC,则“时间矫正”选择“以格林威治时钟处理”,输入设备标签,其他选项采用默认配置即可,如图4.191所示。

SecCenter
带宽管理 行为审计 防火墙管理 IPS管理 系统管理
设备与系统管理 -> 设备管理 -> 设备列表 -> 添加设备
添加设备
设备主机名或IP地址: 192.168.102.139
设备标签: U200-CA
区域: 未知区域
时间矫正: 以格林威治时钟处理
使用访问模板 缺省模板
指定访问参数
设备访问参数
SNMP团体字:
设备Web管理用户名:
设备Web管理密码:
设备Web端口号:
设备telnet用户名:
设备telnet密码:
添加 取消

图4.191　配置页面

任务3　验证结果

主机通过设备进行HTTP浏览、FTP下载等应用。查看SecCenter,选择“带宽管理”→“网络流量快照”可以看到对经过该设备的流量的统计分析。

网络流量快照如图4.192所示。

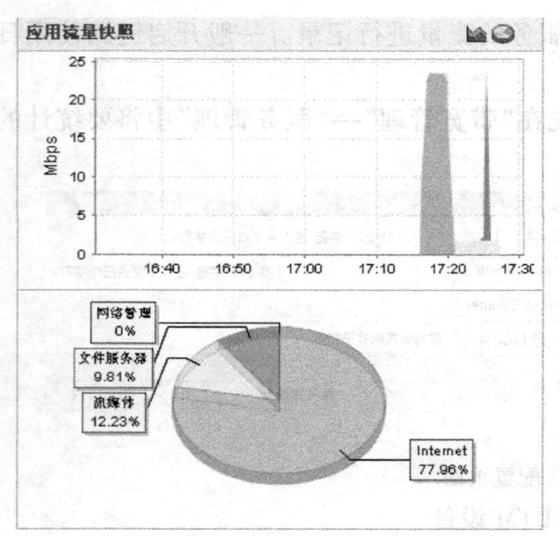

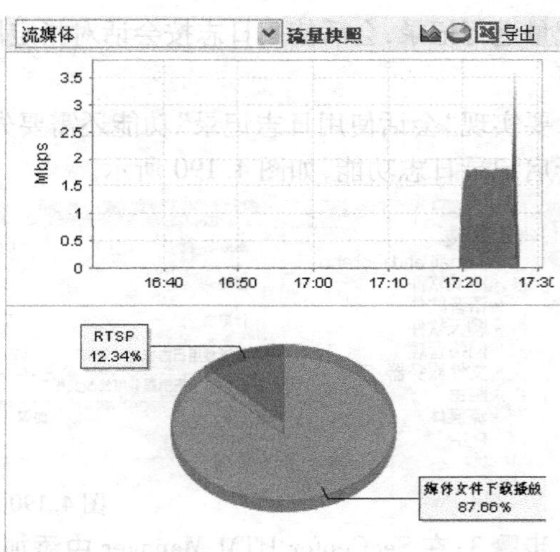

图 4.192　显示页面

业务流量分析如图 4.193 所示。

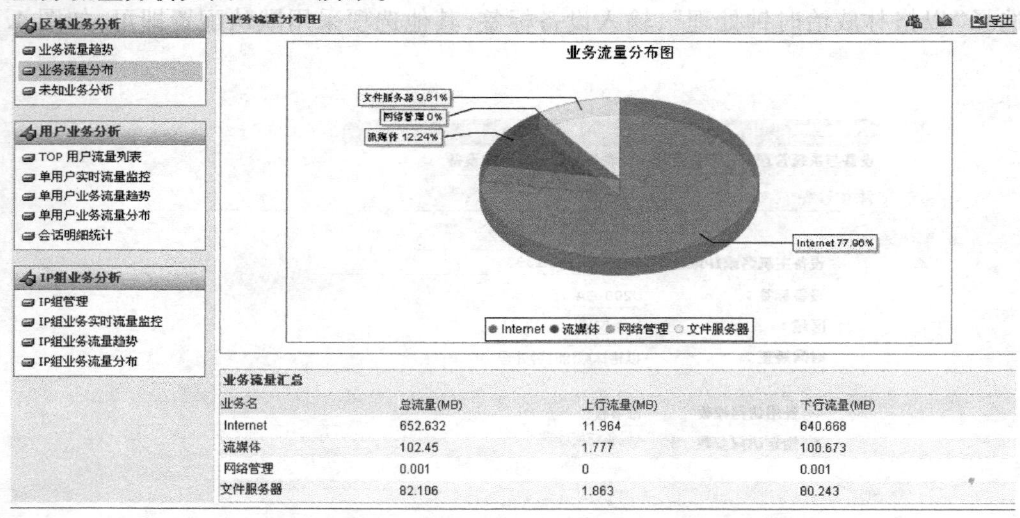

业务名	总流量(MB)	上行流量(MB)	下行流量(MB)
Internet	652.632	11.964	640.668
流媒体	102.45	1.777	100.673
网络管理	0.001	0	0.001
文件服务器	82.106	1.863	80.243

图 4.193　显示页面

用户业务分析如图 4.194 所示。

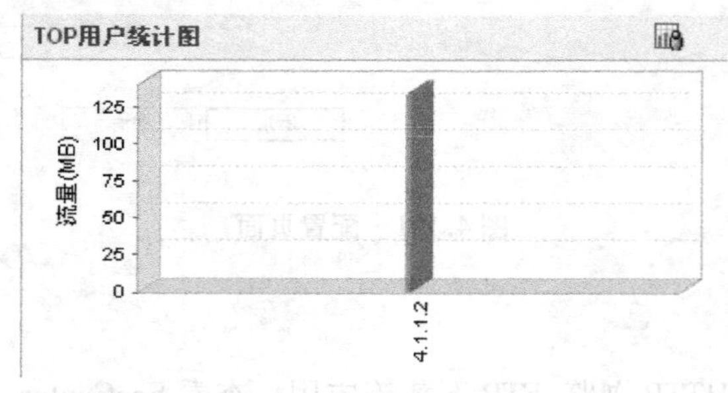

图 4.194　显示页面

项目 23 SecPath UTM 协议审计策略配置

[项目内容与目标]

- 掌握 UTM 协议审计功能的使用方法。

[项目组网图]

项目组网如图 4.195 所示:内网网段为 10.1.1.0/24。在 Device 上配置协议审计策略,对该公司的用户(除 IP 地址为 10.1.1.12 的主机外)通过 SMTP 和 POP3 协议进行访问的网络流量进行协议审计,同时配置将协议审计的日志发送到位于外网的 IP 地址为 20.1.1.3 的 Syslog 主机上。

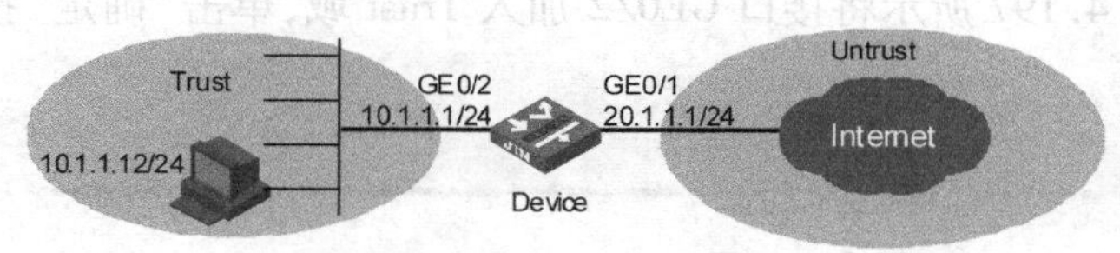

图 4.195　项目组网

[背景需求]

它可对网络中用户的上网行为进行审计和分析,了解网络中的热点 Web 网站、网站访问最频繁的用户、网站访问量趋势等信息。

[所需设备和器材]

本项目所需的主要设备和器材如表 4.12 所示。

表 4.12　所需设备和器材

名称和型号	版　本	数　量	描　述
U200S	CMW F5123P08	1	
PC	Windows XP SP3	2	
第 5 类 UTP 以太网连接线	—	3	

[任务实施]

任务 1　UTM 基本配置

步骤 1:配置接口 G0/2

①在左侧导航栏中选择“设备管理”→“接口管理”,单击 GE0/2 栏中的 按钮,进入“接

口编辑”界面。按照图 4.196 所示设置接口 GE0/2，然后单击“确定”按钮完成配置。

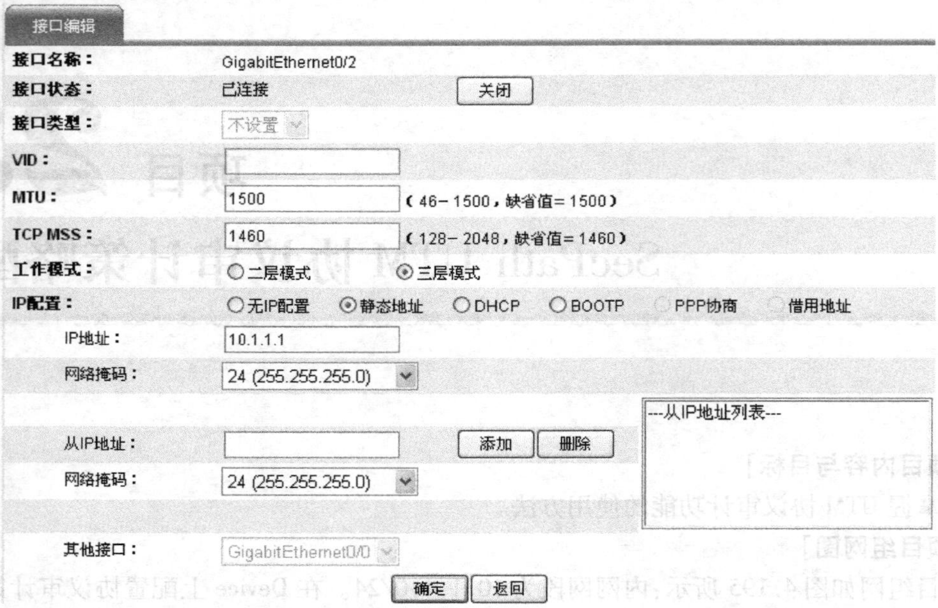

接口编辑
接口名称： GigabitEthernet0/2
接口状态： 已连接 关闭
接口类型： 不设置
VID：
MTU： 1500 （46－1500，缺省值＝1500）
TCP MSS： 1460 （128－2048，缺省值＝1460）
工作模式： 二层模式 三层模式
IP配置： 无IP配置 静态地址 DHCP BOOTP PPP协商 借用地址
IP地址： 10.1.1.1
网络掩码： 24 (255.255.255.0)
---从IP地址列表---
从IP地址： 添加 删除
网络掩码： 24 (255.255.255.0)
其他接口： GigabitEthernet0/0
确定 返回

图 4.196　配置页面

②在左侧导航栏中选择“设备管理”→“安全域”，单击 Trust 栏中的按钮，进入“修改安全域”界面。按照图 4.197 所示将接口 GE0/2 加入 Trust 域，单击“确定”按钮 返回“安全域”界面。

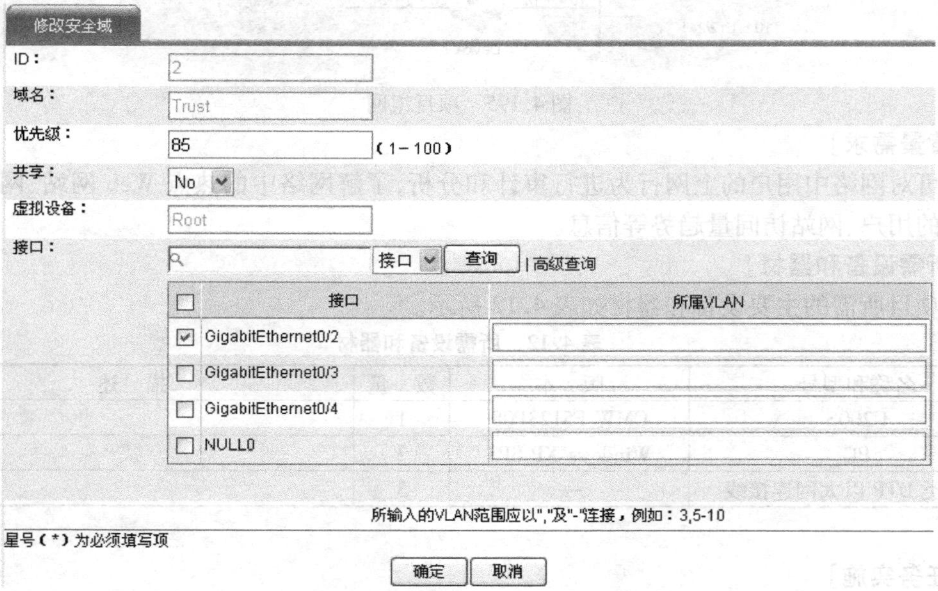

修改安全域
ID： 2
域名： Trust
优先级： 85 （1－100）
共享： No
虚拟设备： Root
接口： 接口 查询 | 高级查询

	接口	所属VLAN
☑	GigabitEthernet0/2	
☐	GigabitEthernet0/3	
☐	GigabitEthernet0/4	
☐	NULL0	

所输入的VLAN范围应以","及"-"连接，例如：3,5-10
星号（*）为必须填写项
确定 取消

图 4.197　配置页面

步骤 2：配置接口 G0/1

同样配置接口 GE0/1 的 IP 地址为 20.1.1.1/24，并加入安全域 Untrust。选择“设备管理"→"接口管理"可看到配置完成后的界面,如图4.198所示。

名称 查询 | 高级查询

名称	IP地址	网络掩码	安全域	状态	操作
GigabitEthernet0/0	192.168.251.20	255.255.255.0	-		
GigabitEthernet0/1	20.1.1.1	255.255.255.0	Untrust		
GigabitEthernet0/2	10.1.1.1	255.255.255.0	Trust		
GigabitEthernet0/3			-		
GigabitEthernet0/4			-		
NULL0			-		

图4.198　显示页面

步骤3:配置NAT

内网和外网处于不同的网段,为了使内网用户能够通过Device访问外网,需要在GE0/1接口上配置NAT策略,这里配置ACL2000,地址转换方式为"Easy IP"。

①选择"防火墙"→"ACL",新建ID为2000的ACL,在其中添加规则,定义需要配置的流量。这里允许源地址为10.1.1.0/24的报文通过,如图4.199所示。

基本ACL2000

规则ID	操作	描述	时间段	操作
0	permit	source 10.1.1.0 0.0.0.255	无限制	

图4.199　配置页面

②选择"防火墙"→"NAT"→"动态地址转换",在"地址转换关联"页签下单击"新建"按钮,进行如图4.200所示配置。

新建动态地址转换

接口:	GigabitEthernet0/1
ACL:	2000 *(2000-3999)
地址转换方式:	Easy IP
地址池索引:	(0-31)
外部VPN实例:	

星号(*)为必须填写项

确定　取消

图4.200　配置页面

步骤4:配置引流策略

配置引流策略,以进行流量深度检测,将Trust和Untrust之间匹配ACL 3000的流量都引到段0上。

①首先配置ACL。选择"防火墙"→"ACL",新建ID为3000的ACL,在其中添加规则,定义需要配置的流量,如图4.201所示。

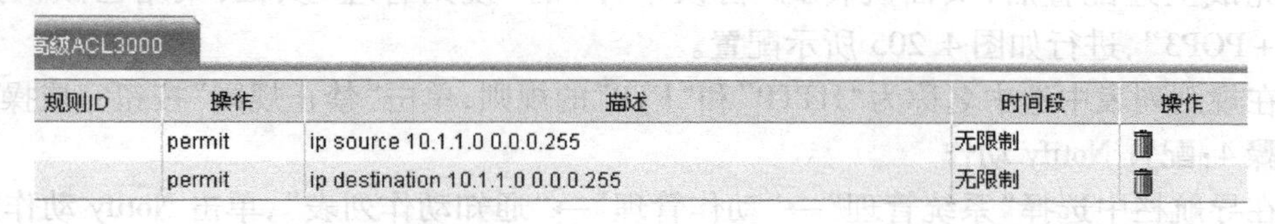

高级ACL3000

规则ID	操作	描述	时间段	操作
	permit	ip source 10.1.1.0 0.0.0.255	无限制	
	permit	ip destination 10.1.1.0 0.0.0.255	无限制	

图4.201　配置页面

②选择“IPS | AV | 应用控制”→“高级设置”，新建引流策略，将匹配 ACL3000 的流量引到段 0 上，如图 4.202 所示。

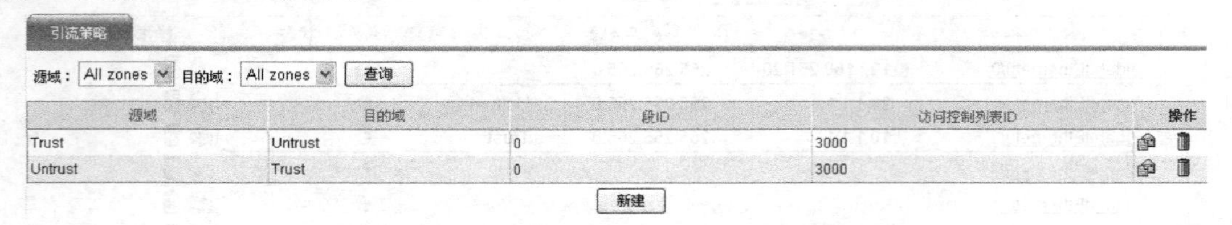

源域	目的域	段ID	访问控制列表ID	操作
Trust	Untrust	0	3000	
Untrust	Trust	0	3000	

图 4.202　配置页面

任务 2　协议审计策略配置

步骤 1：进入应用安全策略配置界面

选择“IPS|AV|应用控制”→“高级配置”，单击“应用安全策略”按钮，进入应用安全策略配置页面，如图 4.203 所示。

应用安全策略

在应用安全策略配置中，您可以配置详细的AV/IPS/URL过滤、Anti-spam策略，并对IM/P2P等上百种应用软件进行控制和审计，并提供详细的日志信息。

• 应用安全策略

图 4.203　配置页面

步骤 2：创建一个协议审计策略“SMTP + POP3”

①在导航栏中选择“协议审计”→“策略管理”，单击“创建策略”按钮，进行如图 4.204 所示配置。

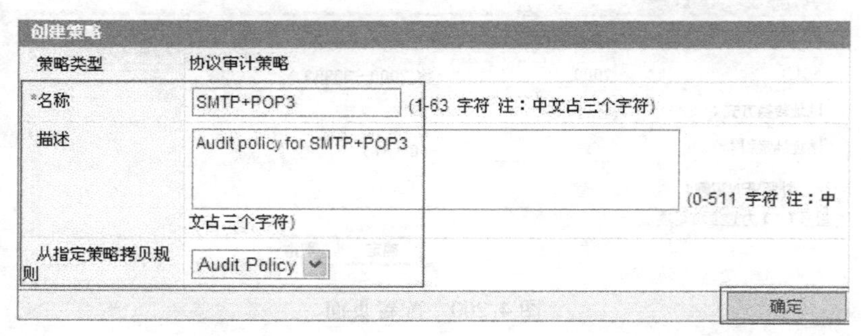

图 4.204　配置页面

②输入名称为“SMTP + POP3”，输入描述为“Audit policy for SMTP + POP3”，选择从指定策略拷贝规则为“Audit Policy”。单击“确定”按钮完成操作。

步骤 3：配置协议审计策略中的规则

①完成上述配置后，页面跳转到“协议审计”的“规则管理”页面，策略已默认选择为“SMTP + POP3”，进行如图 4.205 所示配置。

②在规则列表中选中名称为“HTTP”和“FTP”的规则，单击“禁止规则”按钮完成操作。

步骤 4：配置 Notify 动作

①在导航栏中选择“系统管理”→“动作管理”→“通知动作列表”，单击 Notify 动作对应的✎图标，进行如图 4.206 所示配置。

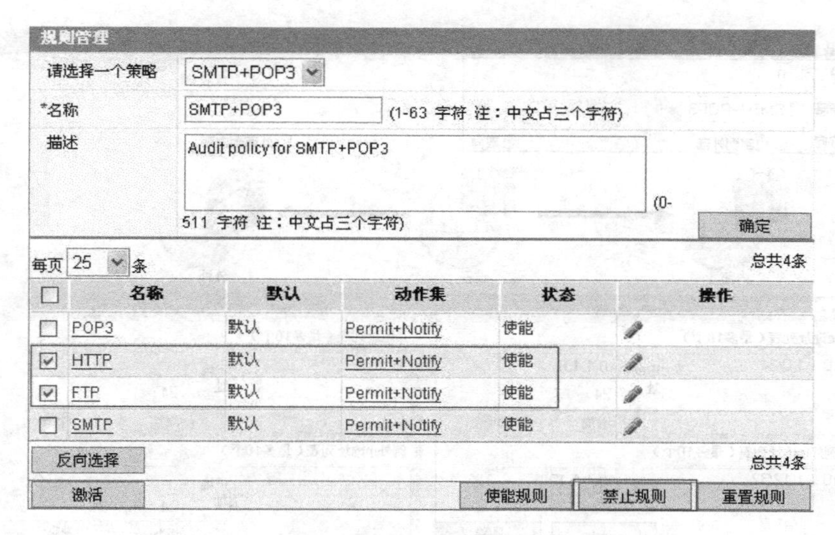

图 4.205　配置页面

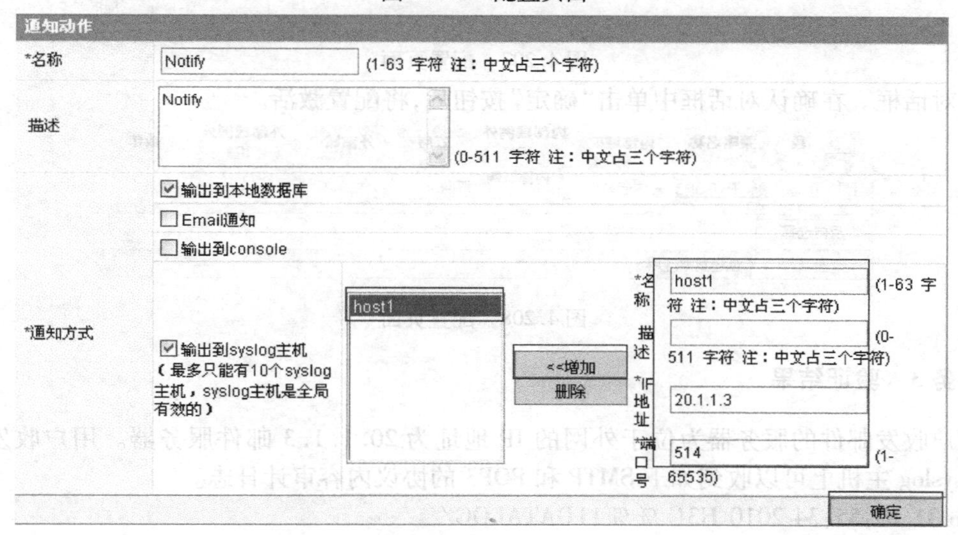

图 4.206　配置页面

②选中通知方式“输出到 syslog 主机”前的复选框；输入名称为“host1”，输入 IP 地址为“20.1.1.3”，输入端口号为“514”；单击“增加”按钮将 syslog 主机的配置添加到 syslog 主机列表框中，在 syslog 主机列表框中选中选中“host1”。单击“确定”按钮完成操作。

步骤 5：在段“0”上应用协议审计策略

①在导航栏中选择“协议审计”→“段策略管理”，单击“创建策略应用”按钮，进行如图 4.207所示配置。

②选择要关联的段为“0”，选择策略为“SMTP + POP3”，选择方向为“双向”；在内部域 IP 地址列表中添加 IP 地址为“10.1.1.0/24”，在内部域例外 IP 地址列表中添加 IP 地址为“10.1.1.12/32”。单击“确定”按钮完成操作。

步骤 6：激活配置

完成上述配置后，页面跳转到段策略的显示页面，如图 4.208 所示。单击“激活”按钮，弹

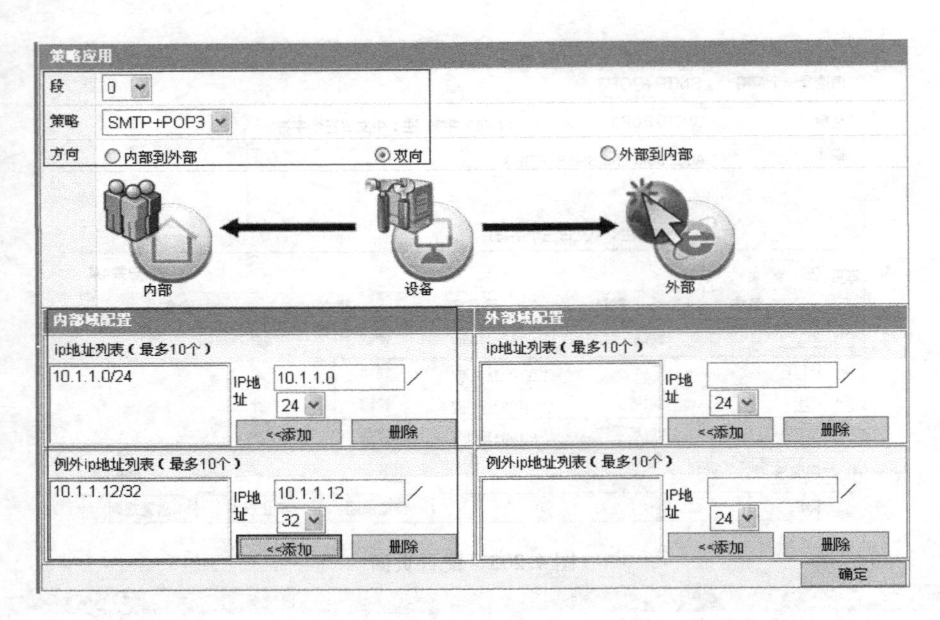

图 4.207　配置页面

出确认对话框。在确认对话框中单击“确定”按钮后，将配置激活。

□	段	策略名称	内部域IP	内部域例外IP	方向	外部域IP	外部域例外IP	操作
□	0	SMTP+POP3	+ 内部域IP	+ 内部域例外IP	双向			

反向选择

激活　创建策略应用　删除

图 4.208　配置页面

任务3　验证结果

用户收发邮件的服务器为位于外网的 IP 地址为 20.1.1.3 邮件服务器。用户收发邮件时，在 syslog 主机上可以收到如下 SMTP 和 POP3 的协议内容审计日志。

Jan 31 10:55:34 2010 H3C %%11DATALOG/

3/AUDIT(1): - DEV_TYPE = UTM-PN = 210235A312A08B000004

data_type(1) = audit; log_type(2) = smtp

audit; app_protocol_name(6) = (84021328)SMTP; src_ip(22) = 10.1.1.13; src_port(23) = 1645; dst_ip(24) = 20.1.1.3; dst_port(25) = 25; ifname_in(16) = eth0/1; ifname_out(17) = eth0/1; from(94) = apple@ ha; to(95) = banana@ ha; cc(96) = apple@ ha; subject(98) = hi; net_user(122) = 10.1.1.13

Jan 31 10:55:37 2010 H3C %%11DATALOG/

3/AUDIT(1): - DEV_TYPE = UTM - PN = 210235A312A08B000004

data_type(1) = audit; log_type(2) = pop3

audit; app_protocol_name(6) = (84020174) pop3 (TCP); src_ip(22) = 10.1.1.13; src_port(23) = 1647; dst_ip(24) = 20.1.1.3; dst_port(25) = 110; ifname_in(16) = eth0/1; ifname_out(17) = eth0/1; from(94) = apple@ ha; to(95) = banana@ ha; cc(96) = apple@ ha; subject(98) = hi; net_user(122) = 20.1.1.3;;

项目24 SecPath UTM URL过滤策略配置

[项目内容与目标]

- 掌握 UTM URL 过滤功能的使用方法。

[项目组网图]

项目组网如图 4.209 所示，内网网段为 4.1.1.0/24，外网网段为 192.168.100.0/22。在 Device 上配置 URL 过滤策略和规则，禁止内网用户（用户 4.1.1.10 除外）在上午（8:30—12:00）访问网站 www.h3c.com.cn/Training，其他时间可以访问，并且记录访问日志。

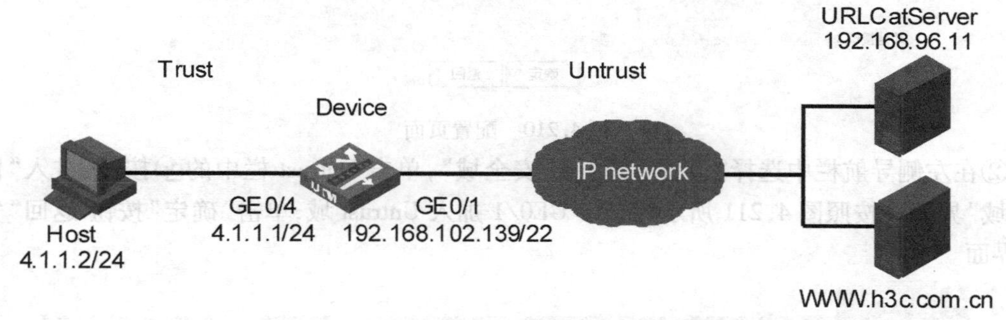

图 4.209 项目组网

[背景需求]

URL 过滤可以实现对因特网访问的管理，什么时间可以在企业内部使用互联网进行个人事务，例如通过在每天不同时段配置不同的过滤规则来实现在工作时段不允许登录体育网站，而下班时间和午餐时间则可以。

[所需设备和器材]

本项目所需的主要设备和器材如表 4.13 所示。

表 4.13 所需设备和器材

名称和型号	版 本	数 量	描 述
U200S	CMW F5123P08	1	
PC	Windows XP SP3	2	
第 5 类 UTP 以太网连接线	—	3	

[任务实施]

任务 1　UTM 基本配置

步骤 1:配置接口 G0/1

①在左侧导航栏中选择“设备管理”→“接口管理”,单击 GE0/1 栏中的按钮,进入“接口编辑”界面。按照图 4.210 所示设置接口 GE0/1,然后单击“确定”按钮完成配置。

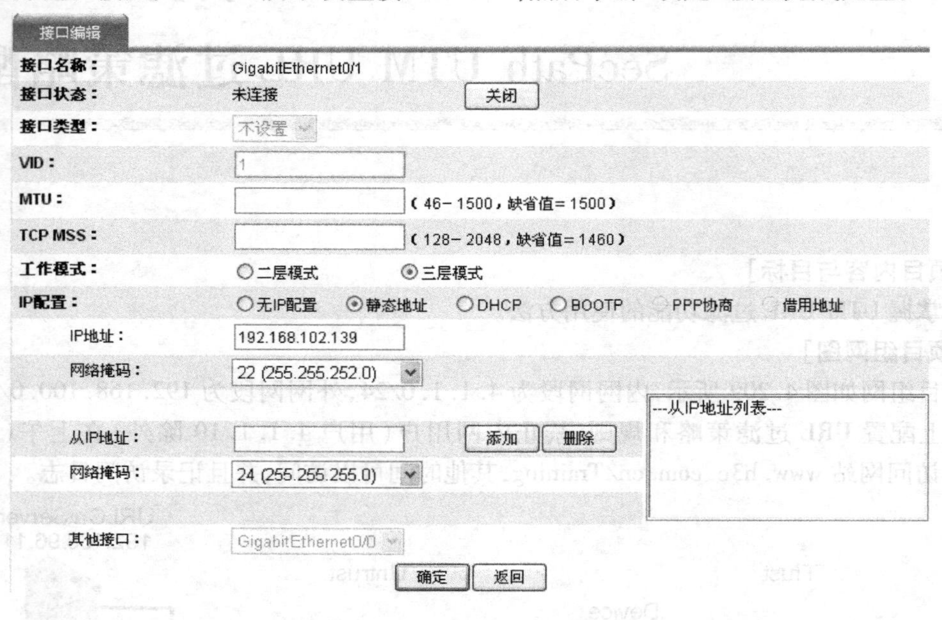

图 4.210　配置页面

②在左侧导航栏中选择“设备管理”→“安全域”,单击 Untrust 栏中的按钮,进入“修改安全域”界面。按照图 4.211 所示将接口 GE0/1 加入 Untrust 域,单击“确定”按钮 返回“安全域”界面。

修改安全域

ID： 4

域名： Untrust

优先级： 5 （1－100）

共享： No

虚拟设备： Root

接口： 接口 查询 | 高级查询

☐	接口	所属VLAN
☑	GigabitEthernet0/1	
☐	NULL0	

所输入的VLAN范围应以","及"-"连接，例如：3,5-10

星号（*）为必须填写项

确定　取消

图 4.211　配置页面

步骤2:配置接口 G0/4

同样配置接口 GE0/4 的 IP 地址为 4.1.1.1/24,并加入安全域 Trust。选择“设备管理”→“接口管理”后可看到配置完成后的界面,如图 4.212 所示。

名称	IP地址	网络掩码	安全域	状态
GigabitEthernet0/0			Untrust	
GigabitEthernet0/1	192.168.102.139	255.255.252.0	Untrust	
GigabitEthernet0/2			Trust	
GigabitEthernet0/3			-	
GigabitEthernet0/4	4.1.1.1	255.255.255.0	Trust	
GigabitEthernet0/5			-	
NULL0			-	

图 4.212　配置页面

步骤3:配置 NAT

为了使内部的主机能够通过 Device 连接到外网,需在 GE0/1 接口上配置 NAT 策略,这里配置 ACL 3004,地址转换方式为“Easy IP”。

①选择“防火墙”→“ACL”,新建 ID 为 3004 的 ACL,在其中添加规则,定义需要配置的流量。这里允许源地址为 4.1.1.0/24 的报文通过,如图 4.213 所示。

高级ACL3004

规则ID	操作	描述	时间段
0	permit	ip source 4.1.1.0 0.0.0.255	无限制

新建　返回

图 4.213　配置页面

②选择“防火墙”→“NAT”→“动态地址转换”,在“地址转换关联”页签下单击“新建”按钮,进行如图 4.214 所示配置。

地址转换关联

接口	ACL	地址池索引	地址转换方式	外网VPN实例	操作
GigabitEthernet0/1	3004		Easy IP		

新建

图 4.214　配置页面

步骤4:路由信息

①选择“网络管理”→“路由管理”→“静态路由”,配置静态默认路由,下一跳地址 192.168.100.254 为外网中的路由器与 GE0/1 在同一个网段的接口地址,如图 4.215 所示。

目的IP地址	掩码	协议	优先级	下一跳	出接口	操作
0.0.0.0	0.0.0.0	Static	60	192.168.100.254		

图 4.215　配置页面

②选择“IPS | AV | 应用控制”→“高级设置”,新建引流策略,将匹配 ACL 3000 的流量引到段 0 上,如图 4.216 所示。

步骤5:DNS 配置

配置 DNS 服务器 IP 地址,以便解析 License 时间校验服务器地址 www.h3c.com.cn。

选择“网络管理”→“DNS”→“动态域名解析”,单击“添加 IP 地址”,配置 DNS 服务器地址，如图 4.217 所示。

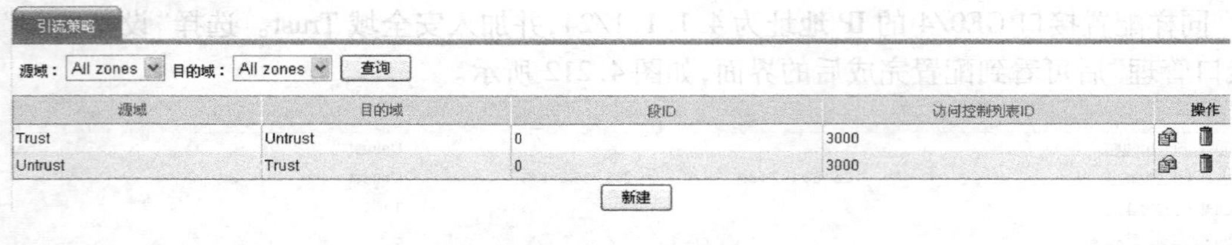

引流策略

源域：All zones 目的域：All zones 查询

源域	目的域	段ID	访问控制列表ID	操作
Trust	Untrust	0	3000	
Untrust	Trust	0	3000	

新建

图 4.216　配置页面

DNS服务器IP地址	操作
10.72.66.36	

图 4.217　配置页面

步骤 6：配置引流策略

配置将流量引进 iWare 平台，以进行深度分析的配置，将 Trust 和 Untrust 之间匹配 ACL 3000的流量都引到段 0 上。

①首先配置 ACL。选择“防火墙”→“ACL”，新建 ID 为 3000 的 ACL，在其中添加规则，定义需要配置的流量，如图 4.218 所示。

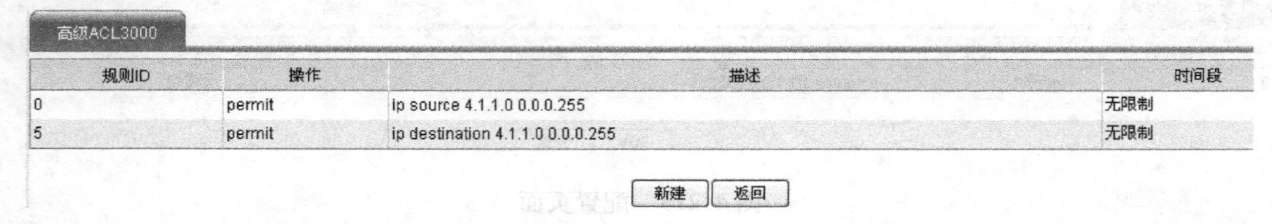

高级ACL3000

规则ID	操作	描述	时间段
0	permit	ip source 4.1.1.0 0.0.0.255	无限制
5	permit	ip destination 4.1.1.0 0.0.0.255	无限制

新建　返回

图 4.218　配置页面

②再选择“IPS ǀ AV ǀ 应用控制”→“高级设置”，新建引流策略，将 ACL 3000 的流量引到段 0 上，如图 4.219 所示。

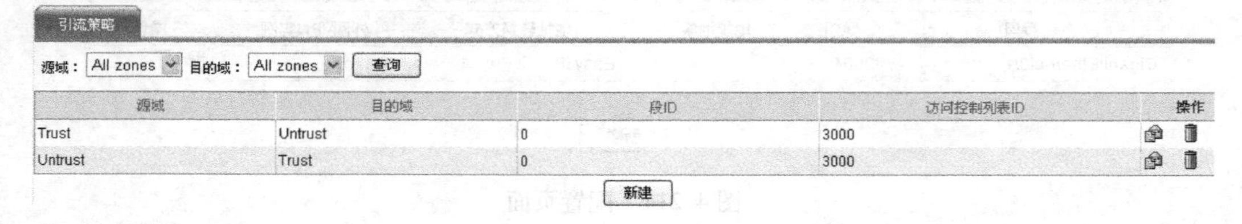

引流策略

源域：All zones 目的域：All zones 查询

源域	目的域	段ID	访问控制列表ID	操作
Trust	Untrust	0	3000	
Untrust	Trust	0	3000	

新建

图 4.219　配置页面

任务 2　URL 过滤策略配置

步骤 1：进入应用安全策略配置界面

选择“IPSǀAVǀ应用控制”→“高级配置”，单击“应用安全策略”按钮，进入应用安全策略配置页面，如图 4.220 所示。

应用安全策略

在应用安全策略配置中，您可以配置详细的AV/IPS/URL过滤、Anti-spam策略，并对IM/P2P等上百种应用软件进行控制和审计，并提供详细的日志信息。

- 应用安全策略

图 4.220　配置页面

步骤2:创建时间表"morning"

在导航栏中选择"系统管理"→"时间表管理",单击"创建时间表"按钮,在创建时间表的页面进行如图4.221所示配置,在时间表格中选中周一至周五的8:30—12:00的时间段。

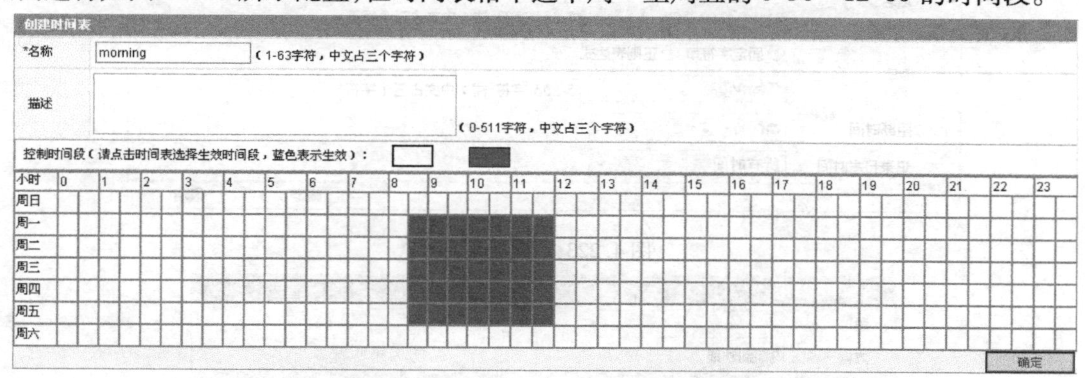

图4.221　配置页面

步骤3:配置URL过滤全局参数

在导航栏中选择"URL过滤"→"全局配置",在"URL过滤设置"中进行如图4.222所示配置:选中"使能自定义的URL过滤"前的复选框,单击"确定"按钮完成操作。

URL过滤设置
☑使能基于分类的URL过滤　License有效期：2009年12月31日
☑使能自定义的URL过滤
URL分类服务器　*IP地址　192.168.96.11
*端口　5000　(1-65535)
+ 高级设置
确定

策略应用列表
每页 25 条　总共1条 1/1页 1~1条 首页 上一页 下一页 尾页 跳转至第 1 页　跳转

☐	段	内部域IP	内部域例外IP	策略名称	操作
☐	---	---	---	URL Filter...	✎

反向选择　删除　总共1条 1/1页 1~1条 首页 上一页 下一页 尾页 跳转至第 1 页　跳转
激活　创建策略应用

图4.222　配置页面

步骤4:创建并应用URL过滤策略

①在"策略应用列表"中单击"创建策略应用"按钮,在创建策略应用页面进行如图4.223所示配置。单击"自定义URL规则"前的扩展按钮,在"自定义URL规则"中单击"添加"按钮,在弹出的添加自定义URL规则页面进行如下配置:

输入名称为"h3c",输入域名固定字符串为"www.h3c.com.cn",输入URI固定字符串为"/Training?",选择阻断时间为"morning",选择记录日志时间为"所有时间"。单击"确定"按钮完成操作。单击"取消"按钮关闭添加自定义URL规则页面。

②在"策略应用范围"中单击"添加"按钮,在弹出的添加策略应用页面中进行如图4.224所示配置:选择段为"0",在IP地址列表中添加IP地址"4.1.1.0/24",在例外IP地址列表中添加IP地址"4.1.1.10/32"。单击"确定"按钮完成操作,单击"取消"按钮关闭添加策略应用页面。

添加自定义URL规则	
*名称	h3c (1-31 字符 注：中文占三个字符)
域名	⊙固定字符串 ○正则表达式 帮助 www.h3c.com.cn (5-255 字符 注：中文占三个字符)
URI	○固定字符串 ⊙正则表达式 /Training? (5-255 字符 注：中文占三个字符)
阻断时间	morning
记录日志时间	所有时间
	确定 取消

图 4.223　配置页面

添加策略应用	
段	0
方向	内部到外部
IP地址配置	
IP地址列表（最多10个） 4.1.1.0/24	IP地址 / 24 <<添加 >>删除
例外IP地址列表（最多10个） 4.1.1.10/32	IP地址 / 32 <<添加 >>删除
	确定 取消

图 4.224　配置页面

上述配置内容设置后的页面如图 4.225 所示，单击“确定”按钮完成操作。

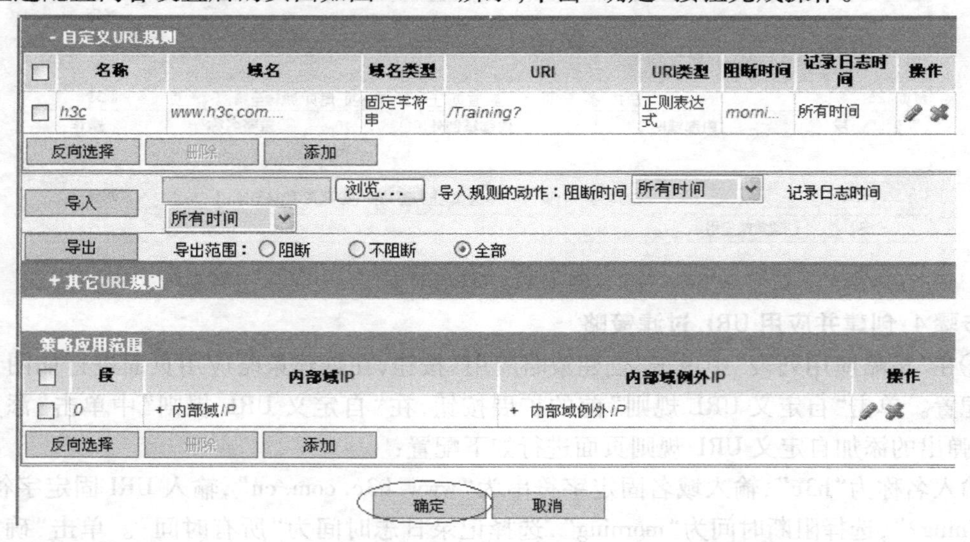

图 4.225　配置页面

步骤 5：激活配置

完成上述配置后，页面跳转到全局配置页面。单击“激活”按钮，弹出确认对话框。在确认对话框中单击“确定”按钮后，将配置激活，如图 4.226 所示。

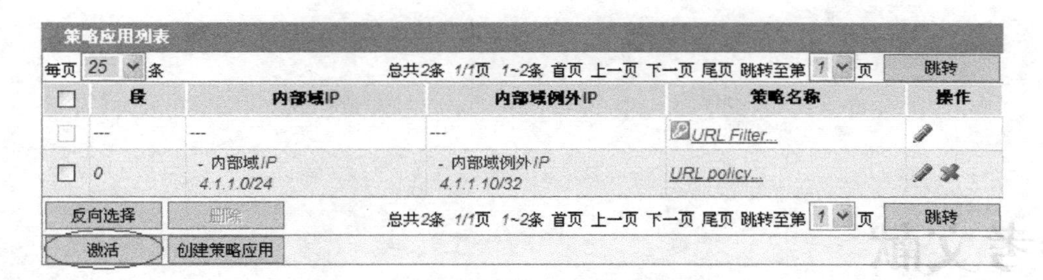

图4.226　配置页面

任务3　验证结果

内网用户(4.1.1.2)通过IE浏览器可以访问 http://www.h3c.com.cn 没有问题,但访问 http://www.h3c.com.cn/Training 时无法显示网页,如图4.227所示。

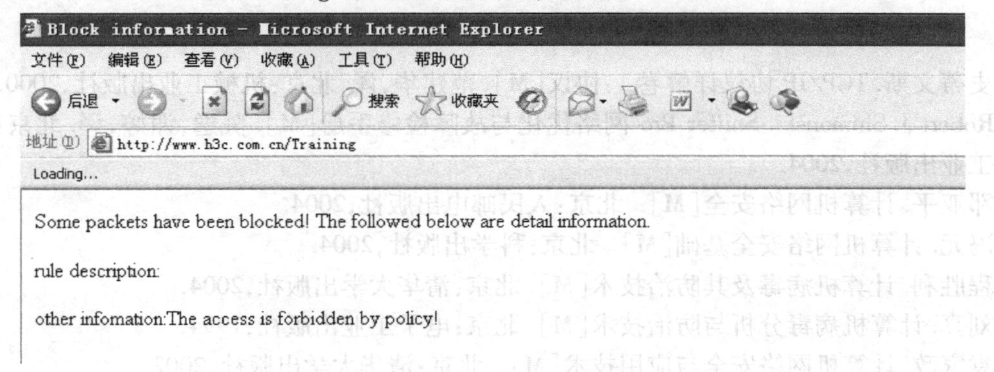

图4.227　显示页面

选择"日志管理"→"URL日志",可以看到URL过滤日志,如图4.228所示。

URL日志

段	全部	动作	全部
源IP		目的IP	
分类组	全部	分类	全部
开始时间		结束时间	

导出到CSV　条件删除　查询

每页 25 条　总共176条 1/8页 1~25条 首页 上一页 下一页 尾页 跳转至第 1 页　跳转

时间戳	段	源IP	目的IP	分类组	分类	URL	动作
2009-07-27 10:42:02	0	4.1.1.2	172.25.15.40	自定义	--	http://www.h3c.com.cn/Training	阻断
2009-07-27 10:40:40	0	4.1.1.2	172.25.15.40	自定义	--	http://www.h3c.com.cn/Training	阻断
2009-07-27 10:40:31	0	4.1.1.2	172.25.15.40	自定义	--	http://www.h3c.com.cn/Training	阻断
2009-07-27 10:40:27	0	4.1.1.2	172.25.15.40	自定义	--	http://www.h3c.com.cn/Training	阻断
2009-07-27 10:40:25	0	4.1.1.2	172.25.15.40	自定义	--	http://www.h3c.com.cn/Training	阻断
2009-07-27 10:38:39	0	4.1.1.2	172.25.15.40	信息技术	软件/硬件	http://www.h3c.com.cn/Aspx/js/IframeAutoFit.js	告警
2009-07-27 10:36:53	0	4.1.1.2	172.25.15.40	信息技术	软件/硬件	http://www.h3c.com.cn/tres/images/button/lef...	告警
2009-07-27 10:36:53	0	4.1.1.2	172.25.15.40	信息技术	软件/硬件	http://www.h3c.com.cn/tres/js/NotExpandCha...	告警
2009-07-27 10:36:05	0	4.1.1.2	172.25.15.40	信息技术	软件/硬件	http://www.h3c.com.cn/tres/images/button/tr_...	告警

图4.228　显示页面

参考文献

[1] 史蒂文斯. TCP/IP 协议详解卷 1:协议[M]. 范建华,译. 北京:机械工业出版社,2000.
[2] Robert J. Shimonski. Sniffer Pro 网络优化与故障检修手册[M]. 陈逸,谢婷,译. 北京:电子工业出版社,2004.
[3] 邓亚平. 计算机网络安全[M]. 北京:人民邮电出版社,2004.
[4] 冯元. 计算机网络安全基础[M]. 北京:科学出版社,2004.
[5] 程胜利. 计算机病毒及其防治技术[M]. 北京:清华大学出版社,2004.
[6] 刘真. 计算机病毒分析与防治技术[M]. 北京:电子工业出版社,1994.
[7] 袁家政. 计算机网络安全与应用技术[M]. 北京:清华大学出版社,2002.
[8] 李艇. 计算机网络管理与安全技术[M]. 北京:高等教育出版社,2003.
[9] 张仕斌. 网络安全技术[M]. 北京:清华大学出版社,2004.
[10] 姚顾波. 黑客终结——网络安全解决方案[M]. 北京:电子工业出版社,2003.
[11] 石志国. 计算机网络安全教程[M]. 北京:清华大学出版社,2004.
[12] 梁亚声. 计算机网络安全技术教程[M]. 北京:机械工业出版社,2004.
[13] 蔡红柳. 信息安全技术与应用实验[M]. 北京:科学出版社,2004.
[14] 陈三堰. 网络攻防技术与实践[M]. 北京:科学出版社,2006.
[15] 刘晓辉. 网络安全设计、配置与管理大全[M]. 北京:电子工业出版社,2009.
[16] 德瑞工作室. 黑客入侵网页攻防修练[M]. 北京:电子工业出版社,2008.
[17] 杭州华三通信技术有限公司. 新一代网络建设理论与实践[M]. 北京:电子工业出版社,2011.